人気の講義

化学

岡野

初歩からし

理論化学

岡野雅司
Okano Masashi

技術評論社

元 素 の 周 期 表

族	1	2	3	4	5	6	7	8	9

周期

1

₁**H**
1.0
水素

例（凡例）:

₁**H**
1.0
水素

原子番号 → ₁**H** ← 元素記号
原子量 → 1.0
元素名 → 水素

※ □ は遷移元素，その他は全て典型元素
※ □ で囲まれた部分は非金属元素，
その他は全て金属元素

2

₃**Li**
6.9
リチウム

₄**Be**
9.0
ベリリウム

3

₁₁**Na**
23
ナトリウム

₁₂**Mg**
24
マグネシウム

4

₁₉**K**
39
カリウム

₂₀**Ca**
40
カルシウム

₂₁**Sc**
45
スカンジウム

₂₂**Ti**
48
チタン

₂₃**V**
51
バナジウム

₂₄**Cr**
52
クロム

₂₅**Mn**
55
マンガン

₂₆**Fe**
56
鉄

₂₇**C**
59
コバル

5

₃₇**Rb**
85.5
ルビジウム

₃₈**Sr**
88
ストロンチウム

₃₉**Y**
89
イットリウム

₄₀**Zr**
91
ジルコニウム

₄₁**Nb**
93
ニオブ

₄₂**Mo**
96
モリブデン

₄₃**Tc**
(99)
テクネチウム

₄₄**Ru**
101
ルテニウム

₄₅**R**
103
ロジウ

6

₅₅**Cs**
133
セシウム

₅₆**Ba**
137
バリウム

57～71
ランタ
ノイド

₇₂**Hf**
178
ハフニウム

₇₃**Ta**
181
タンタル

₇₄**W**
184
タングステン

₇₅**Re**
186
レニウム

₇₆**Os**
190
オスミウム

₇₇**I**
192
イリジウ

7

₈₇**Fr**
(223)
フランシウム

₈₈**Ra**
(226)
ラジウム

89～103
アクチ
ノイド

₁₀₄**Rf**
(267)
ラザホージウム

₁₀₅**Db**
(268)
ドブニウム

₁₀₆**Sg**
(271)
シーボーギウム

₁₀₇**Bh**
(272)
ボーリウム

₁₀₈**Hs**
(277)
ハッシウム

₁₀₉**M**
(276)
マイトネリウム

アルカリ
金属

アルカリ
土類金属

| 10 | 11 | 12 | 13 | 14 | 15 | 16 | 17 | 18 |

								₂He 4.0 ヘリウム
			₅B 11 ホウ素	₆C 12 炭素	₇N 14 窒素	₈O 16 酸素	₉F 19 フッ素	₁₀Ne 20 ネオン
			₁₃Al 27 アルミニウム	₁₄Si 28 ケイ素	₁₅P 31 リン	₁₆S 32 硫黄	₁₇Cl 35.5 塩素	₁₈Ar 40 アルゴン
₂₈Ni 59 ニッケル	₂₉Cu 63.5 銅	₃₀Zn 65.4 亜鉛	₃₁Ga 70 ガリウム	₃₂Ge 73 ゲルマニウム	₃₃As 75 ヒ素	₃₄Se 79 セレン	₃₅Br 80 臭素	₃₆Kr 84 クリプトン
₄₆Pd 106 パラジウム	₄₇Ag 108 銀	₄₈Cd 112 カドミウム	₄₉In 115 インジウム	₅₀Sn 119 スズ	₅₁Sb 122 アンチモン	₅₂Te 128 テルル	₅₃I 127 ヨウ素	₅₄Xe 131 キセノン
₇₈Pt 195 白金	₇₉Au 197 金	₈₀Hg 201 水銀	₈₁Tl 204 タリウム	₈₂Pb 207 鉛	₈₃Bi 209 ビスマス	₈₄Po (210) ポロニウム	₈₅At (210) アスタチン	₈₆Rn (222) ラドン
₁₁₀Ds (281) ダームスタチウム	₁₁₁Rg (280) レントゲニウム	₁₁₂Cn (285) コペルニシウム	₁₁₃Nh (278) ニホニウム	₁₁₄Fl (289) フレロビウム	₁₁₅Mc (289) モスコビウム	₁₁₆Lv (293) リバモリウム	₁₁₇Ts (293) テネシン	₁₁₈Og (294) オガネソン

詳しいことが
わからない元素

ハロゲン　貴ガス

（注）計算問題で原子量が必要な場合は，上の周期表の値を用いること。

本書の見方

　本書では14の講義で「理論化学」を学んでいきます。0講は「化学基礎」の振り返りで構成されています。1講からは「化学基礎」「化学」の範囲を学びます。0から5講の「化学基礎」の範囲では「要点のまとめ」と「理解度チェックテスト」で知識を確認します。また，1講以降の「化学」では，前半が導入の授業部分，後半が定着を図る演習問題で構成されています（例題も含め合計70問を用意）。

　授業は，初歩からしっかり身につくことができるように進めていきますので，化学が苦手だという人も，ムリなくムダなく力がついていくでしょう。

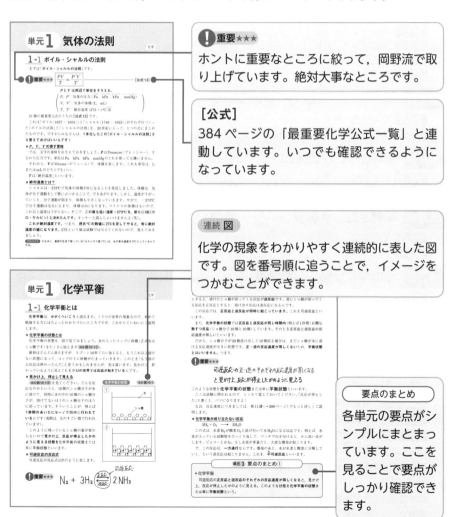

！重要★★★

ホントに重要なところに絞って，岡野流で取り上げています。絶対大事なところです。

［公式］

384ページの「最重要化学公式一覧」と連動しています。いつでも確認できるようになっています。

連続 図

化学の現象をわかりやすく連続的に表した図です。図を番号順に追うことで，イメージをつかむことができます。

要点のまとめ

各単元の要点がシンプルにまとまっています。ここを見ることで要点がしっかり確認できます。

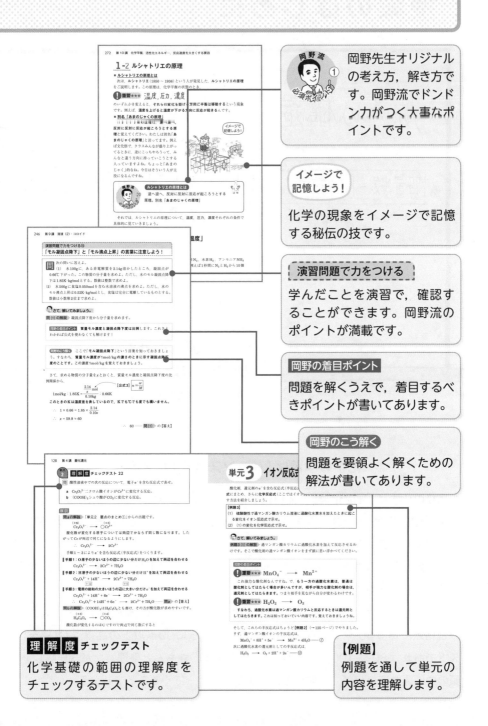

岡野先生オリジナルの考え方，解き方です。岡野流でドンドン力がつく大事なポイントです。

イメージで記憶しよう！

化学の現象をイメージで記憶する秘伝の技です。

演習問題で力をつける

学んだことを演習で，確認することができます。岡野流のポイントが満載です。

岡野の着目ポイント

問題を解くうえで，着目するべきポイントが書いてあります。

岡野のこう解く

問題を要領よく解くための解法が書いてあります。

理解度チェックテスト

化学基礎の範囲の理解度をチェックするテストです。

【例題】

例題を通して単元の内容を理解します。

授業のはじめに

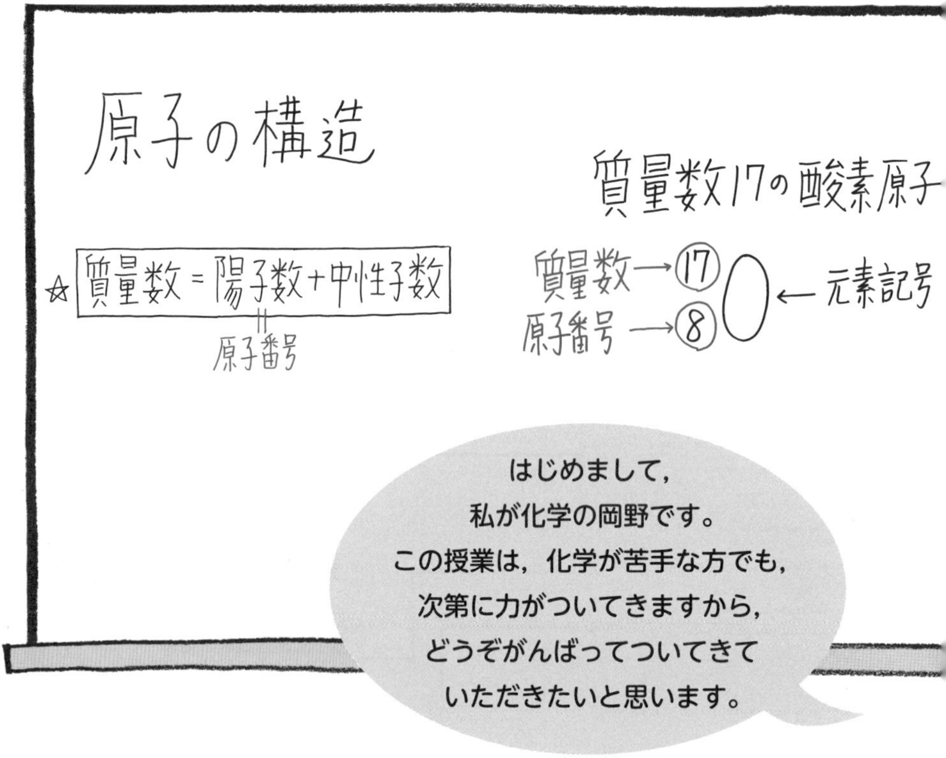

原子の構造

☆ 質量数 ＝ 陽子数＋中性子数
　　　　　　　‖
　　　　　　原子番号

質量数17の酸素原子

質量数→⑰
原子番号→⑧ ○ ←元素記号

はじめまして，
私が化学の岡野です。
この授業は，化学が苦手な方でも，
次第に力がついてきますから，
どうぞがんばってついてきて
いただきたいと思います。

化学の学習は「バランスよく」が大事

　高校の化学は「理論化学」，「無機化学」，「有機化学」の3分野から成り立っています。「理論化学」は計算が主な分野です。一方，「無機化学」と「有機化学」は理解して覚える内容が多い分野です。

　「無機化学」は炭素原子を含まない物質を扱った内容であり，「有機化学」は炭素原子を含む化合物を扱った内容です。

　化学を学習するときは，これら3分野をバランスよく勉強することで，入試の合格点である60〜70点はもちろんのことさらに90点以上の高得点（共通テストであれば80〜100点）を目指していきます。きちんと整理しながら理解し，頭の中に入れていけば，化学がどんどん面白くなってくることでしょう。

分かりやすい授業

　本書は，化学が苦手な人でも，初歩からしっかり学べるよう，講義形式で，ていねいに解説しています。高校生はもちろん，卒業生のみなさんの「なぜ」「どうして」という疑問に，できるだけお答えしていけるように執筆しました。

本書「理論化学」の特徴

　「理論化学」とは主に計算を扱った分野です。本書では，「基本」から「大学入試の標準からやや応用レベル」までを身につけることができます。取り上げる内容は，原子の構造，元素の性質，分子の極性から始まり，物質量，気体，溶液，酸・塩基，熱化学，酸化・還元，電池，電気分解，化学平衡，反応速度，平衡定数，緩衝液，溶解度積です。これらの単元はただ暗記していけばいいという分野ではありません。根本から理解し，量的な関係をつかむことが大切です。それによって，幅広い応用問題にも対応していけるのです。

6

化学を学ぶ3つの目的

　ところで，みなさんはなぜ化学を学びますか？　私は，化学には主に3つの目的があると思います。

目的その1　1つ目は「物質の中身を調べること」です。例えば，水は水素と酸素という原子からできているとか，食塩はナトリウムイオンと塩化物イオンからできているとかを調べることです（名称がよくわからないという方！　これから勉強していくので大丈夫ですよ）。あるいは汚染された河川の水質を調べることも，目的の1つです。

目的その2　2つ目は「物質がどのような反応を起こすかを調べたり，予測したりすること」です。過酸化水素水に酸化マンガン（Ⅳ）を加えると水と酸素を生じることとか，毎日の煮炊きに使うプロパンガスが燃えると，二酸化炭素と水を生じることとかを調べたり，予測したりすることです。後者の反応は実際に実験しなくても，実は予測ができるのです。

目的その3　3つ目は「量的な関係を計算により予測すること」です。例えばプロパンガス44gを燃やしてすべて反応し終えたとき，酸素が160g使われ，二酸化炭素は132g，水は72gを生じることが計算できます。このような予測も目的の1つなんですね。

　いかがでしたか？　化学の目的というものが少しでもおわかりいただけましたか？　化学の目的がわかれば，化学を学ぶ意味が見えてきますね。

　あせったり，不安にならなくても大丈夫です。では早速，やってまいりましょう。0講は，「化学基礎」の振り返りとまとめのところです。もし0講の内容が理解できないという方は『岡野の化学基礎が初歩からしっかり身につく[改訂新版]』を参照し，勉強してください。1講から理論化学の計算分野に入っていきます。さあ，私といっしょに，最後までがんばっていきましょう。

　なお本書の執筆では，渡邉悦司・大坪譲の両氏に終始お世話になりました。感謝の意を表します。

2023年4月吉日

岡野雅司

第 **0** 講

「化学基礎」の振り返りとまとめ

第 0 講のポイント

こんにちは。今日は第 0 講をやっていきます。「化学基礎」の振り返りとまとめのところです。「要点のまとめ」で振り返り,「理解度チェックテスト」でこの単元(化学基礎の範囲)ができているか確認してみて下さい。あまり芳しくない方は,『岡野の化学基礎が初歩からしっかり身につく[改訂新版]』を参考にして勉強なさって頂くことをお勧めします。

原子の構造を理解するには，**原子核**，**電子**，**陽子**，**中性子**，**電子殻**，**質量数**，**原子番号**という**7個**の化学用語をしっかり把握しましょう。

なお，この単元では化学基礎の範囲を「要点のまとめ」として掲載しています。もし，化学基礎をはじめから丁寧に学びたい方は『岡野の化学基礎が初歩からしっかり身につく[改訂新版]』をご利用ください。

単元1 要点のまとめ①

● 原子の構造

原子…物質を構成している基本的な最小粒子をいう。自然界のすべてのものは，現時点で118種類の，もうこれ以上分けることができない「原子」とよばれる粒子からできている。

元素…元素は原子の種類を表す名称である。

原子は，中心に正電荷をもつ**原子核**があり，その周りを負電荷をもつ**電子**が回っている。原子核は，正電荷をもつ**陽子**と，電荷をもたない**中性子**からなる。

$$原子 \begin{cases} 原子核 \begin{cases} \textbf{陽子}……正電荷をもつ \\ \textbf{中性子}…電気的に中性 \end{cases} 質量はほぼ等しい \\ 電子…負電荷をもち，質量は陽子，中性子の \dfrac{1}{1840} \end{cases}$$

原子番号＝陽子数（＝※電子数）

※原子は普通電気的に中性だから，プラスと同数のマイナスが存在して中性を保っているが，イオンになっているときには，電子数は等しくならないので注意しよう。

例 質量数17の酸素原子

質量数 ⟶ $^{17}_{8}\text{O}$ ⟵ 元素記号
原子番号 ⟶

! 重要★★★ | **質量数＝陽子数＋中性子数** ── [公式1]

中性子数の求め方

中性子数は上から下を引いた数。

（例えば $^{17}_{8}O$ のとき $17 - 8 = 9$（中性子数））

単元 1　要点のまとめ②

● 電子殻と最大電子数

　電子は**電子殻**に収容され，原子核に近い内側の電子殻から順にK殻，L殻，M殻，N殻……という。

　それぞれの電子殻に最大収容できる電子数は決まっており，K殻には2個，L殻には8個，M殻には18個，N殻には32個の電子が収容できる（最大電子数 $= 2n^2$，n はKでは1，Lでは2，Mでは3，Nでは4と決める）。

単元 1　要点のまとめ③

● 電子式

　電子式とは，最外殻電子を・で表した式。

　例：$_8O$ は $\cdot \ddot{O} \cdot$，$_7N$ は $\cdot \ddot{N} \cdot$ と表す。

単元 1　要点のまとめ④

● 同位体（アイソトープ）

　原子番号（陽子数）が同じで，質量数が異なる原子を互いに**同位体**という（化学的性質はほとんど同じで，中性子数が異なる原子）。

　例：$^{12}_{6}C$　$^{13}_{6}C$，$^{16}_{8}O$　$^{17}_{8}O$　$^{18}_{8}O$

● 同素体

　同じ元素からなる**単体**で構造が異なるため性質が違う物質を**同素体**という。

　例：S……斜方硫黄，単斜硫黄，ゴム状硫黄

　　　C……ダイヤモンド，黒鉛（グラファイト），フラーレン（C_{60}）

　　　O……酸素（O_2），オゾン（O_3）

P……黄リン（空気中で自然発火するため水中に保存。有毒（猛毒）），
　　　赤リン（化学的に安定。無毒）
　　　　　　（**S，C，O，P と覚える**）
　　　　　　　ス　コ　ッ　プ

※ H_2O と H_2O_2 は同素体でない。

 単元1　要点のまとめ⑤

● **単体**

1種類の元素からなる物質を**単体**という。

　例： O_2，N_2，Cu

● **化合物**

2種類以上の元素からなる物質を**化合物**という。

　例： H_2O，NH_3，$NaCl$

● **物質**

物質には**純物質**と**混合物**がある。

物質 $\begin{cases} \text{純物質}\cdots \begin{cases} \text{単体} \\ \text{化合物} \end{cases} \\ \text{混合物}\cdots\text{純物質がただ混ざり合ったもの} \end{cases}$

　　　例：空気……主に N_2 と O_2　　海水……主に $NaCl$ と H_2O
　　　　　ハンダ… Sn と Pb　　塩酸…… HCl と H_2O

　化学を学習するにあたって，あらかじめ身についておいてほしい化学基礎の知識を次のテストでチェックしてみましょう。

単元1 　**理｜解｜度 チェックテスト1**

問　次のa～dに当てはまるものを，それぞれの解答群の①～⑤のうちから一つずつ選べ。

a　原子 $^{14}_{6}C$ と $^{16}_{8}O$ の間で等しいもの

　① 質量数　　② 陽子数　　③ 中性子数　　④ 電子数

　⑤ 原子番号

b 最外殻に電子を7個もつ原子
　　① B　　② Cl　　③ Mg　　④ N　　⑤ Ne

c 単体でない物質
　　① アルゴン　　② オゾン　　③ ダイヤモンド
　　④ マンガン　　⑤ メタン

d 混合物であるもの
　　① 硫酸マグネシウム　　② 塩酸　　③ 過酸化水素
　　④ グルコース（ブドウ糖）　　⑤ プロパン

解説

問aの解説 「単元1　要点のまとめ①」からの出題です。

	①質量数	②陽子数	③中性子数	④電子数	⑤原子番号
$^{14}_{6}C$	14	6	8	6	6
$^{16}_{8}O$	16	8	8	8	8

よって中性子数が等しくなります。中性子数は上から下を引いた数なので $14 - 6 = 8$ と $16 - 8 = 8$ で等しくなります。

∴　③ …… **問a** の【答え】

問bの解説 「単元1　要点のまとめ②」からの出題です。
　　① $_{5}B : K^{2}L^{3}$　　② $_{17}Cl : K^{2}L^{8}M^{7}$　　③ $_{12}Mg : K^{2}L^{8}M^{2}$
　　④ $_{7}N : K^{2}L^{5}$　　⑤ $_{10}Ne : K^{2}L^{8}$
　　よって②のClが最外殻電子7個をもちます。

∴　② …… **問b** の【答え】

問cの解説 「単元1　要点のまとめ⑤」からの出題です。
　　① Ar　　② O_3　　③ C　　④ Mn　　⑤ CH_4
　　よって⑤だけ単体ではなく化合物です。

∴　⑤ …… **問c** の【答え】

問dの解説 「単元1　要点のまとめ⑤」からの出題です。
　　① $MgSO_4$　純物質　　② HClとH_2Oの混合物　　③ H_2O_2　純物質
　　④ $C_6H_{12}O_6$　純物質　　⑤ C_3H_8　純物質
　　よって②だけ混合物です。

∴　② …… **問d** の【答え】

いかがでしたか？　もし，難しく感じたり，もっと詳しい解説が読みたい方は，『岡野の化学基礎が初歩からしっかり身につく［改訂新版］』を参照していただき，化学基礎の範囲を復習してみることをお勧めします。

　混合物からその成分である純物質を分けて取り出す操作を**分離**といいます。取り出した物質から不純物を除いて純度の高い物質を得る操作を**精製**といいます。

単元2 要点のまとめ①

● ろ過

　ろ紙などを用いて，水などの液体に溶ける物質と溶けない固体を分離する操作を**ろ過**という。

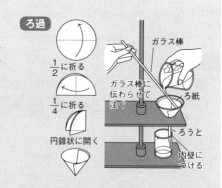

ろ過

● 再結晶

　2種の混合固体物質を水などに溶かし，**溶解度の差**を利用して一方の物質を析出させて分離・精製する操作を**再結晶**という。

● 昇華法

　固体の混合物から，加熱により直接気体になりやすい物質を分離する操作を**昇華法**という。

昇華法

● 蒸留

　液体を含む混合物を加熱して沸騰させ，その蒸気を冷却することにより液体として分離する操作を**蒸留**という。

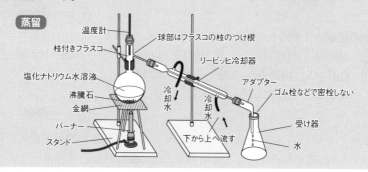

蒸留

● 分留

　液体の混合物を**沸点の差**を利用して蒸留するとき，沸点の低い液体から順に分離される。このように蒸留を用いて沸点の違う液体を分離して取り出す操作を**分留**（または**分別蒸留**）という。

● 抽出

　混合物に溶媒（水，エーテルなど）を加えて物質の**溶解性の差**を利用して溶ける物質と溶けない物質に分け，溶ける物質のみを分離する操作を**抽出**という。

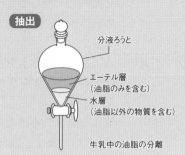

抽出

分液ろうと

エーテル層
（油脂のみを含む）

水層
（油脂以外の物質を含む）

牛乳中の油脂の分離

● クロマトグラフィー

　複数の色素の混合物を適当な溶媒と共にろ紙などに浸すと溶媒がろ紙を移動するにつれて各色素も一緒に移動する現象が起こる。このとき各色素の**吸着力の差**からそれぞれ違う距離まで移動し，分離される。

　このようにして分離する操作を**クロマトグラフィー**という。特に**ろ紙**を使用するときは**ペーパークロマトグラフィー**といい，**シリカゲル**を使用するときは**カラムクロマトグラフィー**という。

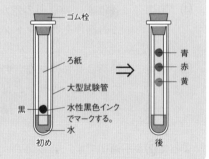

クロマトグラフィー

ゴム栓

ろ紙

大型試験管

黒

水性黒色インクでマークする。

水

初め

後

青
赤
黄

単元 **2**

理 解 度 チェックテスト 2

問 物質の分離・精製法に関する記述として不適切なものを，次の①から⑤のうちから一つ選べ。

① ヨウ素とヨウ化カリウムの混合物から，昇華を利用してヨウ素を取り出す。

② ろ紙を用いて海水をろ過すると，純水が得られる。

③ 液体空気を分留して，酸素と窒素をそれぞれ取り出す。

④ インクに含まれる複数の色素を，クロマトグラフィーによりそれぞれ分離する。

⑤ 大豆中の油脂を，ヘキサンなどの有機溶媒で抽出して取り出す。

解説

「単元２　要点のまとめ①」より

① 適切……ヨウ素は昇華性・凝華性を示しますが，ヨウ化カリウムは示しません。したがってヨウ素だけが分離されます。この操作を昇華法といいます。

② 不適切…ろ紙を用いて海水をろ過しても純水を得ることはできません。溶けている塩化ナトリウムなどはろ紙を通過してしまいます。

③ 適切……液体の混合物を沸点の差を利用して蒸留することを分留（分別蒸留）といいます。液体酸素の沸点は－183℃，液体窒素の沸点は－196℃なので初めに沸点の低い窒素が分離されてきます。

④ 適切……各色素は吸着力の差から移動距離の違いを生じ，分離されます。この操作をクロマトグラフィーといいます。

⑤ 適切……油脂はヘキサンなどの有機溶媒には溶けますが，大豆中のその他の物質はヘキサンには溶けません。したがって油脂だけが分離できます。この操作を抽出といいます。

よって②が不適切です。

∴　②……　問　の【答え】

単元3 三態変化

化学基礎

「**三態**」は物質の「**固体**」「**液体**」「**気体**」の**三つの状態**をいいます。これら三つの状態は，温度や圧力によって変化します。「単元3　要点のまとめ①」で三態変化の関係と名称を確認しましょう。

単元3　要点のまとめ①

● **物質の三態**

　物質は一般に温度や圧力により固体，液体，気体のいずれかの状態になる。これらの三つの状態を三態という。三態変化を右に示す。これらの変化の名称は覚えておこう。

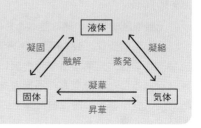

単元3　理解度チェックテスト3

問　下図は水の状態変化を示したものである。　ア　～　ウ　に当てはまる語を記せ。

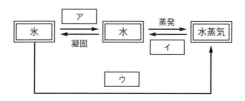

解説

「単元3　要点のまとめ①」より

ア　氷（固体）————→ 水（液体）……… 融解　∴　**融解** … 問ア　の【答え】

イ　水蒸気（気体）————→ 水（液体）… 凝縮　∴　**凝縮** … 問イ　の【答え】

ウ　氷（固体）————→ 水蒸気（気体）… 昇華　∴　**昇華** … 問ウ　の【答え】

周期表とは，元素を**原子番号の順**に並べたもので，横の並びを「**周期**」，縦の並びを「**族**」といいます。

 単元4 要点のまとめ①

● **周期表**

元素を**原子番号の順**に並べたもので，横の並びを周期，縦の並びを族という。

注：周期表は，1869年，メンデレーエフにより発表された。メンデレーエフは，元素を原子量の順に並べると，性質の似た原子が周期的に現れることを発見し，周期表をつくった。ただし現在の周期表は，元素を原子番号の順に並べ，その電子配置を考慮してつくられている。

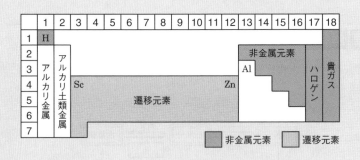

 単元4 要点のまとめ②

● **典型元素**

1，2，13 〜 18族の元素をいう。同族元素の化学的性質は似ている。

● **遷移元素**

3 〜 12族の元素をいう。最外殻電子数は族番号によらず2（または1）で，周期表との関連は，典型元素より複雑である。**すべて金属元素**で，同一周期の**隣合った元素の性質**が似ている。族としての類似性も，もちろんある。

単元4　要点のまとめ③

● 周期表の覚え方

H 水素 水							He ヘリウム 兵
Li リチウム リーベ	Be ベリリウム	B ホウ素 ぼ	C 炭素 く	N 窒素 の	O 酸素 お	F フッ素 ふ	Ne ネオン ね
Na ナトリウム なー	Mg マグネシウム まが	Al アルミニウム ある	Si ケイ素 シッ	P リン プ	S 硫黄 ス	Cl 塩素 クラー	Ar アルゴン
K カリウム ク	Ca カルシウム か						
Sc スカンジウム スカンク	Ti チタン 千	V バナジウム 葉	Cr クロム の　く	Mn マンガン ま	Fe 鉄 徹	Co コバルト 子	Ni ニッケル に
Cu 銅 どう	Zn 亜鉛 会える	Ga ガリウム ガリガリ	Ge ゲルマニウム ギャル	As ヒ素 あっ	Se セレン せれば	Br 臭素 シュー	Kr クリプトン クリーム

単元4　要点のまとめ④

● 価電子

　化学結合に用いられる電子で，18族（貴ガス）以外の典型元素では最外殻電子（最も外側の殻の電子）が価電子になる。

・18族以外の典型元素では，**価電子数＝最外殻電子数**

・18族（貴ガス）は価電子数を0と決める

例：

	$_8O$	$_{10}Ne$
最外殻電子数	6	8
価電子数	6	0

・すべての元素で，**周期の番号＝電子殻の数**

単元4　要点のまとめ⑤

●イオン式のつくり方

電子を受け取ったり失ったりして，正負の電荷を帯びた原子をイオンという。

最外殻がK殻のとき　　　2個 ⎫
　　　　　　　　　　　　　　　⎬ 入ると安定になる。
最外殻がK殻以外のとき　8個 ⎭ （貴ガスの電子配置になるため）

ただし水素のみ例外でH^-とならずにH^+となる。また，原子番号1〜20番では14族と18族にはイオンはない。

単元 4

理 解 度 チェックテスト 4

問　次のa，bに当てはまるものを，それぞれの解答群の①〜⑤のうちから一つずつ選べ。

a　周期表第3周期の元素
　　① B　　② Be　　③ Ca　　④ Cl　　⑤ Cu

b　二価の単原子イオン
　　① 酸化物イオン　　② 水酸化物イオン　　③ フッ化物イオン
　　④ 炭酸イオン　　⑤ 硫酸イオン

解説

「単元4　要点のまとめ①，③，⑤」より

問aの解説　①，②のBとBeは第2周期の元素，④のClは第3周期の元素，③，⑤は第4周期の元素です。よって④が解答です。

∴　④ …… 問a の【答え】

問bの解説　① O^{2-} ……… 二価の単原子イオン
　　　　　　② OH^- …… 一価の多原子イオン
　　　　　　③ F^- ……… 一価の単原子イオン
　　　　　　④ $CO_3{}^{2-}$ …… 二価の多原子イオン
　　　　　　⑤ $SO_4{}^{2-}$ …… 二価の多原子イオン

よって①が解答です。

∴　① …… 問b の【答え】

化学基礎で学んだ「**イオン化エネルギー**」,「**電子親和力**」,「**電気陰性度**」の違いを正確に把握しているか「単元5 要点のまとめ①,②,③」で確認しましょう。

単元**5** 要点のまとめ①

● イオン化エネルギー

気体状態の原子から電子1個を取り去って,1価の陽イオンにするのに必要なエネルギーを**イオン化エネルギー**という。イオン化エネルギーは**その値が小さいほど,1価の陽イオンになりやすい。**

金属…小さい 非金属…大きい 貴ガス…極めて大きい

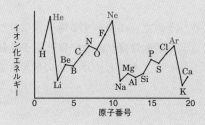

単元**5** 要点のまとめ②

● 電子親和力

原子が電子1個を取り入れて,1価の陰イオンになるとき放出するエネルギーを**電子親和力**という。電子親和力は**その値が大きいほど,1価の陰イオンになりやすい。**

金属…小さい 非金属…大きい 貴ガス…極めて小さい

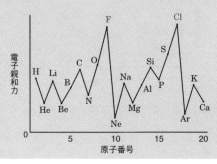

イオン化エネルギーと電子親和力のイメージ

イオン化エネルギー

　…エネルギーを加えて電子を飛び出させる。

電子親和力

　…電子が入り込んでいきエネルギーが放出される。

※両方とも，その値は金属で小さく，非金属で大きい（**大小関係が同じになる**）

アドバイス　貴ガスの電子親和力はどうか？　貴ガスの場合は，今一番安定な状態ですから，電子を非常に受け取りにくい。金属よりももっと受け取りにくい。だから，金属よりもさらに小さい値になります。すなわち「単元5　要点のまとめ②」（→19ページ）にあるように，「極めて小さい」となるわけです。

 単元5　要点のまとめ③

● **電気陰性度**

　原子が結合するとき，その結合に関与する電子を引きつける能力を表す尺度を**電気陰性度**という。**電気陰性度が大きいほど電子を強く引きつける。**周期表では，18族元素を除いて，右ほど上ほどその値が大きく，左ほど下ほどその値が小さい。

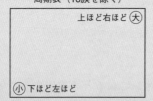

大きい順　F　O　N　≒　Cl

（元気いい生徒）　ホ　ー　ン　とに　くるよ，合格通知

（HF，H_2O，NH_3 は水素結合をもつ）

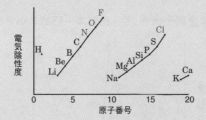

注　貴ガスは一般的には結合しないので結合に関与する電子はないため電気陰性度は存在しません。

単元 5 理 解 度 チェックテスト5

問 イオンに関する記述として誤りを含むものを，次の①〜⑤のうちから一つ選べ。

① 原子がイオンになるとき放出したり受け取ったりする電子の数を，イオンの価数という。

② 原子から電子を取り去って，1価の陽イオンにするのに必要なエネルギーを，イオン化エネルギー（第一イオン化エネルギー）という。

③ イオン化エネルギー（第一イオン化エネルギー）の小さい原子ほど陽イオンになりやすい。

④ 原子が電子を受け取って，1価の陰イオンになるときに放出するエネルギーを，電子親和力という。

⑤ 電子親和力の小さい原子ほど陰イオンになりやすい。

解説

「単元5 要点のまとめ①，②」より

① 正 原子がn個の電子を放出するとn価の陽イオンになり，n個の電子を受け取るとn価の陰イオンになります。

② 正 気体状態の原子から電子1個を取り去って1価の陽イオンにするのに必要なエネルギーをイオン化エネルギー（第一イオン化エネルギー）といいます。

③ 正 イオン化エネルギーの値が小さいほど陽イオンになりやすいです。

④ 正 原子が電子1個を取り入れて，1価の陰イオンになるときに放出するエネルギーを電子親和力といいます。

⑤ 誤 電子親和力の値が大きいほど陰イオンになりやすいです。

よって⑤が解答です。　　　　　　　　　　∴　⑤ …… 問 の【答え】

次は「化学結合」をやっていきましょう。単元4で価電子についてやりましたが，化学結合とは，原子どうしがお互いの価電子を用いてつくる結合のことです。

単元6 要点のまとめ①

● **イオン結合**

陽性の強い金属元素は外側の殻の電子を放出して陽イオンになり，陰性の強い非金属元素は最外殻に電子を取り入れて陰イオンになり，いずれも安定な電子配置を取ろうとする。陽イオンと陰イオンの間には**静電気的な引力（クーロン力）**がはたらいて結合が生じる。

このような結合を**イオン結合**という（金属と非金属の結合）。

! 重要★★★ ## 金属と非金属の結合であれば，すべてイオン結合

金属と非金属の結合であれば，すべてイオン結合です。そこで見分けます。よろしいでしょうか。

じゃあ，金属と非金属って何なのか？　はい，これをおさえておきましょう。

! 重要★★★ ## 原子番号1～20番までの金属元素は7種。

| Li | Be | Na | Mg | Al | K | Ca |

金属か非金属かがきっちりわかっている人は，イオン結合がパッとわかるわけです。**ちなみにこの7種が金属元素ですから，残りの13種はすべて非金属元素です。** ぜひ知っておいてくださいね。

単元6　要点のまとめ②

● 共有結合

　2つの原子が**互いに同じ数ずつ電子を出し合って**電子対をつくり，これを共有して結びつく。この結合を**共有結合**という（非金属どうしの結合）。

　このとき水素原子では2個，その他の原子では8個の最外殻電子が自分のもち分になると安定する。

- **共有電子対**…共有結合において2つの原子間に共有された電子対
- **非共有電子対**…共有結合において結合に関係しない電子対
- **価標**…1対の共有電子対を1本の線で表したもの
- **構造式**…価標を用いて表した式

 単元6　要点のまとめ③

● 金属結合

　金属陽イオンとそのまわりを**自由電子**が取り囲むことによって結合が生じる。この結合を**金属結合**という（金属単体）。

 単元6　要点のまとめ④

● 配位結合

　一方の原子は電子を出さず，もう一方の原子が**非共有電子対**を出し，お互い電子対を共有することによる結合。**配位結合は，共有結合の特別な場合であり，できてしまえば他の共有結合と区別はない。**配位結合をもつ代表例はアンモニウムイオンNH_4^+とオキソニウムイオンH_3O^+です。

単元6　要点のまとめ⑤

● 化学式とその名称のつけ方

　特にイオン結合からなる物質について，陽イオンと陰イオンの合計した電荷が0になるようにする。

化学式は＋ ⟶ －の順に書く。
名称は－ ⟶ ＋の順に書く。

(注) 名称をつける際，「イオン」や「物イオン」という語は省略する。

化学式とその名称のつけ方は本の最後の「イオンの価数の一覧表」と116，296ページのコラムを参考にしてください。

単元6 理解度チェックテスト6

問 化学結合に関する記述として誤りを含むものを，次の①〜⑥のうちから一つ選べ。

① アンモニア分子には非共有電子対が1個存在する。
② アンモニウムイオンの4個のN−H結合の性質は，お互いに区別できない。
③ ナフタレン分子の原子間の結合は共有結合である。
④ 塩化ナトリウムの結晶はイオン結合からなる。
⑤ メタン分子には非共有電子対が存在しない。
⑥ 金属アルミニウムでは，アルミニウム原子の価電子は，金属全体を自由に動くことができない。

解説

「単元1　要点のまとめ③」と「単元6　要点のまとめ①〜④」より

① 正　NH_3の電子式は $H:\overset{..}{\underset{H}{N}}:H$ であり，共有電子対が3個，非共有電子対が1個存在します。

② 正　NH_4^+の電子式は $\left[H:\overset{H}{\underset{H}{\overset{..}{N}}}:H \right]^+$ で，構造式は $\left[H-\overset{H}{\underset{H}{N}}-H \right]^+$ です。N−Hの1個は配位結合，3個は共有結合でできますが，できてしまえばどの結合も区別はなくなります。

③ 正　ナフタレンは$C_{10}H_8$の分子でできています。C（非金属）とH（非金属）の非金属どうしの結合なので共有結合です。

④ 正　$NaCl$はNa（金属）とCl（非金属）の結合なのでイオン結合です。

⑤ 正　CH_4の電子式は $H:\overset{H}{\underset{H}{\overset{..}{C}}}:H$ であり，共有電子対が4個，非共有電子対は0です。

⑥ 誤　アルミニウム原子の価電子（最外殻電子）は自由電子となり自由に結晶内を動き回ります。

よって⑥が解答です。　　　　　　　∴　⑥ …… 問 の【答え】

　「結晶」とは何か？　簡単にいって，粒子が規則正しく並んでできた固体のことです。そして結晶には4つの種類があるんですね。

単元7　要点のまとめ①

● **イオン結晶**

イオン結合によってできる結晶のこと（**金属と非金属の結晶**）。

　　例：$NaCl$，NH_4Cl，$CuSO_4$，CaO など

　　特徴：(1) **融点は高い**

　　　　　(2) 電気 ⟶ 固体…**通さない**
　　　　　　　　　　　　水溶液（溶解）…**通す**
　　　　　　　　　　　　液体（融解）…**通す**

単元7　要点のまとめ②

● **共有結合の結晶**

　原子が共有結合し，立体的に無限に繰り返されてできる結晶（**非金属どうしの結晶**）。

　　例：**C**（ダイヤモンド，黒鉛），**Si**（ケイ素）

　　　　SiO_2（二酸化ケイ素），SiC（炭化ケイ素）

　　　　数は少ないので，これら4つは覚えること。

　　特徴：(1) **融点は非常に高い**

　　　　　(2) **電気は（黒鉛を除いて）通さない**

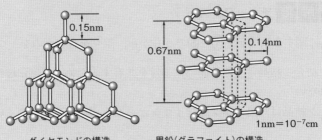

0.15nm

0.67nm　　0.14nm

$1nm = 10^{-7}cm$

ダイヤモンドの構造　　　　黒鉛（グラファイト）の構造

共有結合の結晶はこの４つ

C，Si，SiO₂，SiC の４つが共有結合の結晶。

この４つ以外の非金属どうしからできた結晶はすべて分子結晶としてよい。

単元7　要点のまとめ③

● 分子結晶

　共有結合でできた**分子**が**分子間力**（**ファンデルワールス力**）によって結びついた結晶。（**非金属どうしの結晶**）

　　　例：H_2O，CO_2，I_2，有機化合物（無数にある）

　　　特徴：(1) **融点は低い**

　　　　　　(2) **電気は通さない**

　　　　　　(3) **昇華性・凝華性を示すものがある**（気体 ⇄ 固体）

単元7　要点のまとめ④

● 金属結晶

　金属陽イオンと**自由電子**によってできる結晶。（**金属単体**）

　　　例：Fe，Na，Hg…

　　　特徴：(1) **融点は高いものから低いものまである**

　　　　　　(2) **電気，熱はよく導く**

　　　　　　(3) **展性，延性を示す**

単元 7　理 解 度 チェックテスト7

問　結晶に関する次の記述①〜⑤のうちから，誤りを含むものを一つ選べ。

① 共有結合の結晶は，原子間で電子対を共有するため，電気伝導性を示すものはない。

② イオン結晶は，陽イオンと陰イオンからなるが，水に溶けにくいものもある。

③ 金属は，一般に熱や電気をよく導き，延性・展性を示す。

④ 分子結晶では，分子間に働く力が弱いため，室温で昇華するものがある。

⑤ 水分子は，非共有電子対をもつので，水素イオンと配位結合することができる。

解説

「単元7 要点のまとめ①〜④」より

① **誤** 共有結合の結晶は基本的には電気を通しませんが例外として黒鉛は電気を通します。

② **正** イオン結晶は金属と非金属の結晶です。例として$NaCl$は水に溶けて陽イオンと陰イオンに電離しますが$AgCl$は水に溶けにくいです。

③ **正** 金属結晶の特徴は電気，熱をよく導き，展性，延性を示します。

④ **正** 分子結晶の特徴として融点は低く，電気を通しません。また昇華性・凝華性を示すものがあります。

⑤ **正** 水分子と水素イオンが配位結合して生じたイオンがオキソニウムイオン (H_3O^+) で，電子式で表すと $\left[\text{H} \, \overset{\displaystyle \cdot\cdot}{\underset{\displaystyle \text{H}}{\text{:O:}}} \, \text{H} \right]^+$ です。

よって①が解答です。　　　　　　　　∴　① …… **問** の【答え】

つづけて，「**分子の極性**」というところをやっていきます。いったい「**極性**」とは何か？　まずは，ちょっと読んでみましょう。

単元8　要点のまとめ①

● **極性**

　電気陰性度の異なる原子が共有結合すると，**電気陰性度の大きい原子のほうが小さい原子より共有電子対をより強く引きつけるため，原子間に電荷のかたよりが生じる。このような電荷のかたよりを極性という。**

単元8　要点のまとめ②

● **極性分子**

分子全体として電荷のかたよりをもつ分子を**極性分子**という。

例：　　　H_2O　　　　　　　　　NH_3　　　　　　　　　HCl

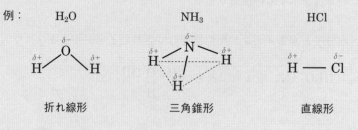

折れ線形　　　　　　　　　三角錐形　　　　　　　　　直線形

単元8　要点のまとめ③

● **無極性分子**

(a) 電気陰性度の差が0のもの（**単体**）

　　例：H_2, Cl_2, O_2

(b) 各原子間ではかたよりがあるが**互いに打ち消し合い，分子全体としては**
　　無極性になるもの

例：　　　CO_2　　　　　　　　CH_4　　　　　　　　CCl_4

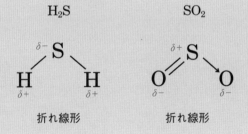

　　　$O=C=O$

　　　直線形　　　　　　　正四面体形　　　　　　正四面体形

 単元8　要点のまとめ④

● **その他の少し気になる極性分子**

　　　　　　H_2S　　　　　　　　　　SO_2

　　折れ線形　　　　　　　折れ線形

理 解 度 チェックテスト 8

問 分子全体として極性がない分子を，次の①〜⑤のうちから二つ選べ。ただし，解答の順序は問わない。

① 水 H_2O　　　　　② 二酸化炭素 CO_2　　　③ アンモニア NH_3
④ エタノール C_2H_5OH　　⑤ メタン CH_4

解説

「単元8　要点のまとめ①〜③」より

① H_2O…折れ線形で極性分子。
② CO_2…直線形で無極性分子。
③ NH_3…三角錐形で極性分子。
④ C_2H_5OH…分子全体としてかたよりをお互いに打ち消し合わないので極性分子。
⑤ CH_4…正四面体形で無極性分子。

よって②，⑤が解答です。　　　　∴　②，⑤ …… 問 の【答え】
　　　　　　　　　　　　　　　　　　　　　　　　（順不同）

単元9 分子間にはたらく力

化学基礎

今度は分子間にはたらく力について見ていきましょう。

単元9 要点のまとめ①

● 水素結合

電気陰性度が非常に大きい F, O, N原子に直接結合し, 正に帯電した水素原子と, 他の分子または分子内の負に帯電した F, O, N原子間にはたらく結合力を**水素結合**という。水素結合は一般の分子間力より強い結合力なので, 水素結合がはたらく分子からなる物質の沸点や融点は, はたらかない場合に比べて特異的に高くなる。

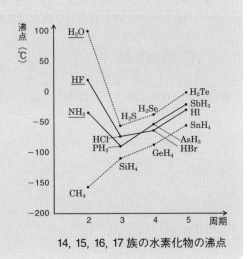

14, 15, 16, 17 族の水素化物の沸点

単元9 理解度チェックテスト9

問 極性に関する次の記述 a ～ c の下線部について, 正誤の組合せとして正しいものを, 下の①～⑧のうちから一つ選べ。

a C－H, N－H, O－H, F－H結合のなかで, 極性の一番大きな結合はO－H結合である。

b 二酸化炭素分子が無極性分子であるのは, C＝O結合に極性がないからである。

c アンモニアの沸点がメタンの沸点よりも100℃以上高いのは, アンモニア分子間に水素結合があるからである。

	a	b	c
①	正	正	正
②	正	正	誤
③	正	誤	正
④	正	誤	誤
⑤	誤	正	正
⑥	誤	正	誤
⑦	誤	誤	正
⑧	誤	誤	誤

解説

「単元5 要点のまとめ③」と「単元9 要点のまとめ①」より

a **誤**…電気陰性度の大きい原子と水素原子が結合したとき，極性は大きく
なります。電気陰性度の大きい順は，ここでは$F > O > N > C$なので
$F-H$結合の極性が一番大きくなります。

b **誤**…$C=O$結合には極性がありますが分子全体では無極性になっています。

c **正**…電気陰性度の大きいF, O, NとH原子との水素化合物はHF, H_2O,
NH_3です。これらの分子間には水素結合が生じます。

よって⑦が解答です。   ∴ ⑦ …… 問▶ の【答え】

それでは第0講はここまでです。次回またお会いしましょう。

化学量・化学反応式・結晶格子

第 1 講のポイント

こんにちは。今日は第 1 講「化学量・化学反応式・結晶格子」というところをやっていきます。今回から，計算問題に入っていくわけですが，その一番最初のもとになる物質量，要するに「mol（モル）」ですね。これがいったい何なのか，というところを理解しましょう。ここは「化学基礎」の振り返りの所でもありますが，計算問題では最重要な単元でもありますので「化学基礎」と重複した部分を少し取り入れました。

単元 1 化学量

化学基礎

まず，最初にいくつかの言葉を振り返っていきましょう。最初は「**相対質量**」と「**原子量**」についてです。

1-1 相対質量と原子量

単元1 要点のまとめ①

● 相対質量と原子量

相対質量…質量数12の炭素原子（^{12}C）1個の質量を12と決めたときの他の原子1個の質量を相対的に表した値を「**相対質量**」という。相対質量には単位はない。

原子量……自然界の元素の多くには何種類かの同位体が存在し，それらの同位体の存在比はほぼ一定である。各元素の同位体の相対質量と存在比から求められる原子の相対質量の平均値を「**原子量**」という。原子量には単位はない。

分子量……分子を構成している原子の原子量の総和をいう。

式　量……組成式やイオン式の中に含まれる原子の原子量の総和をいう。

単元 1 | **理** | **解** | **度** | チェックテスト 10

問 塩素の同位体の相対質量と存在比（%）を以下の表にまとめた。これらの値から塩素の原子量を求めよ。数値は小数第2位まで記せ。

同位体の記号	同位体の相対質量	存在比（%）
^{35}Cl	34.97	75.8
^{37}Cl	36.97	24.2

解説

「単元1　要点のまとめ①」からの出題です。

解法1

^{35}Cl　75.8%　$\xrightarrow{\text{全体を100個とする}}$　75.8個

^{37}Cl　24.2%　$\xrightarrow{\text{全体を100個とする}}$　24.2個

$$\text{原子量} = \text{相対質量の平均値} = \frac{34.97 \times 75.8 + 36.97 \times 24.2}{75.8 + 24.2}$$

$$\underset{\text{相対質量の総和}}{\overset{\text{100個全体の}}{}} = \frac{(34.97 \times 75.8 + 36.97 \times 24.2)}{100} \text{──── ①}$$

$$= \frac{2650.726 + 894.674}{100}$$

$$= \frac{3545.4}{100} = 35.454 \fallingdotseq 35.45$$

（①式より100個全体の相対質量の総和を100個で割ると1個あたりの平均値が求まります。）

∴ **35.45** …… **問▶** の【答え】

解法2

[公式2]に代入して求めてみましょう。

> **❗重要★★★** **原子量＝(各同位体の相対質量×存在比)の総和**
>
> ──── [公式2]

$$\text{原子量} = 34.97 \times \frac{75.8}{100} + 36.97 \times \frac{24.2}{100}$$

$$= \frac{34.97 \times 75.8 + 36.97 \times 24.2}{100} \text{──── ①}$$

$$= \frac{3545.4}{100} = 35.454 \fallingdotseq 35.45$$

∴ **35.45** …… **問▶** の【答え】

解法1と解法2とでは途中の①式が同じになることに注目して下さい。慣れてくれば公式を使用した方が速く楽にできますね。

1-2 物質量

次に「**物質量**」です。これはよく"物の質量"と読んでしまい，「物の質量ならg だぞ」と思ってしまうんですね。そうではなくて，これは"物質量"という1つの

言葉があって，「$\overset{モル}{\mathbf{mol}}$」を表します。

　化学では，6.02×10^{23}個の集団を1molと決めました。これはだから，その数集まると1molになると決めるわけです。この数のことを**アボガドロ数**（または**アボガドロ定数**）といいます。

　ちなみにアボガドロ定数というときは6.02×10^{23}/molというように，単位をつける約束になっています。

$$\underline{6.02 \times 10^{23}個の集団を\,1mol\,と決める}$$
$$\uparrow \text{アボガドロ数}$$

　ここまでで，molと個数の関係はわかります。6.02×10^{23}個集まったものを1molと決める。もし，その集合が2つあると，2molといい，半分しかなければ，0.5molというわけです。

1-3 1mol が含む各量

　それで，1mol存在する物質をいろいろと調べてみます。結論をいうと，molと言われた場合，その中に**4つの単位**を含んでいます。**質量（g）**，**気体の体積（L）**，**個数**，そして**物質量（mol）**です。

🔄 単元1　要点のまとめ②

● **化学量の比例関係**

　1mol中に次の各量を含む。

　① 質量…1molは分子量，原子量（単原子分子扱いのもの），式量にgをつけた質量になる。

　② 気体の体積…1molの気体はどんな種類の気体でも**標準状態（0℃，$1.013 \times 10^5 \overset{パスカル}{\mathbf{Pa}}$）**では**22.4L**を占める。

　③ 個数…1molは6.02×10^{23}個である。

　④ 物質量…1molは1molである。

　この4つの間では比例関係が成り立つ。

■ 1mol 中の質量

　1molであれば，分子量，原子量（**単原子分子扱いのもの**），式量にgをつけたものが質量になります。例えば，H_2O 1molの分子量と質量を考えてみます。水素原子というのは原子量が1，酸素原子の原子量が16です。よって，

$$H_2O = 1 \times 2 + 16 = 18 \qquad \therefore \quad 18g$$

18という数は分子量で，この分子量にあえてgという単位をつけると，これが1molの質量(18g)になるわけです。

ということは，水分子18gを取ってくると1molですから，アボガドロ数，すなわち6.02×10^{23}個の水分子をその中に含んでいることになります。

■ 単原子分子扱いのものとは？

C, P, S, 金属類, 貴ガスは単原子分子扱い

です。単原子分子というのは，1個の原子からできている分子ということですが，本当の単原子分子は，ヘリウム(He)，ネオン(Ne)などの貴ガスだけです。

炭素(C)，リン(P)，イオウ(S)，金属類は，何個含んでいるかと，いちいち区別していくことがわかりづらい。つまり何個ってハッキリと言えないから，**全部元素記号で書き表し，単原子分子扱いをするわけです**。ちなみにこれらは正式には「組成式」です。「組成式」は以下に示します。

アドバイス H_2は2個の原子からできているので，2原子分子といいます。3つ以上は多原子分子という言い方をします。

式量は，例えば$NaCl$を考えてみましょう。「えっ，これは分子量じゃないの？」と思われるかもしれませんね。しかし，イオン結晶である$NaCl$は 図1-1 のようにがんじがらめにくっついて存在しています。そうすると，NaとClの対を分子として取ってくることはできないんですね。

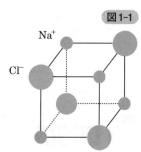

図1-1

Na^+

Cl^-

■ 組成式とは？

ここで，Naは何個あるかわからないので，n個あるとしましょう。すると，Clも同じn個ありますね。ということで，一番簡単な整数比に直すと，

$$Na_n Cl_n \implies NaCl$$

となります。**この一番簡単な整数比にした式のことを，「組成式」と言っているんです。**要するに，イオン結晶からできているものはすべて組成式です。でも，扱い方は分子量も原子量も式量も同じですよ。

例：分子量…$H_2O = 1 \times 2 + 16 = 18$　　　よってH_2O 1molは18g

　　原子量…$Cu = 63.5$　　　　　　　　　よってCu 1molは63.5g

　　式　量…$NaCl = 23 + 35.5 = 58.5$　　よって$NaCl$ 1molは58.5g

■ 1mol 中の気体の体積

次に1mol中の気体の体積です。1molの気体はどんな種類の気体でも**標準状態**（**0℃，1.013×10⁵Pa**）では，**22.4L**を占めます。これは，実測値で調べた結果です。**標準状態（0℃，1.013×10⁵Pa）**という言葉と数値を覚えてください。さらにこの「**22.4L**」という値も入試では与えられませんので，覚えておきましょう。

例えば，窒素であればN_2で分子量は$14 \times 2 = 28$です。だから28gの液体窒素を取ってきて0℃，1.01×10^5Paの状態でしばらくほうっておくと，体積が22.4Lの気体になります。しかも1molなので，そのときの個数はアボガドロ数6.02×10^{23}個の窒素分子を含んでいるということになります。

■ ポイントは比例関係

はい，「単元1　要点のまとめ②」（→36ページ）をもう一度確認してください。**質量（g），気体の体積（L），個数，物質量（mol）の4つの間では，比例関係が成り立ちます。ここがポイントです！**

質量，気体の体積，個数，物質量は比例関係

比例関係とは，2つの量を考えたとき，一方を2倍するともう一方も2倍，3倍すると3倍になるということです。

例えば，1個が300gのリンゴ2個では600g，3個では900gというような関係です。このとき，比例式も成り立つことを頭に入れておきましょう。

単元1 理解度チェックテスト 11

問 アンモニアNH_3について，次の問に答えよ。ただし，原子量はH = 1.0，N = 14.0，アボガドロ定数を6.0×10^{23}/molとする。数値は有効数字2桁で求めよ。

(1)　分子量はいくらか。

(2)　分子1個の質量は何gか。

(3)　3.4gのアンモニアは，標準状態で何Lか。

(4)　標準状態で5.60Lのアンモニアにはアンモニア分子が何個含まれるか。

解説

　「単元1　要点のまとめ②」からの出題です。

　問 (1) の解説 ▶ まず，分子量を計算してみましょう。NH_3の分子量は，N原子1個とH原子3個分なので$NH_3 = 14.0 \times 1 + 1.0 \times 3 = 17.0 ≒ 17$（単位なし）です。原子量，分子量，式量には単位はつけません。

$$∴ \quad 17 \cdots\cdots \boxed{問 (1)} \text{ の【答え】}$$
（有効数字2桁）

　問 (2) の解説 ▶

┃解法：比例法で解く

1molのNH_3の質量 … 17g

　1molは分子量，原子量，式量にgをつけた質量でしたね。（→36ページ「単元1　要点のまとめ②」）。

1molのNH_3の個数 … 6.0×10^{23}個

　1mol中には6.0×10^{23}個（アボガドロ数）のアンモニア分子が存在しました。（→36ページ）。

　個数とg数の間では比例関係が成り立つので，分子1個の質量をx gとすると

$$\underset{\substack{\text{1molの}NH_3\text{の}\\\text{個数とg数}}}{6.0 \times 10^{23}個 : 17g} = 1個 : x\,g$$

$$6.0 \times 10^{23}x = 17 \times 1$$

$$x = \frac{17 \times 1}{6.0 \times 10^{23}} = 2.83 \times 10^{-23} ≒ 2.8 \times 10^{-23}g$$

$$∴ \quad 2.8 \times 10^{-23}g \cdots\cdots \boxed{問 (2)} \text{ の【答え】}$$
（有効数字2桁）

　このとき**1molを基準にして解くことがポイント**です。

　または比例式を使わずに，1個の質量は全体の個数で割って求めると考えて，単に$\dfrac{17}{6.0 \times 10^{23}} ≒ 2.8 \times 10^{-23}g$としても構いません。

$$∴ \quad 2.8 \times 10^{-23}g \cdots\cdots \boxed{問 (2)} \text{ の【答え】}$$
（有効数字2桁）

　問 (3) の解説 ▶

┃解法1：比例法で解く

1molのNH_3のg数 … 17g

1molのNH_3のL数 … 22.4L（標準状態）

（→36ページ「単元1　要点のまとめ②」）

g 数と L 数の間には比例関係が成り立ちます。

$$17g : 22.4L = 3.4g : x\,L$$

1mol の NH$_3$ の
g 数と L 数

$$\therefore\quad 17x = 22.4 \times 3.4$$

$$x = \frac{22.4 \times 3.4}{17} = 4.48 \fallingdotseq 4.5L$$

$\therefore$　**4.5L** …… 問(3)　の【答え】

（有効数字2桁）

■ **解法2：mol 法で解く**

　[公式3] を組み合わせて解く方法を示しましょう。

　ここで [公式3] を確認しておきましょう。

! 重要★★★

☆ | (Ⅰ) $n = \dfrac{w}{M}$ $\begin{cases} n：原子または分子の物質量 (\mathbf{mol}) \\ w：質量 (\mathbf{g}) \\ M：原子量または分子量または式量 \end{cases}$

☆ | (Ⅱ) $n = \dfrac{V}{22.4}$ $\begin{cases} n：気体の物質量 (\mathbf{mol}) \\ V：標準状態の気体の体積 (\mathbf{L}) \end{cases}$

☆ | (Ⅲ) $n = \dfrac{a}{6.02 \times 10^{23}}$ $\begin{pmatrix} n：原子または分子の物質量 (\mathbf{mol}) \\ a：原子数または分子数 \end{pmatrix}$

——— [公式3]

[公式3] の (Ⅰ) $\boxed{n = \dfrac{w}{M}}$ と [公式3] の (Ⅱ) を変形させて

$$\boxed{n = \frac{V}{22.4} \;\Rightarrow\; V = n \times 22.4}$$

これらを組み合わせて使います。

まず，NH$_3$ の mol 数を求めます。

$$n = \frac{w}{M} = \frac{3.4}{17}\,\text{mol}$$

次に NH$_3$ の L 数を $\boxed{V = n \times 22.4}$ で求めます。

$$\dfrac{3.4}{17}\left|\times 22.4\right|=4.48 \fallingdotseq 4.5\text{L}$$

NH₃の　　NH₃の
mol数　　L数

∴　**4.5L** ……… 問(3) の【答え】
（有効数字2桁）

問(4)の解説

▌**解法1：比例法で解く**

1molのNH₃のL数…22.4L（標準状態）

1molのNH₃の個数…6.0×10²³個

　　L数と個数の間では比例関係が成り立ちます。

$$\underline{22.4\text{L}:6.0\times 10^{23}個}=5.60\text{L}:x個$$
1molのNH₃の
L数と個数

$$22.4x=6.0\times 10^{23}\times 5.60$$

$$x=\dfrac{6.0\times 10^{23}\times 5.60}{22.4}=1.5\times 10^{23}個$$

∴　**1.5×10²³個** …… 問(4) の【答え】
（有効数字2桁）

▌**解法2：mol法で解く**

[公式3]の(Ⅱ) $\boxed{n=\dfrac{V}{22.4}}$ と**[公式3]の(Ⅲ)を変形させた**

$$\boxed{n=\dfrac{a}{6.0\times 10^{23}}\quad\Rightarrow\quad a=n\times 6.0\times 10^{23}}$$

を組み合わせて解きます。

$$\dfrac{5.60}{22.4}\left|\times 6.0\times 10^{23}\right|=1.5\times 10^{23}個$$

NH₃の　　NH₃の個数
mol数

∴　**1.5×10²³個** …… 問(4) の【答え】
（有効数字2桁）

単元1　要点のまとめ③

- **比例法と mol 法**

比例法…mol に関して，**質量，気体の体積，個数，物質量の4つの間での比例関係を利用して解く。**

mol 法…**[公式3]** を組み合わせて解く。

アドバイス [公式3]（Ⅰ）〜（Ⅲ）の導き方をそれぞれ説明しましょう。

mol 数と g 数は比例する（ある物質の原子量または分子量または式量を M，質量を wg，そのときの物質量を n mol とする）。

（Ⅰ）の【証明】

$$1 \quad \text{mol} \quad : \quad M \ \text{g} \quad = \quad n \ \text{mol} \quad : \quad w \ \text{g}$$

　　1mol のある物質の
　　　mol 数と g 数

$$\therefore \ nM = w \quad \therefore \ n = \frac{w}{M} \quad \text{——[公式3]}$$

（Ⅱ）の【証明】

mol 数と L 数は比例する（標準状態のある気体を V L，そのときの物質量を n mol とする）。

$$1 \quad \text{mol} \quad : \quad 22.4 \ \text{L} \quad = \quad n \ \text{mol} \quad : \quad V \ \text{L}$$

　　1mol のある気体の
　　　mol 数と L 数

$$\therefore \ n \times 22.4 = V \quad \therefore \ n = \frac{V}{22.4} \quad \text{——[公式3]}$$

（注意） 1mol の気体はどんな種類の気体でも標準状態では 22.4L を占める。

（Ⅲ）の【証明】

mol 数と個数は比例する（ある物質の個数を a 個，そのときの物質量を n mol とする）。

$$1 \quad \text{mol} \quad : \quad 6.02 \times 10^{23} \ \text{個} \quad = \quad n \ \text{mol} \quad : \quad a \ \text{個}$$

　　1mol のある物質の
　　　mol 数と個数

$$\therefore \ n \times 6.02 \times 10^{23} = a \quad \therefore \ n = \frac{a}{6.02 \times 10^{23}} \quad \text{——[公式3]}$$

（注意） アボガドロ数が 6.0×10^{23} で与えられたときは $n = \dfrac{a}{6.0 \times 10^{23}}$ を用いる。

単元2 化学反応式と物質量

化学反応式をつくるとき，係数のつけ方には「**暗算法（分数係数法）**」と「**未定係数法**」の2通りの方法があります。計算問題を解くときに，かならず必要になるテクニックです。化学基礎の範囲ですが，しっかり復習しておきましょう。

単元2 要点のまとめ①

● **化学反応式の係数の決め方**

化学反応式では，次の2つのことが成り立つことを利用して，係数を決める。
　①両辺で各原子数は等しい
　②係数は一番簡単な整数比とする

暗算法（分数係数法）と**未定係数法**という2通りの方法で，係数は導ける。通常は暗算法で導くが，暗算法でできないときはめんどうでも未定係数法を用いる。

単元2 理解度チェックテスト 12

問 次の化学反応式の係数を求めよ。

(1)　$C_4H_{10} + O_2 \longrightarrow CO_2 + H_2O$

(2)　$Cu + HNO_3 \longrightarrow Cu(NO_3)_2 + H_2O + NO$

解説

「単元2 要点のまとめ①」からの出題です。

問 (1) の解説 ▶ **暗算法（分数係数法）** で解きます。

ブタンが燃焼して，二酸化炭素と水になるという式です。

　　$\bigcirc C_4H_{10} + \bigcirc O_2 \longrightarrow \bigcirc CO_2 + \bigcirc H_2O$

岡野の着目ポイント まず，**一番複雑そうな化合物（元素の種類，または原子数の多い化合物）** に着目し，その係数を1と決めます。ここで一番複雑そうなのはC_4H_{10}（ブタン）ですね。元素の種類はCO_2やH_2Oと同じく2種類ですが，原子の数は最も多く，14個あります。

はい，ここでポイントは，

① 両辺で各原子数は等しい。

そうすると，左辺の炭素原子は C_4H_{10} に4個でしょう。だから右辺にもやっぱり4個なんですよ。したがって，CO_2 の係数を4と入れます。

$$1C_4H_{10} + \bigcirc O_2 \longrightarrow 4CO_2 + \bigcirc H_2O$$

さらに左辺には，Hが10個。そこで右辺の H_2O の係数を5と入れ，Hの数をそろえます。

$$1C_4H_{10} + \bigcirc O_2 \longrightarrow 4CO_2 + 5H_2O$$

はい，右辺のOの数は13個になりました。左辺も13個にしたい。2個セットが13個になるということは，$\dfrac{13}{2}$ 倍ですね。

$$1C_4H_{10} + \frac{13}{2}O_2 \longrightarrow 4CO_2 + 5H_2O$$

そして，2つ目のポイントとして，

② 係数は一番簡単な整数比とする。

一番簡単な整数比にするために，**分母の最小公倍数2**をかけます。

$$\therefore \quad 2C_4H_{10} + 13O_2 \longrightarrow 8CO_2 + 10H_2O \cdots\cdots \boxed{問 (1)} \text{ の【答え】}$$

以上が暗算法（分数係数法）です。

問 (2) の解説　次を解いてみましょう。まずは暗算法を試してみます。

$$\bigcirc Cu + \bigcirc HNO_3 \longrightarrow \bigcirc Cu(NO_3)_2 + \bigcirc H_2O + \bigcirc NO$$

一番複雑そうなものの係数を1とおきます。$Cu(NO_3)_2$ が一番複雑そうなので1とすると，Cuが1個だから，左辺でも1個です。ここまではできるんですよ。

$$1Cu + \bigcirc HNO_3 \longrightarrow 1Cu(NO_3)_2 + \bigcirc H_2O + \bigcirc NO$$

ところが次の段階で，NもOも左辺，右辺ともに数が確定できていないから，すぐには係数が決められない。するとこの場合は，未定係数法です。**暗算法のほうがずっと速いんですが，できない場合には未定係数法を用います。**

暗算法がダメなら未定係数法を使う

> **岡野のこう解く**　それぞれの係数を未知数 a, b, c, d, e とおきます。
>
> $$aCu + bHNO_3 \longrightarrow cCu(NO_3)_2 + dH_2O + eNO$$
>
> そして方程式で解いていきます。左辺と右辺で各原子数をそろえるのがポイントです。
>
> Cuについて：$a = c$ ……①
>
> Hについて　：$b = 2d$ ……②
>
> Nについて　：$b = 2c + e$ ……③
>
> Oについて　：$3b = 6c + d + e$ ……④

> **岡野の着目ポイント**　未知数が5個あるにもかかわらず，4個しか式が立てられない。**そこで，あと1本式をつくる，ここが未定係数法のポイントです。つくり方として，一番多く使われている文字を1とおきます。** b と c が3回ずつなので，どちらでもいいのですが，b を1としましょうか。
>
> $b = 1$　……⑤

①〜⑤を解いて，分母の最小公倍数をかけます。

$a = \dfrac{3}{8}$　8倍する⇒　3

$b = 1$　8倍する⇒　8

$c = \dfrac{3}{8}$　8倍する⇒　3

$d = \dfrac{1}{2}$　8倍する⇒　4

$e = \dfrac{1}{4}$　8倍する⇒　2

$$\therefore \quad 3Cu + 8HNO_3 \longrightarrow 3Cu(NO_3)_2 + 4H_2O + 2NO$$

…… **問(2)** の【答え】

化学反応では，次の関係が成り立ちます。

化学反応式の係数比＝反応または生成する物質の物質量比

これだけ言われてもピンと来ないと思いますので，窒素と水素からアンモニアができる反応を例にとって見てみましょう（$N_2 = 28$，$H_2 = 2$，$NH_3 = 17$）。

例：次の反応で N_2 1molが反応したとき，反応で消費する N_2，H_2 と，生成される NH_3 の量的関係は，次のようになる。

	N_2 +	$3H_2$ ⟶	$2NH_3$
物　質　量	1mol	3mol	2mol
分　子　数	6×10^{23}個	$3 \times 6 \times 10^{23}$個	$2 \times 6 \times 10^{23}$個
気体の体積 (標準状態)	22.4L	3×22.4L	2×22.4L
質　　量	28g	3×2g	2×17g

このとき N_2，H_2，NH_3 の間では比例関係が成り立つ。

上の化学反応式を見て，初心の人であれば，「1個の窒素分子があって，それが3個の水素分子と反応を起こして2個のアンモニア分子ができる」と考えるかもしれませんね。でも，化学の計算をやる場合には，**1個とか2個の分子の数ではあまりにも小さな質量，またはあまりにも小さな気体の体積になってしまうので，「N_2 1mol，H_2 3mol，NH_3 2molというふうに考えていきましょう」**としたのです。

1mol中に含まれる各量は本講の単元1で学びましたね。そこで，上の表のような関係が全部成り立つわけです。

このとき N_2，H_2，NH_3 の間では，比例関係が成り立ちます。

🔄 **単元3　要点のまとめ①**

● **化学反応式の表す意味**

化学反応式の係数比＝反応または生成する物質の物質量比

理解度 チェックテスト 13

問 プロパノール (C_3H_8O) 6.0gを完全燃焼させるとき

(1) 二酸化炭素は標準状態で何L得られるか。

(2) 水は何g得られるか。

(3) 酸素分子は何個使用されるか。

ただし,原子量はH = 1,C = 12,O = 16とし,アボガドロ定数は 6.0×10^{23}/molとする。数値は有効数字2桁で求めよ。

燃焼反応で知っておくこと

⑤

・C,H から成る化合物（CH_4,C_2H_6,C_3H_8 など）

・C,H,O から成る化合物（CH_3OH,C_2H_5OH など）

を燃焼（酸素と化合して炎を出して燃えること）すると CO_2 と H_2O を生じる。

解説

「単元3 要点のまとめ①」からの出題です。

最初に反応式をつくります。問題文より,

$$C_3H_8O + O_2 \longrightarrow CO_2 + H_2O$$

一番複雑そうなC_3H_8Oの係数を1とおきます。C_3H_8Oの中にOが1個含まれていることに注意すると,

$$1C_3H_8O + \frac{9}{2}O_2 \longrightarrow 3CO_2 + 4H_2O$$

両辺を2倍して,

$$\therefore \quad 2C_3H_8O + 9O_2 \longrightarrow 6CO_2 + 8H_2O$$

問 (1) の解説

岡野の着目ポイント

問題文の「**プロパノール**(C_3H_8O) **6.0g**」と,「**二酸化炭素は……何L**」というところをチェックして,「**g**」と「**L**」の関係で解くということに着目します。

▌解法1：比例法で解く

完成した化学反応式からプロパノールと二酸化炭素の関係を考えると,

$$\underset{2\text{mol}}{2\mathrm{C_3H_8O}} \quad : \quad \underset{6\text{mol}}{6\mathrm{CO_2}}$$

ですね。

ここで，molに含まれる各量の比例関係から，「g」と「L」の関係に直すと，

$$\underset{\substack{2\text{mol}\\(2\times60\text{g})}}{2\mathrm{C_3H_8O}} \quad : \quad \underset{\substack{6\text{mol}\\(6\times22.4\text{L})}}{6\mathrm{CO_2}} \quad (\mathrm{C_3H_8O}=60)$$

岡野のこう解く すなわち2×60gのプロパノールを完全燃焼させると，6×22.4Lの二酸化炭素が発生するということです。この割合は変わらないというのがポイント！

そこで今回は6.0gのプロパノールを燃焼させて，何Lの二酸化炭素が発生したのか，ということですから，発生した二酸化炭素をxLとすると，

$$\underset{\begin{pmatrix}2\times60\text{g}\\6.0\text{g}\end{pmatrix}}{2\mathrm{C_3H_8O}} \quad \underset{\begin{pmatrix}6\times22.4\text{L}\\x\text{L}\end{pmatrix}}{6\mathrm{CO_2}}$$

$$\text{2mol}\qquad\text{6mol}$$

比例関係のときは比例式が使えるので，

$$2\times60\text{g}:6\times22.4\text{L}=6.0\text{g}:x\text{L}$$

あとは，数学で学んだように，内項の積と外項の積が等しくなります。

$$2\times60\times x=6\times22.4\times6.0 \text{——— }Ⓐ$$

$$\therefore \quad x=6.72\fallingdotseq6.7\text{L} \qquad \therefore \quad \textbf{6.7L} \cdots\cdots \boxed{\textbf{問 (1)}} \text{ の【答え】}$$
（有効数字2桁）

慣れてくれば，

$$\begin{pmatrix}2\times60\text{g}\ \diagdown\!\!\!\!\diagup\ 6\times22.4\text{L}\\6.0\text{g}\qquad x\text{L}\end{pmatrix}$$

のところで，**対角線どうしをかけて**Ⓐ**式をつくっても構いません。**

以上のように，比例関係を用いて解く方法を「比例法」といいます。

「比例法」にはもう一つ，巻末の「**最重要化学公式一覧**」にも載せておきましたが**[公式3]**を用いる方法があります。

!重要★★★

$$
\begin{array}{|c|l|}
\hline
☆ & (Ⅰ)\ n=\dfrac{w}{M} \left(\begin{array}{l} n：原子または分子の物質量 (mol) \\ w：質量 (g) \\ M：原子量または分子量または式量 \end{array}\right) \\
\hline
☆ & (Ⅱ)\ n=\dfrac{V}{22.4} \left(\begin{array}{l} n：気体の物質量 (mol) \\ V：標準状態の気体の体積 (L) \end{array}\right) \\
\hline
☆ & (Ⅲ)\ n=\dfrac{a}{6.02 \times 10^{23}} \left(\begin{array}{l} n：原子または分子の物質量 (mol) \\ a：原子数または分子数 \end{array}\right) \\
\hline
\end{array}
$$

——— [公式3]

▌解法2：比例法で解く

すべて mol の単位に合わせて解く方法です。

$$2C_3H_8O \quad : \quad 6CO_2$$

2mol　　　　6mol

$\boxed{n=\dfrac{w}{M}}$ より　$\dfrac{6.0}{60}$ mol　　$\dfrac{x}{22.4}$ mol　$\boxed{n=\dfrac{V}{22.4}}$ より

対角線の積は内項の積と外項の積の関係になっているので等しい。

$$\therefore \quad \frac{6.0}{60} \times 6 = \frac{x}{22.4} \times 2$$

$$\therefore \quad x = \frac{6.0 \times 6 \times 22.4}{60 \times 2} = 6.72 \fallingdotseq 6.7 L$$

$\therefore$　**6.7L** …… 問(1) の【答え】
(有効数字2桁)

▌解法3：mol 法で解く

[公式3] を組み合わせて解く方法です。

> 岡野の着目ポイント　燃焼したプロパノールの mol 数は [公式3] の (Ⅰ) から $\dfrac{6.0}{60}$ mol です。そして，化学反応式に着目すると，**発生する二酸化炭素の物質量は，使用されるプロパノールの常に$\dfrac{6}{2}$倍です。**これがポイントです！

ここで，求めたいのは，二酸化炭素の L 数なので，(Ⅰ)(Ⅱ)の式を組み合わせて，二酸化炭素についての式を立てます。

[公式3] の（Ⅱ）を変形させて $\boxed{n = \dfrac{V}{22.4} \ \Rightarrow \ V = n \times 22.4}$ に代入すると，

$$V_{CO_2} = n_{CO_2} \times 22.4$$

$$= \underset{\substack{C_3H_8O \text{の}\\ \text{mol数}}}{\boxed{\dfrac{6.0}{60}}} \times \underset{\substack{CO_2 \text{の}\\ \text{mol数}}}{\boxed{\dfrac{6}{2}}} \times \underset{\substack{CO_2 \text{の}\\ \text{体積（L）}}}{\underline{22.4}} = 6.72 \fallingdotseq 6.7L$$

∴ **6.7L** …… 問 **(1)** の【答え】
(有効数字2桁)

この解法を「mol法」といいます。「解法その1」～「その3」のどちらで解いても構いませんよ。

問 (2) の解説

解法1：比例法で解く

同様に完成した化学反応式から解いていきます。**プロパノール**と**水**で，「g」と「g」の関係に着目です。生成した水を x g とすると，

$$2C_3H_8O \quad : \quad 8H_2O \quad (H_2O = 18)$$

$$2mol \qquad\qquad 8mol$$

2で割ると　1mol　　　　　4mol　⇦（比率がわかればいいので，簡単な整数比に直して構いません）

$$\begin{pmatrix} 60g & & 4 \times 18g \\ 6.0g & & xg \end{pmatrix}$$

対角線の積は内項の積と外項の積の関係になっているので等しい。

$$\therefore \quad 60x = 6.0 \times 4 \times 18$$

$$\therefore \quad x = 7.2g$$

∴ **7.2g** …… 問 **(2)** の【答え】
(有効数字2桁)

解法2：比例法で解く

すべてmolの単位に合わせて解く方法です。

$$1C_3H_8O \quad : \quad 4H_2O$$

$$1mol \qquad\qquad 4mol$$

$\boxed{n = \dfrac{w}{M}}$ より　$\dfrac{6.0}{60}$ mol　　$\dfrac{x}{18}$ mol　$\boxed{n = \dfrac{w}{M}}$ より

$$\therefore \quad \dfrac{6.0}{60} \times 4 = \dfrac{x}{18} \times 1$$

$$\therefore \quad x = \dfrac{6.0 \times 4 \times 18}{60 \times 1} = 7.2g$$

∴ **7.2g** …… 問 **(2)** の【答え】
(有効数字2桁)

解法3：mol法で解く

　生成する水の物質量は，使用されるプロパノールの常に$\dfrac{8}{2}$倍です。求めたいのは，水のg数なので，

$$n_{H_2O} = n_{C_3H_8O} \times \frac{8}{2}$$

　ここで，**[公式3]**の（Ⅰ）式を変形させて$\boxed{n=\dfrac{w}{M} \Rightarrow w=nM}$に代入すると，

$$
\begin{aligned}
w_{H_2O} &= n_{H_2O} \times 18 \\
&= \underset{\substack{C_3H_8O の \\ mol 数}}{\boxed{\frac{6.0}{60}}} \times \underset{\substack{H_2O の \\ mol 数}}{\boxed{\frac{8}{2}}} \times \underset{\substack{H_2O の \\ 質量(g)}}{\boxed{18}} = 7.2g
\end{aligned}
$$

$$\therefore \quad \textbf{7.2g} \cdots\cdots \boxed{問 (2)} の【答え】$$
（有効数字2桁）

問 (3) の解説

解法1：比例法で解く

　同様に完成した化学反応式から解きます。**プロパノール**と**酸素**で「**g**」と「**個**」の関係に着目です。使用される酸素分子をx個とすると

$$
\begin{array}{ccc}
2C_3H_8O & : & 9O_2 \\
2mol & & 9mol \\
\end{array}
$$

$$
\left(
\begin{array}{ccc}
2 \times 60g & \diagdown & 9 \times 6.0 \times 10^{23} 個 \\
6.0g & \diagup & x 個
\end{array}
\right)
$$

対角線の積は等しいので

$$\therefore \quad 2 \times 60 \times x = 6.0 \times 9 \times 6.0 \times 10^{23}$$
$$\therefore \quad x = 2.7 \times 10^{23} 個$$

$$\therefore \quad \textbf{2.7} \times \textbf{10}^{23}\textbf{個} \cdots\cdots \boxed{問 (3)} の【答え】$$
（有効数字2桁）

解法2：比例法で解く

　すべてmolの単位に合わせます。

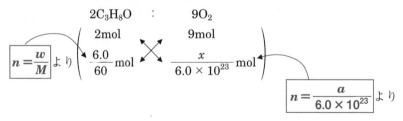

対角線の積は等しいので

$$\therefore \quad \frac{x}{6.0 \times 10^{23}} \times 2 = \frac{6.0}{60} \times 9$$

$$\therefore \quad x = 2.7 \times 10^{23} 個$$

$$\therefore \quad 2.7 \times 10^{23} 個 \cdots\cdots \boxed{問 (3)} \text{の【答え】}$$
（有効数字2桁）

┃解法3：mol法で解く

使用される酸素の物質量は使用されるプロパノールの常に$\dfrac{9}{2}$倍です。求めたいのは酸素の個数なので，

$$n_{O_2} = n_{C_3H_8O} \times \frac{9}{2}$$

ここで**[公式3]**の（Ⅲ）式を変形させて

$$\boxed{n = \frac{a}{6.0 \times 10^{23}} \quad \Rightarrow \quad a = n \times 6.0 \times 10^{23}}$$

に代入すると

$$a_{O_2} = n_{O_2} \times 6.0 \times 10^{23}$$

$$= \underset{\substack{C_3H_8O の \\ mol 数}}{\frac{6.0}{60}} \times \underset{\substack{O_2 の \\ mol 数}}{\frac{9}{2}} \times \underset{\substack{O_2 の個数}}{6.0 \times 10^{23}} = 2.7 \times 10^{23} 個$$

$$\therefore \quad 2.7 \times 10^{23} 個 \cdots\cdots \boxed{問 (3)} \text{の【答え】}$$
（有効数字2桁）

　理解できましたでしょうか？　ここはじっくり時間をかけて，ぜひ自分の得意技をつくってくださいね。

　以下に，2つの解法（比例法とmol法）のポイントをまとめておきますので，参照しておいてください。

単元3　要点のまとめ②

● **比例法とmol法**

　比例法…化学反応式の両辺のそれぞれの物質の間での比例関係を利用して　　　　解く。

　mol法…**[公式3]** を組み合わせて解く。

最後に「結晶格子」について学びましょう。

結晶中で構成粒子のつくる配列を「**結晶格子**」といい，その最小の繰り返し単位を「**単位格子**」といいます。

ではこれから，金属結晶とイオン結晶，それぞれの結晶格子について見ていきます。

4-1 金属の結晶格子

初めに金属結晶の結晶格子です。さて，金属の結晶というと，まず金属単体をイメージしてくださいね。化合物でない1種類の元素からできている金属であれば，もう金属結晶になっています（→26ページ）。

■ 結晶格子の種類

では金属の結晶格子には，どんな種類があるのでしょう？　金属の三次元的な配列は1種類ではなく，金属の種類によっていろいろな配列の仕方をします。

まずは名前を覚えてくださいね。(a)「**体心立方格子**」, (b)「**面心立方格子**」, (c)「**六方最密構造**」となっています。

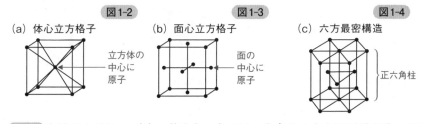

図1-2
(a) 体心立方格子
立方体の中心に原子

図1-3
(b) 面心立方格子
面の中心に原子

図1-4
(c) 六方最密構造
正六角柱

図1-2 を見てください。(a) の体心というのは，立方**体**の中心に原子が入っているという言葉の意味から，そうよばれます。ですから，**体心立方格子**。(b) の面心というのは，**面の中心** 図1-3 という意味。図の立方体は6面ありますが，それぞれの面の中心のところに原子を含んでいます。だから**面心立方格子**です。(c) の**六方最密構造**というのは正六角柱で，あきらかに前の2つとは違っていますね 図1-4 。

さて，図1-2 ～ 図1-4 では，原子と原子が離れていますが，これは簡略した見取り図だからです。本当は，それぞれ 図1-5 （→54, 55ページ）のような形でくっついています。

でも一般的には，図1-2 ～ 図1-4 の形で書かれますので，基本的には同じものだと思って構いません。次ページの「単元4　要点まとめ①」でも確認してみて下さい。

単元 4　要点のまとめ①

● 金属結晶の結晶格子

金属の結晶は，金属の陽イオンが規則正しく整列してできている。結晶中で構成粒子のつくる三次元の配列を**結晶格子**といい，結晶格子の最小の繰り返し単位を**単位格子**という。

金属の結晶格子は，主に以下の3種類のいずれかである。

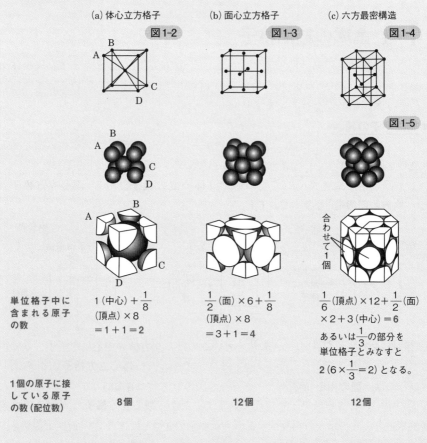

(a) 体心立方格子　　　(b) 面心立方格子　　　(c) 六方最密構造

図1-2　　　　　　　図1-3　　　　　　　図1-4

図1-5

	(a) 体心立方格子	(b) 面心立方格子	(c) 六方最密構造
単位格子中に含まれる原子の数	1（中心）$+\dfrac{1}{8}$（頂点）$\times 8$ $=1+1=2$	$\dfrac{1}{2}$（面）$\times 6+\dfrac{1}{8}$（頂点）$\times 8$ $=3+1=4$	$\dfrac{1}{6}$（頂点）$\times 12+\dfrac{1}{2}$（面）$\times 2+3$（中心）$=6$ あるいは$\dfrac{1}{3}$の部分を単位格子とみなすと $2\left(6\times\dfrac{1}{3}=2\right)$ となる。
1個の原子に接している原子の数（配位数）	8個	12個	12個

例：体心立方格子の金属…Li, Na, K, Ba, Cr など
　　　面心立方格子の金属…Cu, Ag, Au, Pt など
　　　六方最密構造の金属…Be, Mg, Zn, Co など

（a）体心立方格子　（b）面心立方格子　（c）六方最密構造　**図1-5**

■ 球の並び方から結晶格子を考える

体心立方格子について，さきほどは，立方体の中心に球（＝原子）があることから，「体心」といいました。

ここでは，もう1つ別の見方をしてみましょう。体心立方格子では同じ大きさの球が，**4，1，4，1，4**……とずーっとつながっているんですね 連続 **図1-6①**。「**4，1，4**」の**積み重ね**です。

同じような見方をしますと，面心立方格子は**5，4，5，4，5**……という，「**5，4，5**」**の積み重ね**です 連続 **図1-6②**。

六方最密構造は，下の正六角形の真ん中に1個原子を入れますので，7個ですね 連続 **図1-6③**。そして3個入って，また7個。**7，3，7，3，7**……と，「**7，3，7**」の積み重ねです。

応用が効くので，このような見方ができるということを，ぜひおさえておいてください。

球の並び方に着目！ 連続 **図1-6**

① 体心立方格子

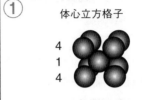

4
1
4

② 面心立方格子

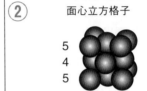

5
4
5

③ 六方最密構造

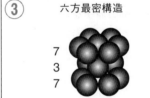

7
3
7

4-2 単位格子に含まれる原子数

■ 体心立方格子の単位格子

今見た 連続 **図1-6①~③** のようではなく，連続 **図1-7①** のように，角を立方体に直角に切りそろえた形，これが「単位格子」です。原子は実際は切れません。だから，これはあくまでも数学的な考え方だとご理解ください。そして，図の頂点（赤い部分）に何個分がくっついているかが重要です。これは$\frac{1}{8}$**個分**ですね。

ですから，体心立方格子の中に原子が何個入っているかというと，$\frac{1}{8}$個が上下に4個ずつ

単位格子中の原子数は？

① 体心立方格子 連続 **図1-7**

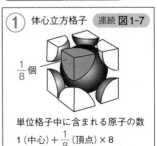

$\frac{1}{8}$個

単位格子中に含まれる原子の数

1（中心）$+ \frac{1}{8}$（頂点）$\times 8$

$= 1 + 1 = 2$

あって，**中心に1個あるから**，

$$1\,(\text{中心}) + \frac{1}{8}\,(\text{頂点}) \times 8 = 1 + 1 = 2$$

つまり体心立方格子の単位格子には，**合計2個分の原子が含まれます**。

■ 面心立方格子の単位格子

同様に面心立方格子ですが，**頂点のところは**$\frac{1}{8}$**個**，それから**面の真ん中のところに**$\frac{1}{2}$**個**入っています 連続 図1-7②。

よって，

$$\frac{1}{2}\,(\text{面}) \times 6 + \frac{1}{8}\,(\text{頂点}) \times 8 = 3 + 1 = 4$$

合計4個の原子を含みます。

■ 六方最密構造の単位格子

あと，六方最密構造です 連続 図1-7③。これは頂点が$\frac{1}{6}$個になります。それが上下合わせて12個あり，上下の**面**に$\frac{1}{2}$**個**が2つ。それから**中心の3個**は，そのままあると思ってください。すなわち，

$$\frac{1}{6}\,(\text{頂点}) \times 12 + \frac{1}{2}\,(\text{面}) \times 2 + 3\,(\text{中心}) = 6$$

合計6個の原子を含みます。

ところが，図の赤い線で示された，ひし形の部分が単位格子だという見方もあるんです。そうしますと，これは全体のちょうど$\frac{1}{3}$になります。

$$6 \times \frac{1}{3} = 2$$

ひし形を単位格子だと見なすと，2個の原子を含むわけです。**正式にはこのひし形の部分が六方最密構造の単位格子です**。

連続 **図1-7** の続き

② 面心立方格子

単位格子中に含まれる原子の数
$$\frac{1}{2}\,(\text{面}) \times 6 + \frac{1}{8}\,(\text{頂点}) \times 8$$
$$= 3 + 1 = 4$$

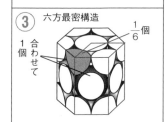

③ 六方最密構造

単位格子中に含まれる原子の数
$$\frac{1}{6}\,(\text{頂点}) \times 12 + \frac{1}{2}\,(\text{面}) \times 2 +$$
$$3\,(\text{中心}) = 6$$

あるいは$\frac{1}{3}$の部分を単位格子とみなすと
$$2\,(6 \times \frac{1}{3} = 2)\text{となる。}$$

単位格子に含まれる原子数は，「**2，4，6**（正式には**2**）（体心立方格子，面心立方格子，六方最密構造）」と覚えておくと，まず間違えないですよ。

■ 覚えておくべき具体例（金属結晶）

「単元4　要点のまとめ①」（→54ページ）に例を挙げていますが，体心立方格子の金属で最初の3つ「Li，Na，K」までは「アルカリ金属」です。共通テストの正誤問題で「アルカリ金属は，すべて体心立方格子の構造をとる」などと出されますが，これは○です。

「すべて」なんて言われると，例外もあるんじゃないかと思うかもしれませんが，**アルカリ金属は，すべて体心立方格子の構造をとるんです**。もちろん金属の単体である場合に限ります。

次の**面心立方格子の金属は，Cu，Ag，Au，Pt**で，全部値段の高い金属です。オリンピックのメダル，金，銀，銅，それと白金ね。

六方最密構造の例は，特に覚える必要はないでしょう。

4-3 イオン結晶の結晶格子

今度はイオン結晶の結晶格子です。イオン結晶は，金属結晶とはちょっと違う。金属結晶は金属単体だったのに対し，イオン結晶というのは金属と非金属の結晶なんです。だから，以下のようになります。

単元 **4** 要点のまとめ②

● **イオン結晶の結晶格子**

イオン結晶の構造は，正負のイオン間のクーロン力が最も有効にはたらくように決まる。代表的なイオン結晶の構造の例を次に示した。

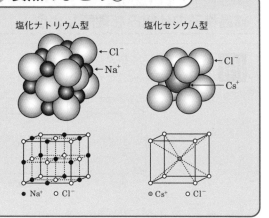

塩化ナトリウム型　　　　塩化セシウム型

● Na⁺　○ Cl⁻　　　　◎ Cs⁺　○ Cl⁻

■ 塩化ナトリウム型

連続 **図1-8①** を見てください。これは「塩化ナトリウム型」といいます。●（黒丸）が Na^+ で，○（白丸）が Cl^- ですが，入れ替えても構いません。たまたま今は●がナトリウムイオンで，○が塩化物イオンになっています。ここで○について，一番下の段に5個，真ん中の段に4個，それからまた，上の段に5個。すなわち，「**5，4，5**」という積み重ねです。どこかでこういうの，ありましたよね。そう，**これは面心立方格子ですね。**

それに対して●は，4，5，4，5……，やっ

面心立方格子の組合せ　　連続 **図1-8**

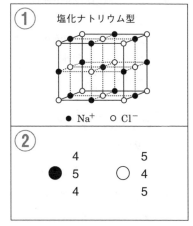

① 塩化ナトリウム型

● Na⁺　○ Cl⁻

②
	4		5
●	5	○	4
	4		5

ぱりこれも面心立方格子なんです。

　ですから，塩化ナトリウムというのは簡単に表現すると 連続 図1-8② のように
なり，**ナトリウムイオンと塩化物イオンで**，ちょうど**面心立方格子のものが組み
合わさった構造**なんだとご理解ください。

■ 塩化セシウム型

　そして，図1-9 の「塩化セシウム型」です。Cs^+ が
真ん中に1個入り，Cl^- が上下に4個ずつという形。
これは多少，特殊例ですので，軽くおさえておきま
しょう。

塩化セシウム型　図1-9

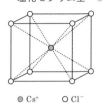

● Cs^+　　○ Cl^-

演習問題で力をつける①

結晶格子の仕組みを理解しよう！

問　図Aと図Bはそれぞれ金属ナトリウムと金属銅の結晶の単位格子を示
したものである。下の問いに答えよ。

図1-10

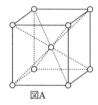
図A

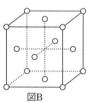
図B

(1)　図Aと図Bの結晶格子の名称は何か。

(2)　図Aと図Bの単位格子を構成している原子の数はそれぞれ何個か。

(3)　図Aと図Bの単位格子で構成される結晶中の，それぞれの配位数を求
めよ。

(4)　銅の密度は $9.0g/cm^3$ であり，単位格子の一辺の長さは0.36nm（ナノメートル）である。
銅の原子量を求めよ。ただし，アボガドロ定数は $6.0 \times 10^{23}/mol$ とし，
数値は有効数字2桁で答えよ。

😊 さて，解いてみましょう。

問 (1) の解説 ▶ さきほど学んだ通りです。

図A：**体心立方格子**　　図B：**面心立方格子** …… 問 (1) の【答え】

問 (2) の解説 ▶ これも「2, 4, 6（体心立方格子，面心立方格子，六方最密構造）」
と覚えておけば問題ありませんね（六方最密構造の六（に）（し）（ろく）と2, 4, 6の6が一致する

ので覚えられますね)。

図A：2個　　図B：4個 …… 問(2) の【答え】

問(3)の解説 配位数とは結晶中の1個の粒子に着目し，この粒子から最も近いところに存在する粒子の数をいう(このとき粒子は同じ種類の粒子でも，異なる粒子でもとにかく一番近いところに存在する粒子の数である)。

岡野の着目ポイント 図Aの体心立方格子については，さきほど説明したように，たまたま「4，1，4」の部分のみを取り出しただけで，実際には上下左右前後とあらゆる方向に4，1，4，1，4……と連なっています。ですから，どこの原子で考えても，かならず同じ位置関係になります。

　図1-11 に置きかえて考えてみましょう。

そこでわかりやすいように，図の真ん中にある，赤い原子で考えます。ここでは最も近いところにある原子は接しています。上で4つ，下で4つ，合わせて8個なんですね。したがって配位数は8です。

図A：8 …… 問(3) の【答え】

　図Bの面心立方格子も，**図1-12** に置きかえて考えてみましょう。

図1-11
体心立方格子
4
1
4

図1-12
面心立方格子
5
4
5

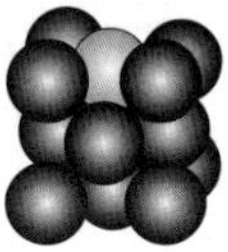

岡野のこう解く ここでも最も近いところにある原子は接しています。これは難しいのですが，どこを考えるかというと，**図の赤い原子**です。すると，**下で4つ**，そして**赤い原子を除く周りの4つ**，さらに面心立方格子の場合，5，4，5，4，5……の積み重ねなので，**上の段で4つ**と接しているはずです。つまり4＋4＋4で12個です。したがって配位数は12です。

図B：12 …… 問(3) の【答え】

　設問にはありませんが，よく問われるので，六方最密構造も考えてみましょうか **図1-13** 。ここで最も近いところにある原子は接しています。これも**図の赤い原子に着目**です。すると，**下で3つ**，周りに6つ，そして，7，3，7，3，7…の積み重ねなので，**上に3つ**。1個の原子は，合

図1-13
六方最密構造
7
3
7

計12個（＝3＋6＋3）の原子と接していますので配位数は12です。

問(4)の解説

岡野のこう解く 密度の考え方がポイントになります。要するに，

$$密度を 9.0 \frac{g}{cm^3} とすると \underline{1cm^3 が 9.0g である。}$$

ということです。単位を分解するわけです。

岡野の着目ポイント 1cm³ あたりで9.0gなのに対し，単位格子あたりの体積では何gになるのか，という比例式をつくりましょう。

単位をそろえます。1nm（ナノメートル）＝ 10^{-7}cm なので，0.36nm ＝ 0.36×10^{-7}cm です。少し直して，3.6×10^{-8}cm です。

よって，単位格子の体積は，$(3.6 \times 10^{-8})^3 cm^3$ ですね。

そして，求めるCuの原子量を x とおき，単位格子あたりのg数（質量）を考えます。原子量にgをつけたら1molの質量でしたね。そして，その中には 6.0×10^{23} 個の原子が含まれます。**Cuの単位格子は面心立方格子なので，単位格子中に4個の原子を含みます。**よって，単位格子中の4個分の原子では □ g あると考えると，

$$x \text{g} : 6.0 \times 10^{23} 個 = \square \text{g} : 4 個$$

$$\therefore \square = \frac{x \times 4}{6.0 \times 10^{23}} \text{g}$$

これが，Cu原子4個分の質量になります。よって，密度9.0g／cm³より

！重要★★★

$$1 cm^3 : 9.0 \text{g} = \underbrace{(3.6 \times 10^{-8})^3 cm^3}_{Cuの単位格子の体積} : \underbrace{\frac{x \times 4}{6.0 \times 10^{23}} \text{g}}_{Cu原子4個分の質量}$$

あとは，この比例式を解いて，

$$\frac{x \times 4}{6.0 \times 10^{23}} = 9.0 \times (3.6 \times 10^{-8})^3$$

$$\therefore \quad x = \frac{6.0 \times 10^{23} \times 9.0 \times 46.6 \times 10^{-24}}{4}$$

$$= \frac{6.0 \times 9.0 \times 46.6 \times 10^{-1}}{4} = 62.9 \fallingdotseq 63$$

$$\therefore \quad \boxed{63} \cdots\cdots \text{問(4)} の【答え】$$
（有効数字2桁）

　本問では，原子量が問われましたが，他に密度，あるいはアボガドロ数を未知数にするタイプがあります。しかし，「岡野流」で密度の単位を分解して考えると，同様に公式なしで解けてしまいます！　自分だけで解けるようにもう一度復習しておくとよいでしょう。

密度の単位を分解せよ

岡野流 必須ポイント ⑥

　単位格子の原子量 or 密度 or アボガドロ数を求めさせる問題では，**密度の単位を分解して考えよ。**

演習問題で力をつける②
イオン結晶の密度を求めてみよう！

> 問　塩化ナトリウムの結晶の単位格子が右図に示してある。塩化ナトリウムの結晶では，ナトリウムイオンNa^+と　ア　Cl^-とが　イ　力により3次元的に規則正しく配列している。1個のNa^+は，最も接近している，　ウ　個のCl^-および　エ　個のNa^+で囲まれている。
> 一辺の長さが5.6×10^{-8}cmの単位格子の中には，　オ　個のNa^+と　カ　個のCl^-が含まれている。 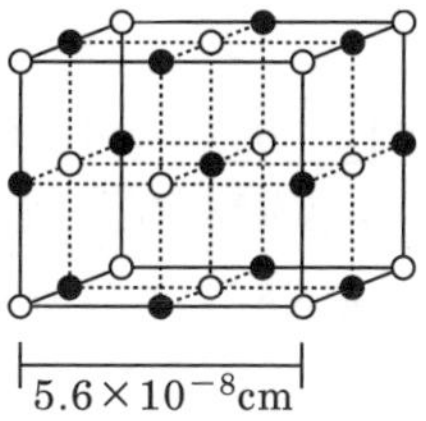
>
>
>
> 図1-14
>
> ● Na^+
> ○ Cl^-
>
> 5.6×10^{-8}cm
>
> 　　$Na = 23.0$，　$Cl = 35.5$，　アボガドロ定数 6.0×10^{23}/mol
>
> (1)　空欄　ア　〜　カ　に適切な語句あるいは数値を記せ。
> (2)　この結晶の密度(g/cm^3)を小数第1位まで求めよ。

😊 **さて，解いてみましょう。**

問 (1) の解説

　ア　　Cl^-は塩化物イオンですね。

　　　　　　　　　　∴　**塩化物イオン** …… 問(1)▶　ア　の【答え】

　イ　　は陽イオンと陰イオンの引力なのでクーロン力ですね。

　　　　　　　　　　∴　**クーロン** …… 問(1)▶　イ　の【答え】

| ウ | ●Na^+は6個の○Cl^-で囲まれています

図1-15。ちなみにこの**6**という数字が**NaCl**の配位数です。

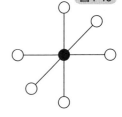

図1-15

　　　　∴　6 …… 問(1) | ウ | の【答え】

| エ | ●Na^+は12個の●Na^+で囲まれています。

図1-14（→61ページ）より●Na^+だけに注目すると，下の段で4個，真ん中の段で5個，上の段で4個ありますので，面心立方格子の構造になっています。面心立方格子の場合，1個の原子は12個の原子と接していました。54, 59ページを参考にしてください。

　　　　∴　12 …… 問(1) | エ | の【答え】

| オ | ●Na^+は面心立方格子の構造なので，単位格子内に4個のイオンが存在します。

　　　　∴　4 …… 問(1) | オ | の【答え】

| カ | 図1-14（→61ページ）より○Cl^-だけに注目すると下の段で5個，真ん中の段で4個，上の段で5個ありますので，面心立方格子の構造になっています。したがって，単位格子内に4個のイオンが存在します。

　　　　∴　4 …… 問(1) | カ | の【答え】

| オ | と | カ | が4個になる計算方法をそれぞれ示します。

次ページの 図1-16 のように辺の中心の赤いところは$\frac{1}{4}$個分です。

図1-17 の●Na^+に注目すると辺の中心が12か所あり，立方体の中心が1か所あります。

したがって，| オ | は

$$\frac{1}{4}（辺の中心）\times 12 + 1（立方体の中心）= 4個$$

となるのです。辺の中心が$\frac{1}{4}$個分になることを知っておいてください。

| カ | は○Cl^-に注目すると$\frac{1}{2}$（面の中心）$\times 6 + \frac{1}{8}$（頂点）$\times 8 = 4個$

（→56ページを参照してください。）

図1-16   図1-17

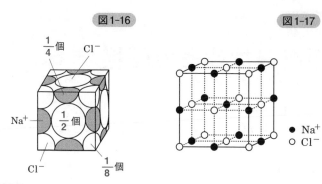

問 (2) の解説 密度を求める問題です。

密度を x g/cm^3 とすると 1cm^3 が x g です。

NaClの式量は58.5です。

　　NaCl 4個分の質量を y g とすると

　　6.0×10^{23} 個 : 58.5g = 4 個 : y g

$\therefore\quad y = \dfrac{58.5 \times 4}{6.0 \times 10^{23}}$ g

!**重要**★★★　$1\mathrm{cm}^3\ :\ x\,\mathrm{g} = \underset{\text{NaClの単位格子の体積}}{(5.6 \times 10^{-8})^3\,\mathrm{cm}^3}\ :\ \underset{\text{NaCl 4個分の質量}}{\dfrac{58.5 \times 4}{6.0 \times 10^{23}}\,\mathrm{g}}$

Na^+ と Cl^- は共に4個含まれます。

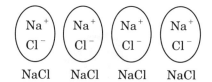

NaCl　　NaCl　　NaCl　　NaCl

したがって，単位格子中に4個のNaClが含まれます。

決して8個としてはダメですよ。

あとは，この比例式を解いて，

$$x \times (5.6 \times 10^{-8})^3 = \dfrac{58.5 \times 4}{6.0 \times 10^{23}}$$

$\therefore\quad x = \dfrac{58.5 \times 4}{6.0 \times 10^{23} \times 1.756 \times 10^{-22}} = 2.22 \fallingdotseq 2.2\mathrm{g}$

　　　　　　$\therefore\quad$ **2.2g/cm^3** …… **問 (2)** の【答え】

それでは第1講はここまでです。次回またお会いしましょう。

化学計算は比例の関係

　かつて私が高校生の頃，恩師に「化学計算は簡単で，りんごの個数と値段の関係のようなものだ」と教えていただきました。そのときはあまり気にも留めずにいましたが，それから授業が進んでいくにつれ，その重要性がだんだんわかってきました。ほとんどの化学現象が比例関係で成り立つことを知り，本質を見極めることができるようになったのです。

　それ以来化学が好きになりました。そして今度は，私がみなさんに化学計算の本質をご紹介し，化学を好きになっていただこうと思います。

　比例関係はイメージしやすい量的な関係です。例えば，34gの過酸化水素がすべて分解すると，酸素が標準状態で11.2L発生しますが，では68gが分解すると，2倍の22.4Lが発生するということは，すぐにイメージできますね。

溶液(1)・固体の溶解度

単元 1 溶液の濃度 化学基礎

単元 2 固体の溶解度 化学基礎 化学

第 2 講のポイント

　こんにちは。今日は第 2 講「溶液(1)・固体の溶解度」についてやります。まずは濃度の単位をしっかり理解しましょう。固体の溶解度は，4 つの間で比例関係が成り立つことに注意しましょう。

「溶液の濃度」は化学基礎で学習しました。濃度に関する内容というのは，入試にもよく出てまいりますので，ていねいにいきましょう。

1-1 溶液は溶媒と溶質からなる

本講「単元2　固体の溶解度」のところでも出てくる言葉ですが，液体に他の物質が均一に溶けてできたものを「**溶液**」といい，その溶けている物質を「**溶質**」，溶かしている液体を「**溶媒**」といいます。要するに「溶液」というのは「溶媒＋溶質」なのです。具体例を挙げて，溶質，溶媒，溶液の関係を見てみます。

	食塩水	塩酸	硫酸	硝酸
溶質	食塩	塩化水素	(純)硫酸	(純)硝酸
溶媒	水	水	水	水
溶液	食塩水	塩酸	(濃/希)硫酸	(濃/希)硝酸

「食塩水」はいいですね。溶質は「食塩」，溶媒は「水」，溶液は「食塩水」です。

■ **「塩酸」は「水」と「塩化水素」の混合溶液**

「塩酸」の場合は，溶質は「塩化水素」，溶媒は「水」，溶液は「塩酸」となっています。

「塩化水素」とは，HとClが共有結合で結びついた極性分子を指します。一方，「塩酸」というのは，水と塩化水素の混合物（混合溶液）を指します。すなわち，「塩酸＝水＋塩化水素」であり，HClだけのものではありません。**しかし化学式では，「塩化水素」と「塩酸」は両方とも"HCl"と書くので注意しましょう。**「『塩酸』の溶質は何ですか？」と問われたら，「塩化水素」という気体が答えになります。

■ **「硫酸」は，溶質も溶液も「硫酸」**

今度は「硫酸」です。「『硫酸』の溶質は何か？」とたずねると，「『塩酸』が『塩化水素』だから，『硫酸』は『硫化水素』だ！」と答えてしまう人は結構多いのですが，**これは誤りです。**表のように，溶質も溶液も「硫酸」なんです。純粋なものを「純硫酸」，水（溶媒）で溶かしたものを「濃硫酸」や「希硫酸」といった言い方で区別してくれる場合もありますが，どれも単に「硫酸」と書かれる場合があるので要注意です。

よって，**問題文に「硫酸」と書いてあれば，前後関係から「純粋な硫酸」か，あるいは「水溶液としての硫酸」かを判断しなければなりません。**

■「硝酸」も「硫酸」と同じパターン

「硝酸」に関しては，全部「硫酸」と同じパターンの考え方です。左ページの表でチェックしておきましょう。

単元1 要点のまとめ①

● 溶液＝溶媒＋溶質

　液体に他の物質が均一に溶けてできたものを**溶液**といい，溶けている物質を**溶質**，溶かしている液体を**溶媒**という。

単元1 要点のまとめ②

● 質量パーセント濃度（%）

! 重要★★★

　溶液に対する溶質の質量の割合をパーセントで表したもので，溶液100gあたりに溶けている溶質の質量 (g) を表す。

☆
$$\text{質量パーセント濃度（\%）} = \frac{\text{溶質の質量 (g)}}{\text{溶液（＝溶媒＋溶質）の質量 (g)}} \times 100$$
　　　　　　　　　　　　　　　　　　　　　　　　　　——［公式4］

● モル濃度（mol/L）

! 重要★★★

　溶液1Lあたりに溶けている溶質の物質量(mol) を表す。

☆
$$\text{モル濃度 (mol/L)} = \frac{\text{溶質の物質量 (mol)}}{\text{溶液の体積 (L)}}$$

● 質量モル濃度（mol/kg）

! 重要★★★

　溶媒1kgあたりに溶けている溶質の物質量(mol)を表す。

☆
$$\text{質量モル濃度}_{\text{(mol/kg)}} = \frac{\text{溶質の物質量 (mol)}}{\text{溶媒の質量 (kg)}}$$
　　　　　　　　　　　　　　　　　——［公式5］

単元 1 要点のまとめ③

● 電解質と非電解質

電解質…水に溶けるとイオンに分かれる現象を**電離**といい，電離する物質を**電解質**という。電解質の溶液では，電離後の全粒子の質量モル濃度を用いて，沸点上昇度や凝固点降下度を計算する（詳細は第9講単元1・2を参照）。

非電解質…水に溶けてもイオンに分かれない物質を**非電解質**という。

単元 1 理 解 度 チェックテスト 14

問 次の問いに答えよ。数値は有効数字2桁で求めよ。

(1) グルコース（$C_6H_{12}O_6$）30.0gを水300gに溶かした水溶液の質量パーセント濃度を求めよ。

(2) スクロース（$C_{12}H_{22}O_{11}$ 分子量342）68.4gを水に溶かして250mLにした水溶液のモル濃度を求めよ。

(3) 水酸化ナトリウム（NaOH，式量40）12.0gを水400g に溶かした水溶液の質量モル濃度を求めよ。

(4) ①濃度98%の濃硫酸（H_2SO_4 分子量98）の密度は1.84g/cm³である。この濃硫酸のモル濃度を求めよ。

②2.0mol/Lの希硫酸400mL を調整するには何mLの①の濃硫酸をうすめればよいか。

解説

問 (1) の解説 「単元1　要点のまとめ①，②」からの出題です。これは質量パーセント濃度を求めます。

$$☆ \quad 質量パーセント濃度（\%） = \frac{溶質の質量（g）}{溶液（＝溶媒＋溶質）の質量（g）} \times 100 \quad ——— [公式4]$$

岡野の着目ポイント 溶液と溶質のg数を**[公式4]**に代入します。このとき溶液が溶媒＋溶質の質量であることに注意しましょう。

溶質（グルコース）… 30.0g

溶液（グルコース溶液）… 300 + 30.0 = 330g

$$\therefore \quad \frac{30.0\text{g}}{330\text{g}} \times 100 = 9.09 \fallingdotseq 9.1\%$$

$$\therefore \quad \textbf{9.1\%} \cdots\cdots \boxed{問 (1)} \quad の【答え】$$
（有効数字2桁）

問 (2) の解説　モル濃度の公式をしっかりおさえてください。

☆ $$\boxed{モル濃度 (mol/L) = \frac{溶質の物質量 (mol)}{溶液の体積 L 数}}$$ ——— [公式5]

岡野の着目ポイント　「**溶液**」と「**L**」という部分に注意して代入します。問 (2) は非常に基本的な問題なので，比例関係の式をつくっても簡単に解けます。しかし，問題が複雑になると，比例関係ではわかりづらくなる。そういうときには，むしろ公式に代入してしまったほうがラクです。

溶液250mLは0.250Lです。溶質のmol数は **[公式3]** $\boxed{n = \dfrac{w}{M}}$ より $\dfrac{68.4}{342}$ mol です。

$$\therefore \quad \frac{\dfrac{68.4}{342}\text{mol}}{0.250\text{L}} = 0.80\text{mol/L}$$

$$\therefore \quad \textbf{0.80mol/L} \cdots\cdots \boxed{問 (2)} \quad の【答え】$$
（有効数字2桁）

問 (3) の解説　これは質量モル濃度を求めます。

☆ $$\boxed{質量モル濃度 (mol/kg) = \frac{溶質の物質量 (mol)}{溶媒の kg 数}}$$ ——— [公式5]

岡野の着目ポイント　問 (2) のモル濃度と似ていますが，分母が違います。質量モル濃度の分母は，**溶媒の kg 数**です。「**溶媒**」，「**kg**」をチェックします。

この場合，溶媒は水ですから，水400gの単位を0.400kgに直します。溶質のmol数は，**[公式3]** $\boxed{n = \dfrac{w}{M}}$ より，$\dfrac{12.0}{40}$ mol です。

$$\therefore \quad \frac{\dfrac{12.0}{40}\,\mathrm{mol}}{0.400\mathrm{kg}} = 0.75\mathrm{mol/kg}$$

$$\therefore \quad \textbf{0.75mol/kg} \cdots\cdots \boxed{問\,(3)} \ の【答え】$$
（有効数字2桁）

モル濃度と質量モル濃度，しっかりと区別しておきましょう。

問 (4) ①の解説 密度の値を用いてモル濃度を求める問題です。

> **岡野の着目ポイント** モル濃度の公式の分母の「**溶液のL数**」ですが，1Lとすると計算はラクになります。もちろん，ほかの値，例えば100mL (0.1L) を使っても，同じように解答はでますが，めんどうな計算になります。

次に溶液1L中に含む純H_2SO_4（溶質）のmol数を求めます。

$\boxed{1L = 1000mL}$と$\boxed{1cm^3 = 1mL}$の関係は知っておきましょう。

密度を使って1Lの溶液の質量 (g) が求められます。密度は単位を分解して考えるんでしたね（→60ページ）。**$1.84\mathrm{g/cm^3}$とは$1\mathrm{cm^3}$が$1.84\mathrm{g}$であるので**

$$1\mathrm{cm^3} : 1.84\mathrm{g} = 1000\mathrm{cm^3} : x\,\mathrm{g}$$
$$\therefore \quad x = 1.84 \times 1000 = 1840\mathrm{g}\,（溶液）$$

この中に98%の純H_2SO_4を含むので，

その物質量は$\dfrac{1840 \times 0.98}{98} = 18.4\mathrm{mol}$

よって，

$$モル濃度 = \frac{溶質の物質量（mol）}{溶液のL数} = \frac{18.4\mathrm{mol}}{1\mathrm{L}}$$
$$= 18.4 \fallingdotseq 18\ \mathrm{mol/L}$$

$$\therefore \quad \textbf{18mol/L} \cdots\cdots \boxed{問\,(4)\,①} \ の【答え】$$
（有効数字2桁）

問 (4) ②の解説 必要な濃硫酸をx mLとします。

このとき，**水を加える前と後では純H_2SO_4（溶質）の物質量が等しいことに注目します。**

純硫酸の質量は **図2-1** のグレーの部分のところで$1.84x \times 0.98\mathrm{g}$です。

ここで溶液中の溶質のmol数を求める

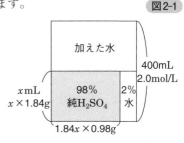

図2-1

公式を紹介します。

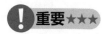

$$\text{溶質の mol 数} = \frac{CV}{1000}\text{mol} \quad \begin{pmatrix} C：\text{溶液のモル濃度} \\ V：\text{溶液の mL 数} \end{pmatrix} \text{—[公式8]}$$

水を加える前の純 H_2SO_4 の物質量は $\dfrac{1.84x \times 0.98}{98}$ mol です。水を加えた後の純 H_2SO_4 の物質量は **[公式8]** に代入して $\dfrac{2.0 \times 400}{1000}$ mol です。これらが等しい物質量になっているので,

$$\underbrace{\frac{1.84x \times 0.98}{98}\text{mol}}_{\text{うすめる前}} = \underbrace{\frac{2.0 \times 400}{1000}\text{mol}}_{\text{うすめた後}}$$

$x = 43.4 ≒ 43\text{mL}$

∴　**43mL** ……　問 **(4)** ② 　の【答え】
（有効数字2桁）

別解

問 **(4)** ① で濃硫酸のモル濃度が求まっているので, **[公式8]** に代入すると, 計算が楽になります。

$$\underbrace{\frac{18.4 \times x}{1000}\text{mol}}_{\text{うすめる前}} = \underbrace{\frac{2.0 \times 400}{1000}\text{mol}}_{\text{うすめた後}}$$

$x = 43.4 ≒ 43\text{mL}$

∴　**43mL** ……　問 **(4)** ② 　の【答え】
（有効数字2桁）

$\dfrac{CV}{1000}\text{mol}$ がなぜ成り立つか少し説明してみましょう。

C の単位は mol/L です。$\dfrac{V}{1000}$ は V mL を 1000 で割っているので L の単位を示します。

したがって, mol/L̸ × L̸ = mol となり, $\dfrac{CV}{1000}$ は mol 数を表しています。

理 解 度 チェックテスト 15

問 硫酸銅(Ⅱ)五水和物($CuSO_4 \cdot 5H_2O$)を正確にはかりとり，メスフラスコを用いて0.20mol/Lの硫酸銅(Ⅱ)水溶液を250mL調整した。このとき硫酸銅(Ⅱ)五水和物が何g必要か。ただし原子量はH = 1.0，O = 16，S = 32，Cu = 64とし，数値は有効数字2桁で求めよ。

解説

「単元1   要点のまとめ①，②」からの出題です。

硫酸銅(Ⅱ)五水和物($CuSO_4 \cdot 5H_2O$)の「・」はH_2Oの5分子が弱い結合で結びついていることを示しています。例えば加熱したり，水を加えて溶解するとH_2Oは切れて分かれていきます。このことを化学反応式で示すと次のようになります。

$$\underset{1mol}{1CuSO_4 \cdot 5H_2O} \xrightarrow{\text{溶解}} \underset{1mol(溶質)}{1CuSO_4} + \underset{溶媒の一部となる}{5H_2O}$$

[公式5]に代入して解きます。求めたいのは0.20mol/Lの溶液を250mLつくるときに必要な$CuSO_4 \cdot 5H_2O$の質量(g)です。

求めたい質量は$CuSO_4$(溶質)ではなく，$CuSO_4 \cdot 5H_2O$です。

$CuSO_4 \cdot 5H_2O$ と $CuSO_4$(溶質)は常に等しい物質量で存在するので，$CuSO_4 \cdot 5H_2O$の物質量を[公式5]にそのまま代入してかまいません。

求めたい$CuSO_4 \cdot 5H_2O$をx gとします。

$$\underset{160}{CuSO_4} \cdot \underset{90}{5H_2O} = 250$$

250mLは0.250Lです。

$$☆ \quad \text{モル濃度 (mol/L)} = \frac{\text{溶質の物質量 (mol)}}{\text{溶液のL数}} \quad \text{——[公式5]}$$

$$\therefore \quad 0.20\text{mol/L} = \frac{\dfrac{x}{250}\text{mol}}{0.250\text{L}}$$

$$\therefore \quad x = 0.20 \times 0.250 \times 250 = 12.5 \fallingdotseq 13\text{g}$$

∴ **13g** …… 問 の【答え】
(有効数字2桁)

単元2 固体の溶解度

化学基礎
化学

固体の溶解度です。第8講の「気体の溶解度」とは違ったとらえ方をするので，注意しましょう。

2-1 固体の溶解度

固体の場合，「溶解度」という言葉は次のようにとらえます。

> 一定量の溶媒に溶ける溶質の量には一定の限度があり，この限度を溶解度という。固体の溶解度は一般に，**溶媒100gに溶ける溶質の質量をグラム単位で表す。**

ここで「溶媒」というのは，「水」です。「**溶媒100g**」というところをしっかりチェックして，覚えておきましょう。これは試験で書かれていない場合があるからです。

■ 飽和溶液

そして，溶質が溶解度に達するまで溶けていて，これ以上溶質が溶けきれなくなった溶液を「飽和溶液」といいます。簡単に言うと，**上澄み液**のことです。コーヒーに砂糖を5杯とか入れてしまうと，溶け切れずに下にたまっちゃうでしょう。それの上澄み液が飽和溶液です。

だから，下にたまった砂糖の重さまでを質量に入れてはいけません。上澄み液の重さが飽和溶液の質量なんです。

■ 再結晶

溶解度の差を利用して，不純物を含む固体から純粋な結晶を得る方法を「再結晶」といいます。言葉と意味を知っておきましょう。

2-2 溶解度の問題の解法

溶解度の計算問題では，**次の4つの間の比例関係**を利用すれば解けます。これは公式ではありませんよ。方法を理解することが大切です。

まず「**①飽和溶液の質量**」，すなわち，さきほど言った上澄み液の質量です。

それから「**②飽和溶液中の溶媒の質量**」，これはその上澄み液中の水（溶媒）の質量です。

　「**③飽和溶液中の溶質の質量**」，やはり上澄み液中に溶けている溶質の質量です。

　「**④温度差による析出量**」，一定量の水（溶媒）に溶ける溶質は，温度を下げることで一部溶け切れなくなり**析出**（固体が出てくること）してきます。このとき析出する質量です。

　この辺りは，次の理解度チェックテスト16で試してみましょう。その前に，本講 **2-1**，**2-2** で学んだことをまとめます。

単元 2 要点のまとめ①

● **固体の溶解度**

溶解度…一定量の溶媒に溶ける溶質の量には一定の限度があり，この限度を**溶解度**という。固体の溶解度は一般に，**溶媒100g**に溶ける溶質の質量をグラム単位で表す。

飽和溶液…溶質が溶解度に達するまで溶けていて，これ以上溶質が溶けなくなった溶液を**飽和溶液**という。

再結晶…溶解度の差を利用して，不純物を含む固体から純粋な結晶を得る方法。

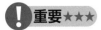

溶解度は４つの比例関係で解く！

　溶解度の問題では，**次の４つの間で比例関係が成り立つ**ことを利用して解くことができる。（ただし④は水和水をもつ結晶には使えない）

　　① 飽和溶液の質量（g）

　　② 飽和溶液中の溶媒の質量（g）

　　③ 飽和溶液中の溶質の質量（g）

　　④ 温度差による析出量（g）

単元
2
理 解 度 チェックテスト 16

問 表は，硝酸カリウム KNO_3 の水に対する溶解度を示している。この表を用いて，次の問に答えよ。数値は小数第一位まで求めよ。

温度（℃）	0	20	40	60	80
KNO_3（g/100gH_2O）	13.3	31.6	63.9	110.0	169.0

（1）　300gの水に80℃で KNO_3 を飽和させ，これを20℃まで冷却すると，何gの結晶が析出するか。

（2）　20％の KNO_3 水溶液300gをとり，80℃で水分を蒸発させて飽和溶液になるまで煮つめた。この場合，蒸発した水の量は何gか。

（3）　60℃の KNO_3 飽和水溶液100gを加熱し，水10gを蒸発させた後，再び60℃で放置すると，何gの結晶が析出するか。

解説

「単元2　要点のまとめ①」「岡野流必須ポイント⑦」より

問（1）の解説 80℃で水300gに溶ける KNO_3 の質量を求めます。4つの間で比例関係が成り立つことを利用すると求められますね。

「②飽和溶液中の溶媒」「③飽和溶液中の溶質」より

80℃で300gの水に溶ける KNO_3 を x gとおくと

　　　　　　　② ： ③ （溶媒：溶質）

　　80℃　　100g：169.0g = 300g： x g

　　　　　　　　↑
　　　　　　　表の値より

　　　　　100 x = 169.0 × 300　　∴　x = 507g

次に20℃で水300g溶ける KNO_3 を y gとして求めます。

　　　　　　　② ： ③ （溶媒：溶質）

　　20℃　　100g：31.6g = 300g： y g

　　　　　　　　↑
　　　　　　　表の値より

　　　　　100 y = 31.6 × 300　　∴　y = 94.8g

507g溶けていた KNO_3 が94.8gしか溶けなくなったので析出してくる質量は 507 − 94.8 = 412.2gです。

　　　　　　　　　　　　　　　∴　**412.2g** …… 問（1） の【答え】

┃別解

　4つの間の比例関係の
「②飽和溶液中の溶媒」:「④温度差による析出量」
でも求められます。まず80℃で100gの水に飽和しているKNO₃が20℃まで温
度を下げたときに析出する質量を求めてみましょう。

岡野の着目ポイント　まず表を見てください。80℃で水100gにKNO₃は169.0gまで溶けます 連続 **図2-2①**。これを20℃に冷却すると，同じ量の水100gに31.6gまでしか溶けないことが，表よりわかります。そうすると，ここで溶けきれなくなった量が析出してくるんです 連続 **図2-2②**。

　　169.0 − 31.6 = 137.4g析出

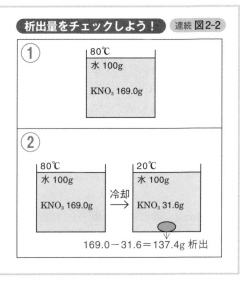

析出量をチェックしよう！　連続 **図2-2**

①

```
        80℃
        水 100g

        KNO₃ 169.0g
```

②

```
 80℃              20℃
 水 100g          水 100g
          冷却
                →
 KNO₃ 169.0g      KNO₃ 31.6g
```

　　169.0−31.6=137.4g 析出

　温度差による析出量は137.4gです。この問題では溶媒は300gであるのでこのとき析出する質量をxgとすると

　　　　　　　　②　：　④　（溶媒：析出量）

　80℃～20℃　　　100g : 137.4g = 300g : xg

　　∴　$100x = 137.4 \times 300$g

　　∴　$x = 412.2$g析出

　　　　　　　　　　　　　∴　**412.2g** …… **問(1)** の【答え】

慣れてくると［別解］の方が楽に解けますね。

問(2)の解説　20％KNO₃水溶液300gの中に含まれたKNO₃と水の質量は次の通りです。

　　　　KNO₃ …300 × 0.20 = 60g
　　　　水　　…300 − 60 = 240g

80℃でKNO₃ 60gを飽和させるのに必要な水をxgとすると4つの間の比例関

係の「②飽和溶液中の溶媒」：「③飽和溶液の溶質」より求めることができます。

$$② ： ③ （溶媒：溶質）$$

$$80℃ \quad 100g ： 169.0g = xg ： 60g$$

表の値より

$$∴ \quad 169.0x = 100 × 60$$

$$x = 35.50g$$

したがって$240 - 35.50 = 204.5g$蒸発

$$∴ \quad 204.5g \cdots\cdots \boxed{問 (2)} \quad の【答え】$$

問 (3) の解説　飽和溶液100gから水10gを蒸発させたとき，水10gに溶けていたKNO_3が析出してくることに注目して下さい。仮に飽和溶液500gあったとしても水10gを蒸発させたならば同じ質量析出してきます。このことに気が付けばできますね。

水10gを蒸発させたとき析出する質量をxgとすると

$$② ： ③ （溶媒：溶質）$$

$$60℃ \quad 100g ： 110.0g = 10g ： xg$$

表の値より

$$∴ \quad 100x = 110.0 × 10$$

$$x = 11.0g析出$$

$$∴ \quad 11.0g \cdots\cdots \boxed{問 (3)} \quad の【答え】$$

$\underline{2}$-3 水和水（結晶水）を含む問題

　次に**固体の溶解度**の応用問題を取り上げます。この内容はやや難しいので，後回しにしても全然構いません。入試では出題されますので受験勉強の後半で学習して下さい。

　硫酸銅 (Ⅱ) 無水物 $CuSO_4$は水に溶かした後，温度を下げると，

❗重要★★★ 水和水(結晶水)を伴いながら 結晶 が析出する

という特殊な物質です。このとき，**硫酸銅 (Ⅱ) 五水和物** $CuSO_4 \cdot 5H_2O$が析出されます。

　そして，この**水和水をもつ結晶**では，「溶解度の計算問題は4つの比例関係で解

く」（→74ページ）の「**④温度差による析出量**」が使えません。

　少し難しいですが，今からやることをきちんと理解していただければ，わかっていただけると思います。

　それでは演習問題をやってみましょう。

演習問題で力をつける③

水和水をもつ物質の溶解度を理解しよう！

問 次の設問に答えよ。原子量はH = 1.0，O = 16，S = 32，Cu = 64とし，有効数字2桁まで求めよ。

　硫酸銅（Ⅱ）$CuSO_4$の溶解度は右の図のようである。硫酸銅（Ⅱ）を水に溶かし，その飽和水溶液を冷却すると，硫酸銅（Ⅱ）五水和物$CuSO_4 \cdot 5H_2O$が析出する。

　48℃の飽和水溶液100gを12℃に冷却すると何gの硫酸銅（Ⅱ）五水和物が析出するか。

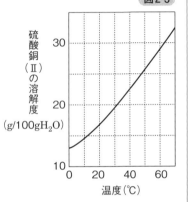

図2-3

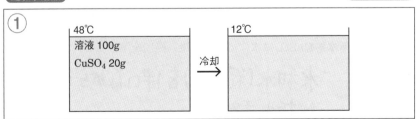

さて，解いてみましょう。

　まず，図を描いてみます 連続 **図2-4①** 。

飽和水溶液　　　　　　　　　　　　　　　　　　　　連続 **図2-4①**

①

48℃	冷却	12℃
溶液 100g $CuSO_4$ 20g	⟶	

　48℃の溶液が100gあって，その中に$CuSO_4$が20g溶けています。**$CuSO_4$は溶質**ですね。このとき，$CuSO_4$をygとして，20gを導いてみましょう。

溶液100g中の$CuSO_4$（溶質）の質量を求める

> 岡野の着目ポイント　まず，**溶液：溶質**の関係に着目します。74ページの
> 「**①　飽和溶液の質量(g)**」と「**③　飽和溶液中の溶質の質量(g)**」ですね。
> 　次に，グラフの**溶解度曲線**を見ます。48℃のときは，**水100gに対して，**
> **$CuSO_4$（溶質）が25g**溶けています。その際の溶液は$(100+25)$gです。
> 　すると，溶液：溶質の関係（①：③）より，
>
> $$48℃\ \ 溶液：溶質$$
> $$(100+25)g : 25g = 100g : y\,g$$
> $$\therefore\ \ y = 20g$$
>
> となり，$CuSO_4$が20gと求められるわけです。

冷却すると，$CuSO_4$は水とくっつき析出

　冷却した場合，「理解度チェックテスト16」の例（→75ページ）では単にKNO_3が析出しました。しかし，**今回，水和水（結晶水）を伴って$CuSO_4\cdot5H_2O$を析出します。**析出した$CuSO_4\cdot5H_2O$はxgで，上澄み液は飽和溶液になっています。

　このとき使われる水は，溶液100gから$CuSO_4$ 20gを引いた残り，80gの一部からです 連続 **図2-4②** 。

連続 **図2-4** の続き

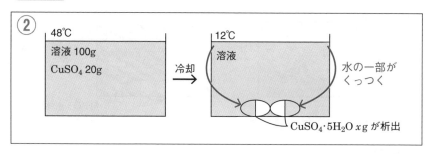

「④　温度差による析出量」は計算に使えない

　今回のケースでは溶媒である水の一部が使われるため，溶媒の質量が変化したので「④　温度差による析出量」で比例関係を結び付けて解くことができません。そのため74ページの①②③の3つから比例関係で結び付けていきます。それではやってみましょう。

溶液の質量を求める

析出した$CuSO_4 \cdot 5H_2O$ x gは，沈殿していますので，その上澄みとなる溶液が飽和溶液になっています。その質量は，$(100 - x)$ gです。

溶液中の$CuSO_4$の質量を求める

岡野のこう解く　まず，析出している$CuSO_4 \cdot 5H_2O$ x g中の$CuSO_4$だけの質量を求めます。

$CuSO_4 \cdot 5H_2O$の式量は

$$\underset{160}{\underbrace{CuSO_4}} \cdot \underset{90}{\underbrace{5H_2O}} = 250$$

です。比例関係からx g中の$CuSO_4$の質量を□gとすると，

$$CuSO_4 \cdot 5H_2O \ : \ CuSO_4$$
$$250g \qquad : \quad 160g = x\,g : □\,g \quad \therefore \quad □ = \frac{160x}{250}g$$

と求められます。□がこの場合，未知数になります。

冷却前の$CuSO_4$は20gだったので，析出分を引くと

$$\left(20 - \frac{160x}{250}\right)g$$

が飽和溶液中の$CuSO_4$の質量になります。**連続 図2-4③** の濃い赤色で斜線を付けた部分は**上澄み液**ですから，飽和溶液になっています。

連続 図2-4 の続き

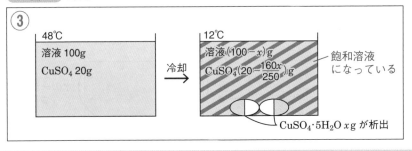

③
48℃
溶液 100g
$CuSO_4$ 20g

冷却→

12℃
溶液$(100-x)$g
$CuSO_4(20-\frac{160x}{250})$g

飽和溶液になっている

$CuSO_4 \cdot 5H_2O$ x g が析出

xを求める

飽和溶液中の**溶液：溶質**（①：③）の比例関係を使って，xを求めます。グラフの溶解度曲線（**図2-3**）を見ますと，12℃のとき，100gの水に15gの$CuSO_4$（溶質）が溶けています。その際の溶液は$(100+15)$gです。

12℃ 溶液：溶質

$$(100+15)_g : 15_g = (100-x)_g : (20-\frac{160x}{250})_g$$

内項の積と外項の積で計算します。

$$\underline{(100 + 15)\,g : 15g} = (100 - x)\,g : (20 - \frac{160x}{250})\,g$$

$$23 \quad : \quad 3$$

$$\therefore \quad 3(100 - x) = 23(20 - \frac{160x}{250})$$

$$\therefore \quad x = 13.65 \fallingdotseq 14g$$

$$\therefore \quad 14g \cdots\cdots \boxed{問}\ の【答え】$$

（有効数字2桁）

▌別解

今度は**溶媒：溶質**で考えてみましょう 連続 **図2-5** 。

まず，析出している $CuSO_4 \cdot 5H_2O$ x g中の H_2O だけの質量を□gとして求めてみましょう。

$$CuSO_4 \cdot 5H_2O : 5H_2O$$

$$250g \quad : \quad 90g = x\,g : \square\,g$$

$$\therefore \quad \square = \frac{90x}{250}\,g$$

飽和溶液中の**溶媒：溶質**（②：③）の比例関係を使ってxを求めます。溶媒（水）の量は$100-20 = 80$gです。

連続 **図2-5**

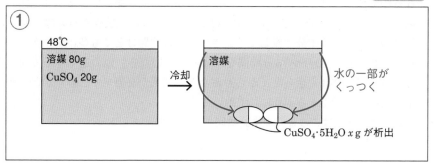

連続 **図2-5** の続き

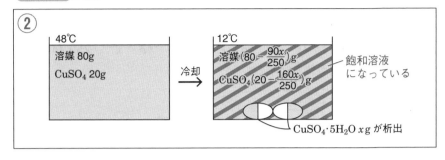

$$12℃ \; 溶媒：溶質$$

$$\underbrace{100g：15g}_{20 \; : \; 3} = \left(80-\frac{90x}{250}\right)g：\left(20-\frac{160x}{250}\right)g$$

$$\therefore \quad 3\left(80-\frac{90x}{250}\right)=20\left(20-\frac{160x}{250}\right)$$

$$\therefore \quad x=13.65 ≒ 14g$$

$$\therefore \quad 14g \cdots\cdots \boxed{問} \; の【答え】$$
(有効数字2桁)

　以上のように考え方が正しければ，**溶液：溶質**でも，**溶媒：溶質**でも解答は同じになります。どうぞ，ご自分のやりやすい方で解いてみてください。

試験本番を乗り切るコツ

　最後のxを求める計算は，意外と大変です。計算式までは立てられるようになるのですが，解くのに何分くらいかかるか，時間を測ってしっかり把握しておいてください。そして，もし10分以上かかる人は，試験本番の際，すぐに飛びつかないよう十分注意してください。試験問題はとても多いですから，ここからの計算に10分や15分時間をかけるくらいなら，他の速くできる問題を先にやって，時間を余らせてからやるなど，工夫が必要です。解くかどうかは最終段階で判断できるようにしておいてください。
　それでは第2講はここまでです。次回またお会いしましょう。

第 **3** 講

酸と塩基

第 3 講のポイント

　今日は第 3 講「酸と塩基」についてやります。酸・塩基の概念を正しく理解すれば，中和滴定の計算問題もこわくありません。pH は対数（log）計算が新しく出てきます。頻出ポイントをていねいにおさえていきましょう！

まず「**酸・塩基**」とは何か？　その定義から入っていきましょう。

1-1 酸・塩基の定義

酸・塩基の定義は2種類あって、「アレニウス（1859 ～ 1927）」という人と、「ブレンステッド（1879 ～ 1947）」、「ローリー（1874 ～ 1936）」の2人がそれぞれ定義づけしました。

「**アレニウスの定義**」では、

$$酸はH^+を出す物質, 塩基はOH^-を出す物質$$
$$（アレニウスの定義）$$

とされています。これが一般的によく言われている酸と塩基の定義ですが、狭い意味での定義です。一方、「**ブレンステッド・ローリーの定義**」では、

$$酸はH^+を与える物質, 塩基はそれ（H^+）を受け取る物質$$
$$（ブレンステッド・ローリーの定義）$$

こちらはもっと広い意味での定義です。それぞれ例を見てみましょう。

■ アレニウスの定義の例

$$\underset{\text{(酸)}}{HCl} \longrightarrow \underline{H^+} + Cl^- \qquad \underset{\text{(塩基)}}{NaOH} \longrightarrow Na^+ + \underline{OH^-}$$

この場合、「酸」というのはHClで、水に溶けて電離し、H^+を生じます。「塩基」は$NaOH$で、水に溶けてOH^-を生じます。

■ ブレンステッド・ローリーの定義の例

$$\underset{\text{(酸)}}{CH_3COOH} + \underset{\text{(塩基)}}{H_2O} \underset{\text{逆反応}}{\overset{\text{正反応}}{\rightleftarrows}} \underset{\text{(塩基)}}{CH_3COO^-} + \underset{\text{(酸)}}{H_3O^+}$$

※H_3O^+をオキソニウムイオンという。

今度はブレンステッド・ローリーの定義の例ですが、CH_3COOHが「酸」、H_2Oが「塩基」になります。「水が塩基だ」などといったら、「キミ、気でもくるったか?!」と言われそうですね（笑）。でもこの場合、水が塩基になりえるのです。

なぜならば，

$$\text{正反応} \begin{cases} \text{CH}_3\text{COOHは}\mathbf{H^+}\textbf{を与えて}\text{CH}_3\text{COO}^-\text{になるので酸である。} \\ \text{H}_2\text{Oは}\mathbf{H^+}\textbf{を受け取って}\text{H}_3\text{O}^+\text{になるので塩基である。} \end{cases}$$

おわかりですね。結局，「**$\mathbf{H^+}$を他に与える物質を酸**」，「**$\mathbf{H^+}$を受け取る物質を塩基**」と定義する限り，このようになるのです。逆反応においては，

$$\text{逆反応} \begin{cases} \text{CH}_3\text{COO}^-\text{は}\mathbf{H^+}\textbf{を受け取って}\text{CH}_3\text{COOHになるので塩基である。} \\ \text{H}_3\text{O}^+\text{は}\mathbf{H^+}\textbf{を与えて}\text{H}_2\text{Oになるので酸である。} \end{cases}$$

このようなことが言えるわけです。

単元 1 要点のまとめ①

● 酸・塩基の定義

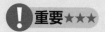 重要★★★

	アレニウスの定義（狭義）	ブレンステッド・ローリーの定義（広義）
酸	水に溶けてH^+を出す物質	H^+を他に与える物質
塩基	水に溶けてOH^-を出す物質	H^+を受け取る物質

■ 酸・塩基の価数

あとは言葉として覚えてください。酸・塩基1molが電離したとき生じるH^+またはOH^-の物質量（mol）を，その**酸・塩基の価数**といいます。例えば硫酸は，

$$\text{H}_2\text{SO}_4 \longrightarrow 2\text{H}^+ + \text{SO}_4{}^{2-}$$

となり，1molのH_2SO_4から2molのH^+が生じるので，2価の酸ということになります。

■ 電離度と酸・塩基の強弱

電離度とは，要するに電離する割合のことであり，酸と塩基の強弱というのは，この電離度が大きいか小さいかなんです。電離度がほぼ1である酸・塩基を強酸・強塩基といい，電離度が1よりかなり小さい酸・塩基を弱酸・弱塩基といいます。

電離度1というのは，100％電離するということです。例えば，塩化水素の分子が100個ありました。水に溶かしたら，そのうち100個が全部イオンに分かれました。この場合には，電離度1です。それに対して酢酸の場合は，100個の酢酸分子があったら，約1個しかイオンに分かれていきません。電離度は約0.01（1％）です。こういう場合は，弱酸というのです。

単元 1 要点のまとめ②

● 酸・塩基の価数

　酸，または塩基1molが電離したときに生じる，H^+ または OH^- の物質量（mol）を価数という。

● 酸・塩基の強弱

電離度…溶かした電解質の全物質量に対する，電離した物質量の割合。濃度が低くなるにつれて大きくなる。

酸・塩基の強弱…電離度がほぼ1である酸・塩基を**強酸・強塩基**といい，電離度が1よりかなり小さい酸・塩基を弱酸・弱塩基という。

！ 重要★★★

価数	酸（Acid）		価数	塩基（Base）	
1価	HCl	塩化水素 又は塩酸	1価	NaOH	水酸化ナトリウム
				KOH	水酸化カリウム
	HNO_3	硝　酸		NH_3	アンモニア
	CH_3COOH	酢　酸		\($NH_3+H_2O \rightleftarrows NH_4^+ + OH^-$\)	
2価	H_2SO_4	硫　酸	2価	$Ca(OH)_2$	水酸化カルシウム
	H_2CO_3 (H_2O+CO_2)	炭　酸		$Ba(OH)_2$	水酸化バリウム
	\($H_2O+CO_2 \rightleftarrows 2H^+ + CO_3^{2-}$\)			$Cu(OH)_2$	水酸化銅（Ⅱ）
	H_2SO_3	亜 硫 酸	3価	$Al(OH)_3$	水酸化アルミニウム
	$(COOH)_2$ または$H_2C_2O_4$	シュウ酸		$Fe(OH)_3$	水酸化鉄（Ⅲ）
	H_2S	硫化水素			
3価	H_3PO_4	リ ン 酸			

赤字は強酸，強塩基

（アルカリ金属，アルカリ土類金属（Be，Mgを除く）の水酸化物は強塩基，その他は弱塩基である。）

　上の表において，左側が酸で，特に赤字が強酸です。

　強酸は3つ，塩酸・硝酸・硫酸と覚えておいてください。他にもありますが，特によく出題されるのはこの3つです。それ以外の酸は，すべて弱酸だと思えばいいです。

　それから塩基の場合は，強塩基が4つ挙げてあります。**水酸化ナトリウム，水酸化カリウム，水酸化カルシウム，水酸化バリウム**です。こちらは酸と違って，次のようにきっちりと分けられるのです。

アルカリ金属，アルカリ土類金属（Be，Mgを除く）の水酸化物は強塩基，その他は弱塩基である。

ここをしっかりと覚えておきましょう。

理解度チェックテスト 17

問 水溶液中の次の反応で，下線部（ア）〜（オ）の物質は酸または塩基のどちらとして作用しているか答えよ。

a $\underset{(ア)}{Na_2CO_3}$ + HCl $\longrightarrow$ NaCl + NaHCO$_3$

b $\underset{(イ)}{CO_3^{2-} + H_2O}$ $\rightleftharpoons$ HCO$_3^-$ + OH$^-$

c $\underset{(ウ)}{CuO} + 2H^+$ $\longrightarrow$ Cu^{2+} + H$_2$O

d $\underset{(エ)}{HSO_3^-} + \underset{(オ)}{H_2O}$ $\rightleftharpoons$ SO$_3^{2-}$ + H$_3$O$^+$

解説

問a（ア）〜d（オ）の解説 「単元1　要点のまとめ①」からの出題です。

a （ア）Na$_2$CO$_3$は**H$^+$を受け取って**NaHCO$_3$になるので**塩基**です。

∴　塩基 …… **問a（ア）** の【答え】

b （イ）H$_2$Oは**H$^+$を与えて**OH$^-$になるので**酸**です。

∴　酸 …… **問b（イ）** の【答え】

c （ウ）CuOは**H$^+$を受け取って**H$_2$Oになるので**塩基**です。

∴　塩基 …… **問c（ウ）** の【答え】

d （エ）HSO$_3^-$は**H$^+$を与えて**SO$_3^{2-}$になるので**酸**です。

∴　酸 …… **問d（エ）** の【答え】

　（オ）H$_2$Oは**H$^+$を受け取って**H$_3$O$^+$になるので**塩基**です。

∴　塩基 …… **問d（オ）** の【答え】

単元 2 水素イオン濃度とpH

純粋な水や水溶液中に含まれている水素イオンの濃度から，ある定義を使うと酸性，塩基性の度合いを知ることができます。さてこの定義とは？

2-1 水の電離とイオン積

純粋な水は，ごくわずかですが，次のように電離しています。

$$H_2O \rightleftarrows H^+ + OH^-$$
$$1.0 \times 10^{-7} mol/L \quad 1.0 \times 10^{-7} mol/L$$

水素イオン，水酸化物イオン，それぞれのモル濃度を水素イオン濃度，水酸化物イオン濃度といい，25℃のとき測定すると，両方とも 1.0×10^{-7} mol/L という値を示します。化学ではモル濃度を表す記号として [ ] を使っていて，$[H^+]$ と $[OH^-]$ の積は，水のイオン積（一般に K_w で表される）とよばれます。すなわち，

☆
$$K_w = [H^+][OH^-] = 1.0 \times 10^{-7} \times 1.0 \times 10^{-7}$$
$$= 1.0 \times 10^{-14} (mol/L)^2$$
——［公式6］

水のイオン積は，温度が一定であれば，純粋な水の場合だけでなく，一般に酸や塩基の水溶液でも一定に保たれます。このことを利用して水のイオン積は濃度のわからない $[H^+]$ や $[OH^-]$ を求めるときに使います。例えば $[OH^-]$ が 1.0×10^{-2} mol/L のとき，$[H^+]$ は 1.0×10^{-12} mol/L と計算できるのです。

2-2 pH

そして，酸性とか塩基性の度合いを客観的に表すのに，**pH**（水素イオン指数）という数値をよく用います。**これはもう定義ですので，公式として覚えておきましょう。** 対数logの計算については，数学で習いますね。

☆
$$pH = -\log_{10}[H^+] \implies [H^+] = 10^{-pH}$$
$[H^+]$ は水素イオン濃度を表し，単位は mol/L である。
——［公式9］

つづけて 図3-1 を見てください。

$$\xleftarrow{\text{強 酸性 弱}}\longrightarrow \text{中性} \xleftarrow{\text{弱 塩基性 強}}\longrightarrow$$

図3-1

pH	0	1	2	3	4	5	6	7	8	9	10	11	12	13	14	
$[H^+]$		10^{-1}		10^{-3}		10^{-5}		10^{-7}		10^{-9}		10^{-11}		10^{-13}		(mol/L)
$[OH^-]$	10^{-13}		10^{-11}		10^{-9}		10^{-7}		10^{-5}		10^{-3}		10^{-1}			(mol/L)

　pHの値が7のときを中性といい，**7より小さいものを酸性，7より大きいものを塩基性**といいます。7の値に近づくほど，酸性も塩基性も弱くなり，7から遠ざかるほど，酸性も塩基性も強くなります。さらに 図3-1 において，$[H^+]$と$[OH^-]$をかけたものが，常に1.0×10^{-14}になることを確認しておきましょう。

単元**2** 要点のまとめ①

● **水素イオン濃度と pH**

　水の電離式…$H_2O \rightleftarrows H^+ + OH^-$

！重要★★★

水のイオン積 ☆

$$K_w = [H^+][OH^-]$$
$$= 1.0 \times 10^{-7} \times 1.0 \times 10^{-7}$$
$$= 1.0 \times 10^{-14} \ (mol/L)^2$$

── [公式6]

pH…酸性，塩基性の度合いを数値で表すもの。
　　（pHを水素イオン指数ともいう。）

！重要★★★

☆ $\boxed{pH = -\log_{10}[H^+] \Longrightarrow [H^+] = 10^{-pH}}$ ── [公式9]

※以下の公式も知っておくと便利である。

！重要★★★

☆ $\boxed{pOH = -\log_{10}[OH^-]}$ ── [公式10]

$[OH^-]$は，水酸化物イオン濃度を表し，単位はmol/Lである。

！重要★★★

☆ $\boxed{pH + pOH = 14}$ ────── [公式11]

演習問題で力をつける④
「化学基礎」の範囲では使用しなかった対数計算を理解しよう！

問 次の問いに答えよ。ただし，$\log_{10}1.3 = 0.11$，$\log_{10}2 = 0.30$とする。また原子量は，$H = 1.0$，$C = 12$，$O = 16$とし，水素イオン濃度は有効数字2桁で，pHの値は小数第1位まで，(4)は整数で求めよ。

(1)　0.0010mol/L硫酸の水素イオン濃度およびpHはいくらか。

(2)　酢酸0.6gに水を加えて100mLとした溶液のpHはいくらか。ただし，この溶液中の酢酸の電離度は0.013とする。

(3)　0.10mol/Lのアンモニア水の18℃における電離度は0.013である。この水溶液のpHはいくらか。

(4)　pH2の水溶液の水素イオン濃度は，pH4の水溶液の水素イオン濃度の何倍か。

😀 さて，解いてみましょう。

「単元2　要点のまとめ①」を参照して下さい。

ここで$[H^+]$または$[OH^-]$を求める公式を説明しましょう。

❗ **重要★★★**　$[H^+]$または$[OH^-] = CZ\alpha$ ──────── [公式7]

$\left(\begin{array}{l} C：酸または塩基のモル濃度 (\text{mol/L}) \\ Z：酸または塩基の価数 \\ \alpha：酸または塩基の電離度 (小数で表した値) \end{array}\right)$

この公式に代入すると，酸のモル濃度がわかっているとき$[H^+]$は$CZ\alpha$で求められます。また，塩基のモル濃度がわかっているとき$[OH^-]$は$CZ\alpha$で求められます。

問(1)の解説　0.0010mol/Lの硫酸の$[H^+]$を求めてみましょう。H_2SO_4は2価の強酸です。強酸の電離度はいつでも1とします。まず水素イオン濃度$[H^+]$を求めます。**[公式7]**より

$$\therefore \quad [H^+] = CZ\alpha = 0.0010 \underset{価数}{\times 2} \underset{電離度}{\times 1} = 0.0020\text{mol/L}$$

$$\therefore \quad \mathbf{2.0 \times 10^{-3}\text{mol/L}} \underset{(有効数字2桁)}{} \cdots\cdots \text{問(1)} \quad 水素イオン濃度の【答え】$$

次にpHを求めていきましょう。

はじめに log の公式を確認しておきます。

化学で使う log の公式はこの 5 つだけ !!

$$\log_{10}AB = \log_{10}A + \log_{10}B \qquad \log_{10}\frac{A}{B} = \log_{10}A - \log_{10}B$$

$$\log_{10}A^n = n\log_{10}A \qquad\qquad \log_{10}10 = 1$$

$$\log_{10}1 = 0$$

重要★★★ 　$\mathrm{pH} = -\log_{10}[\mathrm{H^+}] \Longrightarrow [\mathrm{H^+}] = 10^{-\mathrm{pH}}$ ──[公式9]

$[\mathrm{H^+}] = 2.0 \times 10^{-3}\mathrm{mol/L}$ でした。**[公式9]** に代入して

$$\mathrm{pH} = -\log_{10}2.0 \times 10^{-3} = -(\log_{10}2.0 + \log_{10}10^{-3})$$
$$= -(0.30 - 3\log_{10}10) = -(0.30 - 3) = 2.7$$

$$\therefore \quad 2.7 \cdots\cdots \boxed{問 (1)} \quad \mathrm{pH} の【答え】$$

問 (2) の解説　まず酢酸のモル濃度を求めます。$(\mathrm{CH_3COOH} = 60)$

[公式5] に代入して

$$モル濃度 = \frac{\dfrac{0.6}{60}\mathrm{mol}}{0.10\mathrm{L}} = 0.10\mathrm{mol/L}$$

酢酸は 1 価の弱酸です。$[\mathrm{H^+}]$ は **[公式7]** より

$$\therefore \quad [\mathrm{H^+}] = CZ\alpha = 0.10 \underset{\text{価数}}{\underline{\times 1}} \underset{\text{電離度}}{\underline{\times 0.013}} = 1.3 \times 10^{-3}\mathrm{mol/L}$$

$$\therefore \quad \mathrm{pH} = -\log_{10}1.3 \times 10^{-3} = -(\log_{10}1.3 + \log_{10}10^{-3})$$
$$= -(0.11 - 3\log_{10}10) = -(0.11 - 3) = 2.89 \fallingdotseq 2.9$$

$$\therefore \quad 2.9 \cdots\cdots \boxed{問 (2)} \quad の【答え】$$

問 (3) の解説　$0.10\mathrm{mol/L}$ のアンモニア水の $[\mathrm{OH^-}]$ を求めてみましょう。

$\mathrm{NH_3}$ は 1 価の弱塩基です。

[公式7] より

$$\therefore \quad [\mathrm{OH^-}] = CZ\alpha = 0.10 \underset{\text{価数}}{\underline{\times 1}} \underset{\text{電離度}}{\underline{\times 0.013}} = 1.3 \times 10^{-3}\mathrm{mol/L}$$

[公式6] より $[\mathrm{H^+}]$ を求めていきます。

$$☆ \quad \boxed{K_\mathrm{w} = [\mathrm{H^+}][\mathrm{OH^-}] = 1.0 \times 10^{-14}} \text{─────── [公式6] より}$$

$$[\mathrm{H^+}] = \frac{1.0 \times 10^{-14}}{[\mathrm{OH^-}]} = \frac{1.0 \times 10^{-14}}{1.3 \times 10^{-3}} = \frac{1.0 \times 10^{-11}}{1.3} \mathrm{mol/L}$$

$$\therefore \quad \mathrm{pH} = -\log_{10}[\mathrm{H}^+] = -\log_{10}\frac{1.0 \times 10^{-11}}{1.3} = -\log_{10}\frac{10^{-11}}{1.3}$$
$$= -(\log_{10}10^{-11} - \log_{10}1.3)$$
$$= -(-11\log_{10}10 - 0.11) = 11 + 0.11 = 11.11 \fallingdotseq 11.1$$

$$\therefore \quad \textbf{11.1} \cdots\cdots \boxed{\textbf{問(3)}} \text{の【答え】}$$

┃別解

[H^+]を計算しないで，[OH^-]から直接pHを求める方法。

[公式10]と**[公式11]**に代入して求めます。

☆　$\boxed{\begin{array}{l} \mathbf{pOH} = -\mathbf{\log_{10}[OH^-]} \\ \text{[OH}^-\text{]は水酸化物イオン濃度を表し，単位は mol/L である。} \end{array}}$ ─────**[公式10]**

☆　$\boxed{\mathbf{pH + pOH = 14}}$ ─────────────**[公式11]**

まず pOH を求めてみましょう。

[OH^-] $= 1.3 \times 10^{-3}$mol/L でした。

$$\therefore \quad \mathrm{pOH} = -\log_{10}[\mathrm{OH}^-] = -\log_{10}1.3 \times 10^{-3}$$
$$= -(\log_{10}1.3 + \log_{10}10^{-3}) = -(0.11 - 3\log_{10}10)$$
$$= -(0.11 - 3) = 3 - 0.11$$

次に**[公式11]**から pH を求めます。

$$\mathrm{pH} + \mathrm{pOH} = 14 \Longrightarrow \mathrm{pH} = 14 - \mathrm{pOH}$$
$$\therefore \quad \mathrm{pH} = 14 - (3 - 0.11) = 11 + 0.11 = 11.11 \fallingdotseq 11.1$$

$$\therefore \quad \textbf{11.1} \cdots\cdots \boxed{\textbf{問(3)}} \text{の【答え】}$$

慣れてくると［別解］の解答の方が楽にできます。

アドバイス ここで**[公式11]**の証明をしておきましょう。水のイオン積 [H^+][OH^-] $= 10^{-14}$**[公式6]**の両辺に対数をとります。

$$-\log_{10}[\mathrm{H}^+] \times [\mathrm{OH}^-] = -\log_{10}10^{-14}$$
$$-(\log_{10}[\mathrm{H}^+] + \log_{10}[\mathrm{OH}^-]) = 14$$
$$\therefore \quad -\log_{10}[\mathrm{H}^+] + (-\log_{10}[\mathrm{OH}^-]) = 14$$
$$\Downarrow \qquad\qquad \Downarrow$$
$$\therefore \qquad \mathrm{pH} \quad + \quad \mathrm{pOH} \quad = 14$$

問(4)の解説 **[公式9]**より

$$\mathrm{pH}2 \Longrightarrow [\mathrm{H}^+] = 10^{-2}\mathrm{mol/L}$$
$$\mathrm{pH}4 \Longrightarrow [\mathrm{H}^+] = 10^{-4}\mathrm{mol/L}$$
$$\therefore \quad \frac{\mathrm{pH}2\text{の水素イオン濃度}}{\mathrm{pH}4\text{の水素イオン濃度}} = \frac{10^{-2}}{10^{-4}} = 10^{-2-(-4)} = 10^2 = 100\text{倍}$$

$$\therefore \quad \textbf{100倍} \cdots\cdots \boxed{\textbf{問(4)}} \text{の【答え】}$$

単元3 中和反応と塩

酸と塩基は，「**中和反応**」を起こして「**塩**」と水を生じます。塩は，酸の陰イオンと塩基の陽イオンからなる化合物です。もう1つの考え方として，塩は，**酸の水素原子が金属原子やNH$_4{}^+$と，一部あるいは全部が置きかわった化合物**という見方もあります。

3-1 中和反応

では，中和反応の例を挙げてみましょうか。

$$HCl + NaOH \longrightarrow \underset{(塩)}{NaCl} + H_2O$$

$$H_2SO_4 + 2NaOH \longrightarrow \underset{(塩)}{Na_2SO_4} + 2H_2O$$

単元3 要点のまとめ①

● **中和反応**

酸と塩基から塩と水を生じる反応または酸から生じる水素イオンH$^+$と塩基から生じる水酸化物イオンOH$^-$から水H$_2$Oが生じる反応を**中和反応**という。

ここで注意！ 中和と中性が似ていると思って，勘違いする人がいるのですが，**中和と中性は違います！**

pHがちょうど7のときに中性というのですが，**中和が完了した時点は，中性の場合もあれば，酸性や塩基性の場合もあるのです。**

3-2 塩の加水分解

中和した生成物（水と塩）が，酸性や塩基性を示す場合があるのはなぜでしょう？ それは，塩の中には電離して水と反応し，一部がもとの酸や塩基にもどるものがあるからです。これを「**塩の加水分解**」といいます。

例：①酢酸ナトリウム

$$CH_3COONa + H_2O \rightleftharpoons CH_3COOH + NaOH$$

ここでCH$_3$COONa（塩）とNaOH（強塩基）は完全に電離しますがH$_2$Oと

CH_3COOH（弱酸）は電離しないと考えます。

$\therefore \quad CH_3COO^- + Na^+ + H_2O \quad \rightleftharpoons \quad CH_3COOH + Na^+ + OH^-$

$\therefore \quad CH_3COO^- + H_2O \quad \rightleftharpoons \quad CH_3COOH + \underset{\text{塩基性}}{OH^-}$

②塩化アンモニウム

$NH_4Cl + H_2O \quad \rightleftharpoons \quad NH_4OH + HCl$

ここでNH_4Cl（塩）とHCl（強酸）は完全に電離しますがH_2OとNH_4OH（$NH_3 + H_2O$）（弱塩基）は電離しないと考えます。

$\therefore \quad NH_4^+ + \cancel{Cl}^- + H_2O \quad \rightleftharpoons \quad NH_3 + \underset{H_3O^+}{\underline{H_2O + H^+}} + \cancel{Cl}^-$

$\therefore \quad NH_4^+ + H_2O \quad \rightleftharpoons \quad NH_3 + \underset{\text{酸性}}{H_3O^+}$

　強酸と強塩基から生じる塩は，一般に加水分解しないので，水溶液は中性を示します。塩の水溶液が，中性，酸性，塩基性のいずれを示すのか，紹介しましょう。

単元3 要点のまとめ②

● **塩の加水分解**

　電離した塩が水と反応し，塩の一部がもとの酸や塩基にもどって塩基性や酸性を示す現象を**塩の加水分解**という。

● **水に溶解させたときの塩の液性**

① 強酸と強塩基からできた塩は中性

$NaCl$, Na_2SO_4, KNO_3, $Ca(NO_3)_2$など　ただし例外として$NaHSO_4$は酸性である。

② 弱酸と弱塩基からできた塩はほぼ中性

$(NH_4)_2CO_3$, CH_3COONH_4など

③ 強酸と弱塩基からできた塩は酸性

NH_4Cl, $CuSO_4$, $AgNO_3$, $FeCl_3$など

④ 弱酸と強塩基からできた塩は塩基性（アルカリ性）

CH_3COONa, Na_2CO_3, $NaHCO_3$など

● **塩の分類**

①正塩	酸のHも塩基のOHも残っていない塩。	〈例〉$NaCl$, Na_2SO_4
②酸性塩	酸のHが残っている塩。	〈例〉$NaHCO_3$, $NaHSO_4$
③塩基性塩	塩基のOHが残っている塩。	〈例〉$MgCl(OH)$, $CuCl(OH)$

※この分類は形式的なものであり，塩の水溶液の液性とは無関係である。

単元3 │理│解│度│チェックテスト 18

問 次の塩をそれぞれ加水分解したとき水溶液は何性を示すか。

a Na_2CO_3　　**b** KNO_3　　**c** $CuSO_4$

d $AgNO_3$　　**e** $NaHSO_4$

解説

「単元3　要点のまとめ②」からの出題です。

Na_2CO_3のもとの酸と塩基を調べます。H_2OはH^+とOH^-に分かれていると考えて○と○，△と△を組み合わせて酸と塩基を作ります。

a

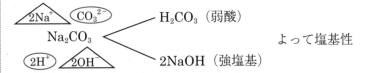

Na_2CO_3

H_2CO_3（弱酸）

$2NaOH$（強塩基）

よって塩基性

∴　**塩基性** …… **問a** の【答え】

b

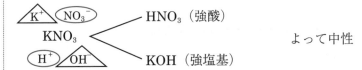

KNO_3

HNO_3（強酸）

KOH（強塩基）

よって中性

∴　**中性** …… **問b** の【答え】

c

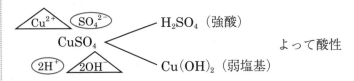

$CuSO_4$

H_2SO_4（強酸）

$Cu(OH)_2$（弱塩基）

よって酸性

∴　**酸性** …… **問c** の【答え】

d

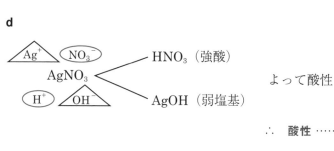

AgNO₃ → HNO₃（強酸）／AgOH（弱塩基）　よって酸性

∴　**酸性** …… 問d の【答え】

e

NaHSO₄ → 1H₂SO₄（強酸）／1NaOH（強塩基）

これは例外で中性とはならず酸性を示します。

$$\underset{\substack{\text{1mol}}}{H_2SO_4} + \underset{\substack{\text{2mol}}}{2NaOH} \longrightarrow \underset{\text{(中性)}}{Na_2SO_4} + \underset{\text{(中性)}}{2H_2O}$$

等しい物質量のH_2SO_4と$NaOH$が反応するとH_2SO_4が半分残ります。よって溶液全体としては酸性を示します。

∴　**酸性** …… 問e の【答え】

$NaHSO_4$の液性はよく出題されますので注意して下さい。

ここでは「**中和滴定**」の操作法や「**指示薬**」の選び方，計算の仕方などをわかりやすく説明します。入試に大変出題されるところです。

4-1 中和滴定

中和反応を利用して，濃度のわかっていない酸（または塩基）の水溶液の濃度を求める操作を「**中和滴定**」といいます。

入試問題では，方程式にして，いろいろなところを未知数にして出題されます。

■ 中和滴定の器具と操作

では，**図3-2** を見てください。この図は大変重要なので，みなさんもイメージできるようにしてください。

図3-2

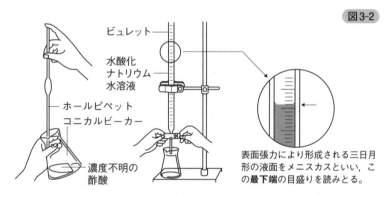

中和滴定に用いられる器具とその操作

まず，「**ホールピペット**」です。真ん中のところが膨れているでしょう。そこが特徴です。

それから「**コニカルビーカー**」。コニカルビーカーには，**注ぎ口がついています**。似ているものに「**三角フラスコ**」がありますが，これには口がついていないので注意しましょう。

そして「**ビュレット**」です。コックがついていて，**中和が完了したときまでに滴下された体積（mL）を正確に測りとる器具**です。ビュレットの目盛りは，液面の周りが表面張力でポコッと上がっていますが，**一番下の目盛りを読みとります**。

4-2 指示薬

　酸と塩基を中和滴定するときに，例えば，下のコニカルビーカーに酢酸を入れておき，上からビュレットを用いて水酸化ナトリウムを加えるとします。そうした場合，酢酸も無色だし，水酸化ナトリウムも無色だから，いつ中和点（中和が完了する時点）に達したのかがわかりません。これでは困りますね。

　そこで，中和点を調べるものとして，指示薬が必要なのです。すなわち，「**指示薬**」とは，中和点まで試薬を加えたことを示すもので，中和点で急激に色が変化するものを選びます。

　入試で出題される指示薬は，「**フェノールフタレイン**」と「**メチルオレンジ**」のほぼ**2つだけです**。フェノールフタレインは無色から赤。そのときのpHはだいたい8 〜 10くらいと大雑把（おおざっぱ）に覚えておけばいいです。メチルオレンジは，赤から黄色でだいたい3 〜 4ぐらいです。

　指示薬の**名前**，**色の変化**，（漠然と）**その時のpHの数値**，この**3点**をおさえておきましょう。

■ フェノールフタレイン

　フェノールフタレインは，pH8.0まで無色です。要するに，8.0より手前のほう7.9とか7 〜 0，非常に強い酸性の部分まで全部無色です。ところが，8.0を超えたころから，色がちょっと変わる。薄い赤または淡赤色，淡紅色という言い方をしています。その薄い赤になったときに，ちょうど8.0 〜 9.8あたりのpHになるんです。この時点で，中和滴定を終了します。つまり，変色域は塩基性です。

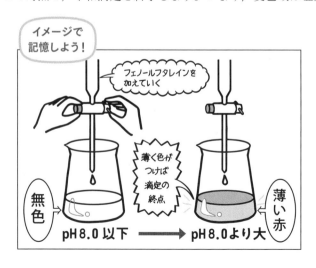

■ メチルオレンジ

　今度，メチルオレンジの場合は，3.1以下のところ，2とか1，0，非常に酸性の強いところは赤色です。ところが3.2，3.3，3.4…，この辺りは黄色と赤色の中間色の橙色です。それで，4.4になると黄色になって，それより大きいpHの値だと，完全に黄色になります。変色域は酸性です。

　２つの指示薬の赤と赤が，対角線の位置関係にあると覚えておけば，混乱しなくてすむでしょう。

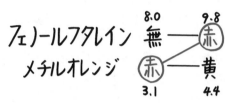

4-3 どの指示薬を使うか？

　のちほど詳しく扱いますが，滴定にともなう溶液のpHの変化を表した曲線を「**滴定曲線**」といいます。そして，強酸を強塩基で滴定した場合は，**図3-3** のようになります。

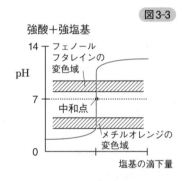

図3-3

　強酸・強塩基の場合は，中和点でpHの値がだいたい3から11に急変していますので，**フェノールフタレインとメチルオレンジのどちらを使っても構いません**。中和点はpHの変化（グラフの垂直の部分）の真ん中をとりますので，中性になります。

　弱酸・強塩基の場合は，中和点が中性にはなりません。強いほうの性質が残り，中和点が弱塩基性になってしまいます。弱塩基性のところで色が変わってくれるものを選ばなくてはいけないので，**フェノールフタレインが使われるのです**。

　逆に**強酸・弱塩基の場合は**，中和が完了するときは弱酸性です。よって，だいたいpH3～4ぐらいの間で変化するようなものということで，**メチルオレンジを使います**。

　では，<u>4-1</u>～<u>4-3</u>で学んだことをまとめておきましょう。

単元 4 要点のまとめ①

● **中和滴定**

　中和反応を利用して，濃度のわかっていない酸（または塩基）の水溶液の濃度を求める操作を**中和滴定**という。

● **指示薬**

　指示薬は中和点まで試薬を加えたことを示すものであるから，中和点で急激に色が変化しないといけない。したがって，指示薬は滴定曲線の垂直部分に変色域がくるものを用いなければならない。

　　強酸と強塩基の中和　→　フェノールフタレインまたはメチルオレンジ

　　弱酸と強塩基の中和　→　フェノールフタレイン

　　強酸と弱塩基の中和　→　メチルオレンジ

　　フェノールフタレイン　　無 ──── ⓐ

　　　　　　　　　　　　　　　8.0　　　9.8

　　メチルオレンジ　　　　　ⓐ ──── 黄

　　　　　　　　　　　　　　　3.1　　　4.4

単元 4 要点のまとめ②

● **中和反応の量的関係**

解法1：反応式を書いて，係数比＝物質量比により計算する。

解法2：酸と塩基がちょうど中和したときには，

!重要★★★

　酸が出す H^+ の物質量（mol）＝塩基が出す OH^- の物質量（mol）

　　　　↓　　　　　　　　　　　　　　　↓

　酸の物質量（mol）×価数　　　　塩基の物質量（mol）×価数

酸または塩基の価数…酸または塩基1molが電離したとき生じる H^+ または OH^-
　　　　　　　　　　　の物質量（mol）をいう。

　中和滴定で使う器具は次の**5つ**（ 図3-4 ， 図3-5 ）しかありません。ここでまとめておきます。

単元 4 要点のまとめ③

● **器具の洗い方**

メスフラスコ，コニカルビーカー，三角フラスコ
　純水で洗った後，ぬれたまま使用。
ホールピペット，ビュレット
　使用する溶液で数回すすいだ後，ぬれたまま使用。

　メスフラスコ，コニカルビーカー，三角フラスコは「**純水で洗った後，ぬれたまま使用**」。これはポイントです。乾かす必要はありません。

　次に**ホールピペット**と**ビュレット**は，「**使用する溶液ですすいだ後，ぬれたまま使用**」します。

　要するに，「純水で洗った後，ぬれたまま使用」か，あるいは「使用する溶液で数回すすいだ後，ぬれたまま使用」か，どちらかのタイプしかありません。純水で洗ってもいいのは，測る溶質の物質量が変化しないからです。溶液ですすぐのは，濃度を変化させないようにするためです。

　器具の洗い方は大変よく入試に出ます。コニカルビーカーと三角フラスコの違いは 図3-4 を見てください。コニカルビーカーは，注ぎ口がついている。三角フラスコは注ぎ口がついてなくて，ちょっと口のところが細い。**形は違うけれども，用途は同じです。**

　そして，測りとるのに使用する器具は，ホールピペットとメスフラスコとビュレットの**3つ**です 図3-5 。

　では，違いをまとめておきます。ここまでおさえておけば，中和滴定の器具の問題は完璧です！

図3-4

コニカルビーカー　　三角フラスコ

図3-5

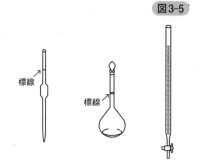

標線

標線

ホールピペット　メスフラスコ　ビュレット

単元 4　要点のまとめ④

● 器具の使い方

ホールピペット…**少量**を正確に測りとる器具（標線まで測りとる）
　　　　　　　└──▶（10 〜 25mL）

メスフラスコ…**多量**を正確に測りとる器具（標線まで測りとる）
　　　　　　└──▶（100 〜 1000mL）

ビュレット…滴下量を正確に測りとる器具

単元 4　要点のまとめ⑤

● **滴定曲線**

滴定にともなう溶液のpH変化を表す曲線を**滴定曲線**という。

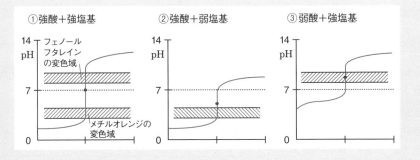

①強酸＋強塩基　　②強酸＋弱塩基　　③弱酸＋強塩基

単元 4　理 解 度 チェックテスト 19

問　0.050mol/L シュウ酸標準液Aを用い，中和滴定によって水酸化ナトリウム水溶液Bの濃度を求める実験について，次の(1)〜(8)に答えよ。ただし原子量はH = 1.0，C = 12，O = 16とし，数値は，有効数字2桁で求めよ。

(1)　Aを100mLつくるために，シュウ酸二水和物$H_2C_2O_4 \cdot 2H_2O$は何g必要か。

(2)　Aを100mLつくるために最適な器具を(ア)〜(キ)から選べ。

(3)　(2)で選んだ器具は純水で洗った後，どのようにして使用すればよいか。(a)〜(d)から選べ。

(4)　Aを正確に10mL測り取るために最適な器具を(ア)〜(キ)から1つ選べ。

(5)　Aを入れるためのコニカルビーカー（または三角フラスコ）は，純水で

洗った後の使用について，どのような注意が必要か。(a)～(d)から選べ。

(6)　Bを入れるビュレットは，純水で洗った後の使用について，どのような注意が必要か。(a)～(d)から選べ。

［器具］　(ア) メスシリンダー　　(イ) メスフラスコ　　　　(ウ) ビュレット
　　　　　(エ) ビーカー　　　　　(オ) こまごめピペット
　　　　　(カ) ホールピペット　　(キ) メートルグラス

［操作］　(a) Aですすいでから使用しなければならない。
　　　　　(b) Bですすいでから使用しなければならない。
　　　　　(c) よく乾かしてから使用しなければならない。
　　　　　(d) 純水でぬれたまま使用して構わない。

(7)　指示薬として次のどれがよいか。(ア)～(エ)から選べ。ただし，かっこ内の数値は各指示薬の変色域を示すpH値である。
　　(ア) リトマス (5～8)　　　　　(イ) フェノールフタレイン (8～10)
　　(ウ) メチルオレンジ (3～4)　　(エ) (ア)～(ウ)のいずれでも構わない。

(8)　10mLのAを濃度のわからない水酸化ナトリウム水溶液Bで中和したら8.2mLを示した。Bの濃度は何mol/Lか。

解説

問 (1) の解説 ▶

☆　$$\text{モル濃度 (mol/L)} = \frac{\text{溶質の物質量 (mol)}}{\text{溶液の L 数}}$$　　　　［公式5］

に代入して解きます。

$$\underset{\text{1mol}}{1H_2C_2O_4 \cdot 2H_2O} \xrightarrow{\text{溶解}} \underset{\text{1mol（溶質）}}{1H_2C_2O_4} + 2H_2O$$

　この式から $H_2C_2O_4 \cdot 2H_2O$ と $H_2C_2O_4$（溶質）が常に等しい物質量であることがわかります。

　必要な $H_2C_2O_4 \cdot 2H_2O$ を x g とする。$H_2C_2O_4 \cdot 2H_2O$ の物質量は

$$\frac{x}{126} \text{ mol} \ (H_2C_2O_4 \cdot 2H_2O = 126)$$

　［公式5］に代入すると

$$0.050\text{mol/L} = \frac{\frac{x}{126} \text{ mol}}{0.10\text{L}}$$

$$\therefore \quad x = 0.050 \times 0.10 \times 126 = 0.63g$$

$$\therefore \quad \textbf{0.63g} \cdots\cdots \boxed{問 (1)} \ の【答え】$$
（有効数字2桁）

　なお，(1) についてもっと詳しく知りたい人は「岡野の化学基礎が初歩から しっかり身につく [改訂新版]」の145ページを参照してください。

問 (2) の解説　「単元４　要点のまとめ④」からの出題です。

100mLを正確に測りとる器具はメスフラスコです。

$$\therefore \quad \textbf{(イ)} \cdots\cdots \boxed{問 (2)} \ の【答え】$$

問 (3) の解説　「単元４　要点のまとめ③」からの出題です。

　メスフラスコは純水で洗った後，ぬれたまま使用でした。よって (d) が正解 です。

$$\therefore \quad \textbf{(d)} \cdots\cdots \boxed{問 (3)} \ の【答え】$$

問 (4) の解説　「単元４　要点のまとめ④」からの出題です。

10mLを正確に測りとる器具はホールピペットです。

$$\therefore \quad \textbf{(カ)} \cdots\cdots \boxed{問 (4)} \ の【答え】$$

問 (5) の解説　「単元４　要点のまとめ③」からの出題です。

　コニカルビーカー (または三角フラスコ) は純水で洗った後，ぬれたまま使用 でした。よって (d) が解答です。

$$\therefore \quad \textbf{(d)} \cdots\cdots \boxed{問 (5)} \ の【答え】$$

問 (6) の解説　「単元４　要点のまとめ③」からの出題です。

　ビュレットは使用する溶液で数回すすいだ後，ぬれたまま使用でした。ここ での使用する溶液はBです。よって (b) が解答です。

$$\therefore \quad \textbf{(b)} \cdots\cdots \boxed{問 (6)} \ の【答え】$$

問 (7) の解説　「単元４　要点のまとめ①」からの出題です。

　シュウ酸 (弱酸) と水酸化ナトリウム (強塩基) との中和なので指示薬はフェ ノールフタレインです。よって (イ) が解答です。

$$\therefore \quad \textbf{(イ)} \cdots\cdots \boxed{問 (7)} \ の【答え】$$

問 (8) の解説　「単元４　要点のまとめ②」からの出題です。

解法１：反応式が必要

$$H_2C_2O_4 \quad + \quad 2NaOH \quad \longrightarrow \quad Na_2C_2O_4 + 2H_2O$$

$$\begin{pmatrix} 1\text{mol} & 2\text{mol} \\ \dfrac{0.050 \times 10}{1000}\text{mol} & \dfrac{x \times 8.2}{1000}\text{mol} \end{pmatrix}$$

水酸化ナトリウム水溶液を x mol/L とする

[公式8] $\boxed{\dfrac{CV}{1000}\text{mol}}$

$$\therefore \quad \frac{0.050 \times 10}{1000} \times 2 = \frac{x \times 8.2}{1000} \times 1 \text{ —— ⓐ}$$

$$\therefore \quad x = 0.121 \fallingdotseq 0.12\text{mol/L}$$

$\therefore$ **0.12mol/L** …… 問(8) の【答え】
(有効数字2桁)

解法２：反応式が不要

岡野のこう解く 「**H^+ の mol 数＝OH^- の mol 数**」という等式をつくります。**H^+** の mol 数は，酸の mol 数×価数，OH^- の mol 数は，塩基の mol 数×価数です。

$$H^+\text{のモル数} \; = \; OH^-\text{のモル数}$$
$$\Downarrow \qquad\qquad \Downarrow$$
$$\text{酸のモル数×価数} \qquad \text{塩基のモル数×価数}$$
$$(\text{H}_2\text{C}_2\text{O}_4 \; 2価) \qquad\quad (\text{NaOH} \; 1価)$$

シュウ酸は２価，水酸化ナトリウムは１価ですね。$H_2C_2O_4$ 1mol から，H^+ 2mol が飛び出すので，２価です。

$$\therefore \quad \underbrace{\frac{0.050 \times 10}{1000} \times \underset{\text{価数}}{2}}_{H^+\text{のモル数}} = \underbrace{\frac{x \times 8.2}{1000} \times \underset{\text{価数}}{1}}_{OH^-\text{のモル数}} \text{ —— ⓐ}$$

$\therefore \quad x = 0.121 \fallingdotseq 0.12\text{mol/L}$ $\qquad \therefore$ **0.12mol/L** …… 問(8) の【答え】
(有効数字2桁)

[解法1] と [解法2] は途中の ⓐ 式が同じ式になることに注意して下さい。

慣れてくると解法2のほうが断然速い。よく練習しておきましょう。

(注意) 解法2で水素イオン H^+ の mol 数を計算するとき，「シュウ酸は弱酸なので，電離度をかけなくてよいのか？」という疑問が出るかもしれませんが，中和滴定では，電離度（おょそ0.01）をかける必要はありません。結論から言いますと，中和反応のときは弱酸であるシュウ酸も，最終的には100％電離するからです。弱酸が単独に存在しているときとは異なります。詳しくは12講334，335ページを参照してください。

(8) についてもっと詳しく知りたい人は「岡野の化学基礎が初歩からしっかり身につく [改訂新版]」の163～166ページを参照してください。

理 解 度 チェックテスト 20

問 アンモニアを0.10mol/Lの希硫酸40mLに吹き込み，完全に吸収させた後，未反応の希硫酸を0.20mol/Lの水酸化ナトリウム水溶液で滴定したところ，終点までに30mLを要した。吸収したアンモニアの標準状態での体積は何mLか。有効数字2桁で求めよ。

解説

「単元4　要点のまとめ②」の応用問題です。複数の酸と塩基の中和滴定を**逆滴定**といいます。

岡野のこう解く 逆滴定の問題では酸が出すH^+の物質量と塩基が出すOH^-の物質量が等しいことを利用して解く方法をお勧めします。

まず，酸と塩基の価数を確認しておきましょう。

・H_2SO_4 …… 2価の酸
・NH_3 ……… 1価の塩基　　$(NH_3 + H_2O \rightleftarrows NH_4^+ + \underset{1価}{\underline{OH^-}})$
・$NaOH$ …… 1価の塩基

・酸が出すH^+の mol 数＝酸の mol 数×価数
・塩基が出すOH^-の mol 数＝塩基の mol 数×価数

①NH_3　②$NaOH$　　希硫酸に

H_2SO_4

①NH_3を加えて次に
②$NaOH$を加える。
吸収したNH_3をx mol とする。

$$\underset{\text{H}^+のモル数}{\underbrace{\overset{H_2SO_4}{\frac{0.10 \times 40}{1000}} \underset{価数}{\times 2}}} = \underset{\text{OH}^-の合計のモル数}{\underbrace{\overset{NH_3}{x \underset{価数}{\times 1}} + \overset{NaOH}{\frac{0.20 \times 30}{1000}} \underset{価数}{\times 1}}}$$

$$x = \frac{0.10 \times 40 \times 2}{1000} - \frac{0.20 \times 30}{1000} = \frac{8.0 - 6.0}{1000} = 2.0 \times 10^{-3} \text{mol}$$

次に標準状態での体積を求める。

$$\boxed{n = \frac{V}{22.4}} \text{[公式3]より} \boxed{V = n \times 22.4} \text{ に代入する。}$$

$$V = 2.0 \times 10^{-3} \times 22.4 = 0.0448L$$

$$\therefore \quad 0.0448 \times 1000 = 44.8 \fallingdotseq 45mL$$

$$\therefore \quad \textbf{45mL} \cdots\cdots \boxed{\textbf{問}} \text{ の【答え】}$$
（有効数字2桁）

4-4 炭酸ナトリウムの二段階中和

　二段階中和は，中和滴定が得意な人でも，今まで通りでは解けません。私もこの問題を初めて見たとき，鉛筆が止まっちゃいました。なぜか？　**変化（反応式）**を知ってないと，絶対できないからです。

　この内容は中和滴定でもやや難しいところです。理解しにくいときは次の講に進んでください。十分力がついてきてからまた戻ってくれれば大丈夫です。ただし入試には出題されるのでどこかで理解して下さいね。

■ 二段階中和とは

　炭酸ナトリウムと水酸化ナトリウムの混合溶液を HCl で中和したときの滴定曲線（pH曲線）が 図3-6 です。これは「**炭酸ナトリウムの二段階中和**」といって，薬学系の入試でよく出題されます。大学の一般教養では日常茶飯時に行われる実験なので，先生が問題に出しやすいんです。

　二段階というのは，グラフの**2箇所の垂直な部分**を指しています。

　垂直部分の最初を**第1中和点**（または**第1当量点**），次を**第2中和点**と呼びます。

図3-6

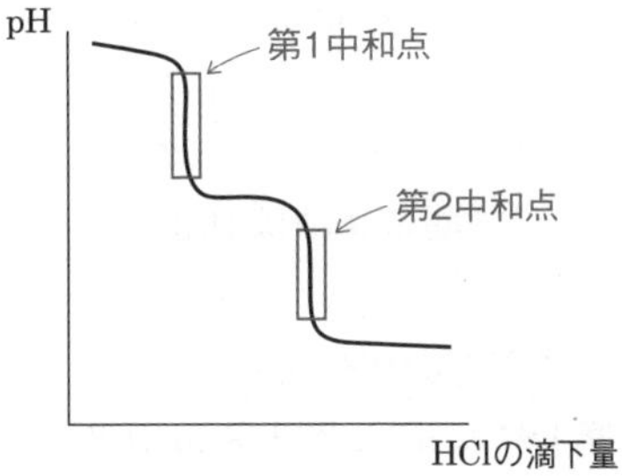

■ 実験でわかること

　水酸化ナトリウムには**潮解性**という水を吸着する性質があって，固体をしばらく空気中に置いておくとベトベトしてきます。そして，ここに二酸化炭素が吸収されて，反応が起き，一部が炭酸ナトリウムに変わります。

$$2NaOH + CO_2 \longrightarrow Na_2CO_3 + H_2O$$

　このとき，何%くらい炭酸ナトリウムになったのかを調べるために，今回のような実験を行うんです。

■ **指示薬を決める**

　では，指示薬を決めていきます。

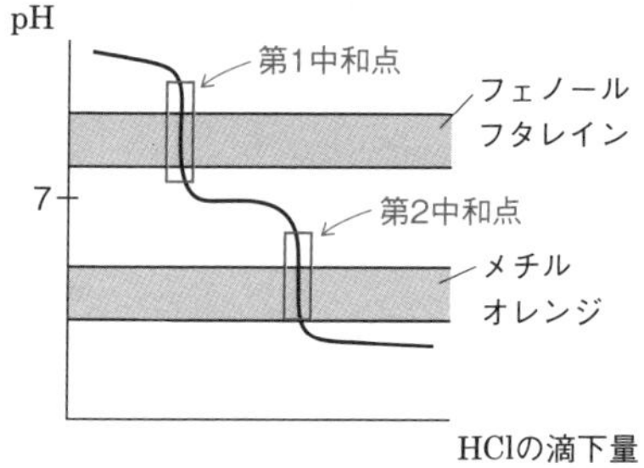

　第1中和点の垂直部分に入る指示薬は，pHが約8から10で変色する**フェノールフタレイン**が使われます。第2中和点の垂直部分は，約3から4で変色する**メチルオレンジ**が使われます。指示薬を決めた後に滴定を行っていきます。

図3-7

■ **指示薬を入れる**

　2つの指示薬を一度に入れると，色が混ざってしまうので，まず**最初はフェノールフタレイン**のみを入れます。始まりの色は，水酸化ナトリウムと炭酸ナトリウムだから塩基性です。フェノールフタレインの塩基性側というと，**赤から始まります。**

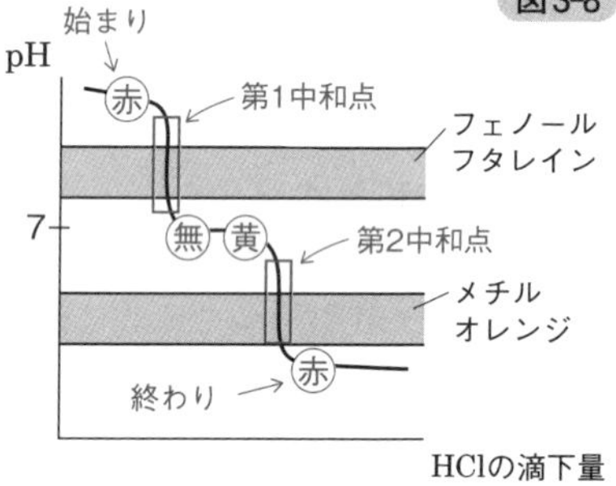

　約pH8になったところで**赤から無色**になります。すると，今度は**メチルオレンジ**を入れます。**黄色**から始まって**赤で終わります。**

　結局，**赤から始まって赤で終わる**んですね。この色の変化は試験で書かされますので，どうぞ知っておいてください（試薬の詳細は100ページを参照）。

図3-8

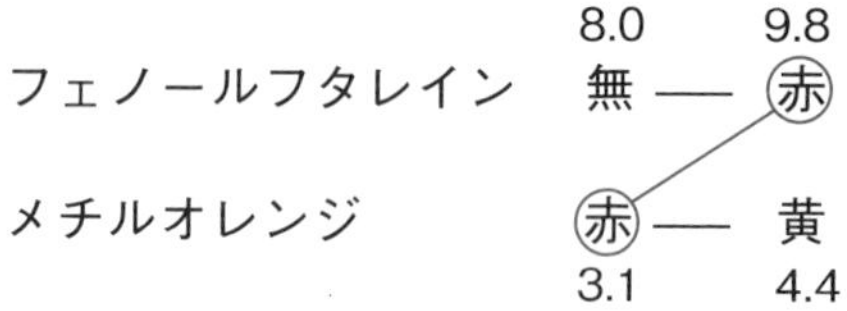

■ **中和点での変化を知る**

　第1中和点と第2中和点までに，どんな変化が起こっているのか？　「単元4　要点のまとめ⑥」の2つの☆印の化学反応式3本を覚えるのが，今回の一番のポイントです。

図3-9

フェノールフタレイン	無 ── 赤
	8.0　　9.8
メチルオレンジ	赤 ── 黄
	3.1　　4.4

単元 **4** 要点のまとめ⑥

● **二段階中和**

　炭酸ナトリウムNa_2CO_3と水酸化ナトリウム$NaOH$の混合溶液を塩酸HClで中和したときの滴定曲線は次の通り。

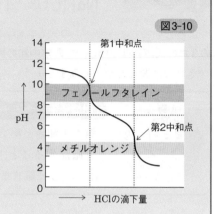

図3-10

・初めから第1中和点（当量点）までに起こった変化

☆ $\begin{cases} NaOH + HCl \longrightarrow NaCl + H_2O \\ Na_2CO_3 + HCl \longrightarrow NaHCO_3 + NaCl \end{cases}$

・第1〜第2中和点（当量点）までに起こった変化

☆ $NaHCO_3 + HCl \longrightarrow NaCl + H_2O + CO_2$

■ 初めから第 1 中和点までに起こった変化

　最初の☆印は，炭酸ナトリウムと水酸化ナトリウムが塩酸と反応する２本の式です。

　反応の順番は，水酸化ナトリウムと塩酸が「強酸－強塩基」で，H^+とOH^-は両方完全に電離しているので，まず，

> **!重要★★★** $NaOH + HCl \longrightarrow NaCl + H_2O$

が速くポンッと反応を起こします。そして，徐々に

> **!重要★★★** $Na_2CO_3 + HCl \longrightarrow NaHCO_3 + NaCl$

が起こっていくんです。**この2本の反応式は丸暗記して書けるようにしてください。**

■ 第 1 〜第 2 中和点までに起こった変化

　第1〜第2中和点というと，**フェノールフタレインが無色になった後**からの反応です。

2つ目の☆印は**NaHCO₃がもう1回塩酸と反応する式**です。

 重要★★★　$$NaHCO_3 + HCl \longrightarrow NaCl + H_2O + CO_2$$

よろしいでしょうか。この式も含め，**重要印の式3本は丸暗記してください**。この3本の式が書けないと，二段階中和の問題はできません。**大事なポイントですよ。**
それでは問題をやってみましょう。

岡野流　⑨　必須ポイント！

「炭酸ナトリウムの二段階中和」のポイント

第1中和点と第2中和点までに起こった変化（反応式）を丸暗記すること！　実は丸暗記しなくてもすむ方法を112ページに載せました!!

演習問題で力をつける⑤
二段階中和の問題を攻略しよう！

問　炭酸ナトリウムと水酸化ナトリウムの混合物がある。この2成分の含有量を決定するために次の滴定を行った。炭酸ナトリウムと水酸化ナトリウムとの混合物を蒸留水に溶かし，1Lの試料溶液とした。試料溶液20.0mLをとり，0.100mol/Lの塩酸で滴定した。㋑まず，（　A　）を指示薬として用い，中和点まで塩酸を加えると15.0mLを要した。㋺これに（　B　）を指示薬として，同じ塩酸で滴定を続けたら2.5mLを加えたところで中和点となった。

(1)　（　A　）と（　B　）に適当な指示薬の名称を記せ。
(2)　下線㋑，㋺の滴定実験における反応液中の指示薬の色の変化を記せ。
(3)　下線㋑の滴定実験で起こった反応を化学反応式で記せ。
(4)　下線㋺の滴定実験で起こった反応を化学反応式で記せ。
(5)　炭酸ナトリウムと水酸化ナトリウムは，1Lの試料溶液中にそれぞれ何g含まれていたか。数値は有効数字2桁で求めよ。
　　（Na = 23.0，H = 1.0，C = 12.0，O = 16.0）

😀 **さて，解いてみましょう。**

問 (1) の解説 **岡野のこう解く** 指示薬の変色域が，**中和の垂直部分の領域に入っているかどうかで判断**します。

（　A　）は「pH8付近で変色するもの」すなわち「フェノールフタレイン」です。（　B　）はpH3付近で変色する「メチルオレンジ」が解答です。

> フェノールフタレイン …… **問(1)（　A　）** の【答え】
> メチルオレンジ …… **問(1)（　B　）** の【答え】

岡野流：２つの指示薬を覚えよう

岡野の着目ポイント 指示薬は，メチルレッド，ブロモチモールブルーなどいろいろありますが，入試では**フェノールフタレイン**と**メチルオレンジ**だけ覚えておけばいいです。それ以外のものが出題されるときは，必ずpHがいくつからいくつの間で変色します，という変色域を教えてくれます。

　問題に何も書いてない場合は，フェノールフタレインかメチルオレンジを解答してください。大学の先生はそう考えておられますからね。

岡野流

入試で問われる指示薬

　指示薬は**フェノールフタレイン**と**メチルオレンジ**を確実に覚えよう。

⑩ 必須ポイント

問 (2) の解説 下線①の指示薬はフェノールフタレインで「赤色から無色」。下線⑩の指示薬はメチルオレンジで「黄色から赤色」です。さきほども言いましたが，色の変化は書かされますので，必ず覚えてくださいね（ **図3-8** ）。

> 赤色から無色 …… **問(2)①** の【答え】
> 黄色から赤色 …… **問(2)⑩** の【答え】

問 (3)(4) の解説 下線①と下線⑩の反応は，それぞれ第１中和点，第２中和点の変化です。☆印で丸覚えしてくださいといった反応式が解答となります。

$$NaOH + HCl \longrightarrow NaCl + H_2O$$
$$Na_2CO_3 + HCl \longrightarrow NaHCO_3 + NaCl$$

…… **問(3)** の【答え】

$$NaHCO_3 + HCl \longrightarrow NaCl + H_2O + CO_2 \cdots\cdots 問(4) \quad の【答え】$$

岡野流：☆印の反応式を覚えるポイント

岡野の着目ポイント　☆印の反応式は丸暗記だって言いましたが，実は丸暗記じゃないんですよ。**酸と塩基の中和反応って，結局 H と金属原子や NH_4^+ が置き換わる反応**なんです（→93ページ）。

反応式をよく見てみると，**酸の水素原子 H と金属 Na が置き換わってますね**。Na は Cl と結び付いて NaCl，H は OH と結びついて H_2O になってます。

$$☆ \quad (Na)OH + (H)Cl \longrightarrow NaCl + H_2O$$

次の式も同様に Na 1個と H が1個，置き換わっていますよ。

$$☆ \quad (Na)_2CO_3 + (H)Cl \longrightarrow NaHCO_3 + NaCl$$

Na は Cl と結びついて NaCl，H は2つある Na のうち，1つと置き換わって $NaHCO_3$ です。

3つめの式も同様に，H と Na が置き換わってるでしょう。

$$☆ \quad (Na)HCO_3 + (H)Cl \longrightarrow NaCl + H_2O + CO_2$$

Na と Cl が結びついて NaCl，H は HCO_3 と結びついて $H_2O + CO_2$。この炭酸は H_2CO_3 って書くとバツですよ。炭酸は実際には H_2O と CO_2 の混合物だからです。

☆印の丸覚えは大変ですが，こういうふうに **H と Na が置き換わるんだ**と知っておくと，この反応式は必ず書けます。今日のポイントですよ。

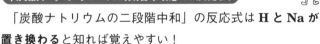

岡野流　**「炭酸ナトリウムの二段階中和」の反応式**
⑪　「炭酸ナトリウムの二段階中和」の反応式は **H と Na が置き換わる**と知れば覚えやすい！

溶液の反応を x mol, y mol で表す

> **問 (5) の解説**　**岡野のこう解く**　**試料溶液20.0mL 中に含む NaOH を x mol，Na$_2$CO$_3$ を y mol とします。なお，○と□は塩酸の mol 数を示します。**

☆
$$\begin{cases} \text{NaOH} + \text{HCl} \longrightarrow \text{NaCl} + \text{H}_2\text{O} \\ \quad x\,\text{mol} \quad ⓧ\text{mol} \qquad\quad x\,\text{mol} \quad x\,\text{mol} \\ \text{Na}_2\text{CO}_3 + \text{HCl} \longrightarrow \text{NaHCO}_3 + \text{NaCl} \\ \quad y\,\text{mol} \quad \boxed{y}\,\text{mol} \qquad\quad y\,\text{mol} \qquad y\,\text{mol} \end{cases}$$

最初の式を見てください。**NaOH と HCl の係数は1**なので，NaOH が x mol 反応すると，塩酸 HCl も同じ x mol 反応を起こします。反応し終えると，左辺は全部ゼロになって，新たに右辺に NaCl と H$_2$O が x mol ずつ生じてきます。

次の式です。**Na$_2$CO$_3$ と HCl の係数も1**。Na$_2$CO$_3$ が y mol 反応すると，HCl も同じ y mol 反応します。反応が終わると，左辺はゼロになって，新たに NaHCO$_3$ と NaCl が y mol ずつ生じてきます。

この新たに y mol 生じた**NaHCO$_3$**は，次の第2中和点でさらにもう1回，塩酸 HCl と反応を起こすんです。

☆
$$\begin{cases} \text{NaOH} + \text{HCl} \longrightarrow \text{NaCl} + \text{H}_2\text{O} \\ \quad x\,\text{mol} \quad ⓧ\text{mol} \qquad\quad x\,\text{mol} \quad x\,\text{mol} \\ \text{Na}_2\text{CO}_3 + \text{HCl} \longrightarrow \text{NaHCO}_3 + \text{NaCl} \\ \quad y\,\text{mol} \quad \boxed{y}\,\text{mol} \qquad\quad \mathbf{y\,mol} \qquad y\,\text{mol} \end{cases}$$

☆ NaHCO$_3$ + HCl $\longrightarrow$ NaCl + H$_2$O + CO$_2$
$\quad\;\, \mathbf{y\,mol} \quad ⟨y⟩\text{mol} \qquad\;\; y\,\text{mol} \quad y\,\text{mol} \quad y\,\text{mol}$

NaHCO$_3$ と HCl はともに**係数1**なので，HCl は同じ y mol 反応します。全部反応すると左辺はゼロになり，新たに右辺に3つの物質が y mol ずつ生じます。3つ目の反応式の塩酸 HCl の mol 数は⟨ ⟩とします。

加えた塩酸の mol 数を求める

問題文の下線⑦では，「**第1中和点までに15.0mL 使った**」とあります。これは実は**塩酸ⓧと$\boxed{y}$を足した mol 数が15.0mL の中に入っている**ということです。

そして，下線㋺「**同じ塩酸で滴定を続けて2.5mL 使った**」というのは，塩酸⟨y⟩mol が，2.5mL 中に入っていることになります。

問題文に0.100mol/L の塩酸 HCl と書かれていましたので，それを式に表すと，次のようになります。

$$\begin{cases} \boxed{x} + \boxed{y} = \dfrac{0.100 \times 15.0}{1000}\ \text{mol} \quad \text{―} \ ① & \left(\begin{array}{l}\text{初めから第1中和点までに}\\\text{使用したHClのmol数}\end{array}\right) \\[3mm] \boxed{y} = \dfrac{0.100 \times 2.5}{1000}\ \text{mol} \quad \text{―} \ ② & \left(\begin{array}{l}\text{第1から第2中和点までに}\\\text{使用したHClのmol数}\end{array}\right) \end{cases}$$

$$\boxed{\dfrac{CV}{1000}\ \text{mol}}\quad \text{[公式8]}$$

　本当は水酸化ナトリウムの mol 数を求めたいんだけれども，いきなりは求められないので，**塩酸の mol 数からとりあえず求めていく**んです。

　[公式8] $\boxed{\text{溶質の mol 数} = \dfrac{CV}{1000}\ \text{mol}}$ に代入しましょう。すると，**初めから第1中和点までに使用した塩酸の mol 数**が①式で求められます。②式は**第1から第2中和点までに使用した塩酸の mol 数**です。

　あとは，x と y の2つの未知数ですから連立方程式で①式と②式を解けばいいんです。

$$\therefore \begin{cases} x = 1.25 \times 10^{-3}\ \text{mol} \\ y = 2.50 \times 10^{-4}\ \text{mol} \end{cases}$$

水酸化ナトリウムと炭酸ナトリウムのg数を求める

　実はこの x は，元をたどれば**水酸化ナトリウム NaOH の mol 数**，y は**炭酸ナトリウム Na_2CO_3 の mol 数**です。

　しかし，求めたいのは，g数です。さらに，もう1点注意したいのは「炭酸ナトリウムと水酸化ナトリウムは，**1L中の**」とあるところです。

　今計算したのは，20.0mL中の mol 数です。まずは20.0mL中のg数を求めるため，$\boxed{w = nM}$ **[公式3]** を使います。

　水酸化ナトリウム NaOH の式量は40，炭酸ナトリウム Na_2CO_3 は式量106ですから，代入して計算しますと次の値になります。

$$\begin{cases} x = 1.25 \times 10^{-3}\ \text{mol} \xrightarrow{\boxed{w=nM}} 1.25 \times 10^{-3} \times 40 = 0.0500\text{g} \\ \hspace{8.5cm} (\text{NaOH} = 40) \\[2mm] y = 2.50 \times 10^{-4}\ \text{mol} \xrightarrow{\boxed{w=nM}} 2.50 \times 10^{-4} \times 106 = 0.0265\text{g} \\ \hspace{8.5cm} (Na_2CO_3 = 106) \end{cases}$$

1Lあたりに直して解答を求める

　今度はこれらを**1Lあたりに直します**。**1Lは20.0mLの50倍**だから，50倍溶けています。つまり，

水酸化ナトリウム NaOH　　　　0.0500g × **50倍** = 2.50 ≒ 2.5g

炭酸ナトリウム Na₂CO₃　　　　0.0265g × **50倍** = 1.325 ≒ 1.3g

が溶けている，これが解答になります。

∴　**2.5g** ……　問 (5) 水酸化ナトリウム　の【答え】
（有効数字2桁）

∴　**1.3g** ……　問 (5) 炭酸ナトリウム　の【答え】
（有効数字2桁）

　最後に，もし水酸化ナトリウムを含んでない問題が出たらどうするか？　つまり炭酸ナトリウムだけの場合です。そのときは，**反応式の一番上の式を全部消して**ください。

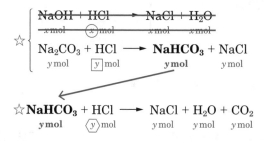

　あとは2番めの式が第1中和点，3番めの式が第2中和点で起こる反応として，同じように計算できます。じゃあ，二段階中和はこれで終わりにいたします。

　それでは第3講はここまでです。次回またお会いしましょう。

Column

化学式とその名称のつけ方①

　化学式とその名称のつけ方ということで，原則をお教えします。ここでは，特に**イオン結合**からなる物質についてやりましょう。例として，NaClを挙げて説明します。

　NaClは，金属と非金属からなるので，イオン結合でできています。**化学式をつくるときは，陽イオンと陰イオンの合計した電荷がゼロになるようにします。**

■ NaCl（塩化ナトリウム）

　ナトリウムイオンNa^+と塩化物イオンCl^-が，プラスとマイナスちょうど１個ずつで数が合いますから，１個ずつ結びつければいい。そして化学式と名称のつけ方，書き方には次のような原則があります。

$$化学式は＋→ーに書く.$$
$$名称はー→＋に書く.$$

　図3-11 を見てください。**化学式は＋からーに書く**という約束だから，ナトリウムのほうから先に書いて，塩素のほうを後に書きます。よってNaCl。これをClNaとは書きませんね。

　そして**名称はーから＋**ですが，このとき「**イオン**」や「**物イオン**」という言葉は省略します。陰イオンのほうから読んで，「塩化ナトリウム」といいます。

図3-11

Na^+……ナトリウムイオン
Cl^-……塩化物イオン

化学式　$\overset{(＋→ー)}{NaCl}$

名称　$\overset{(ー\longrightarrow ＋)}{塩化ナトリウム}$

■ 共有結合は例外

　ただし，**共有結合**でできた物質というのが，ちょっと例外です。HNO_3は共有結合でできた物質です。硝酸イオン（NO_3^-）（非金属）と水素イオン（H^+）（非金属）の場合，さきほどの考え方をすれば，HNO_3で，－から＋に読むと「硝酸水素」になってしまいます。しかし，硝酸水素という言い方はしません。水素というのは，この場合省略して，「硝酸」といいます。同様に硫酸（H_2SO_4），炭酸（H_2CO_3），リン酸（H_3PO_4）などがあります。

　この原則を知っておくと，かなりの数の物質の名前と化学式が書けるようになります。

第 **4** 講

酸化還元

第 4 講のポイント

酸化還元の化学反応式は暗記モノではありません。手順をしっかりおさえれば，かならず自分で書けるようになります。

本講で「酸化還元」について学び，次講「電池」への土台をつくっておきましょう。

$$2Mg + O_2 \rightarrow 2MgO$$

1-1 酸化還元は酸化数に注目！

　一般的にみなさんが知っている「**酸化還元**」は，酸素を中心に考えたものでしょう。物質が酸素と化合することを「酸化」，酸素を失うことを「還元」とよびますね。

　しかしそれだけでなく，水素や電子の授受を考えた定義づけもあるのです。まずはまとめておきます。

単元 **1** 要点のまとめ①

● 酸化還元の定義

! **重要★★★**

	酸化	還元
酸素を中心に考えて	酸素と化合する	酸素を失う
水素を中心に考えて	水素を失う	水素と化合する
電子を中心に考えて	電子を失う（与える）	電子を得る（受け取る）
◎ 酸化数を中心に考えて	増加する	減少する

　水素や電子を中心に考えた定義は，軽めにおさえておけばいいでしょう。

　それで一番大事なのは，「**酸化数を中心に**」考えた定義です。ここのところは，ぜひ，しっかりとおさえておきましょう。これがわかれば，酸化還元の関係はほぼ大丈夫です。

　酸素，水素，電子がどうであれ，**酸化数が増加すると酸化，減少すると還元**になるんですね。ですから，酸化還元は，とにかく酸化数がわかればいい。

　ということで，次に酸化数の求め方について学びます。

1-2 酸化数の求め方

　酸化数を求めるには，基準となる数値を覚えておかなくてはいけません。特に**太文字**が全部大事です。たいした量ではないので，確実におさえておきましょう。

単元1 要点のまとめ②

● 酸化数の求め方

! 重要★★★

酸化数…電荷のかたより（→28ページを参照してみてください）を数値で表したもの。

①**単体のままの状態における酸化数は0**である。

②化合物中に含まれる**酸素原子の酸化数は−2**である（ただし，H_2O_2などの過酸化物のときは例外で，このときは**−1**となる）。

③化合物中に含まれる**水素原子の酸化数は＋1**である。

④化合物中に含まれる各原子の**酸化数を総和した値は0**である。

⑤イオンに含まれる各原子の酸化数を**総和した値は，イオンの価数に等しい**。

⑥化合物中に含まれる**アルカリ金属（Hを除く1族），アルカリ土類金属（2族）の酸化数**は，それぞれ**＋1，＋2**である。

⑦酸化数を示す（　）は**原子1個分の酸化数**であることに注意する。

　酸化・還元を扱うとき，酸化数を用いると大変便利である。

　ただ読んだだけでは，しっくり来ないでしょう。でも，大丈夫，この酸化数の求め方については，次の例題でしっかり実践していきます。と，その前に，「**酸化剤・還元剤**」という言葉を紹介しておきます。

単元1 要点のまとめ③

● 酸化剤・還元剤

①酸化剤は反応相手を酸化して，酸化剤自身は還元される。

②還元剤は反応相手を還元して，還元剤自身は酸化される。

　「**酸化剤**」というのは，**反応相手を酸化する「薬」**です。解熱剤といったら，熱を下げる薬のことですね。それと同じことです。

　そして，相手を酸化するということは，自分はどうなるか？　自分は逆の変化が起こります。すなわち**酸化剤自身は還元される**わけです。

　「**還元剤**」も同様ですね。還元剤は，**反応相手を還元する薬**ですから，**還元剤自身は逆の変化が起きて酸化されます。**

　では例題にいきましょう。

【例題1】 次の物質の下線をつけた原子の酸化数を求めよ。

① $H_2\underline{S}$　② $\underline{S}O_2$　③ $Cu\underline{S}O_4$　④ $[\underline{Cu}(NH_3)_4]^{2+}$　⑤ $\underline{N}O_3{}^-$

⑥ $K\underline{Cl}O_3$　⑦ $\underline{O}_2$　⑧ $\underline{Al}^{3+}$　⑨ $\underline{Mn}Cl_2$　⑩ $H_2\underline{O}_2$

😃 **さて，解いてみましょう。**

例題1①の解説 化合物中の水素原子の酸化数は＋1ですから，

$H = +1$，$S = x$ とおくと，

$\overset{(+1)\,(x)}{H_2S}$

$(+1) \times 2 + x = 0$　　（∵ **化合物中の酸化数の総和は0です**）

∴　$x = -2$

∴　-2 …… **例題1①** の【答え】

例題1②の解説 化合物中の酸素原子の酸化数は－2ですから，

$S = x$，$O = -2$ とおくと，

$\overset{(x)\,(-2)}{SO_2}$

$x + (-2) \times 2 = 0$　　∴　$x = +4$

∴　$+4$ …… **例題1②** の【答え】

例題1③の解説 $SO_4{}^{2-}$ のように，**イオンに含まれる各原子の酸化数を総和した値は，イオンの価数に等しくなります。**

$Cu = x$，$SO_4{}^{2-} = -2$ とおくと，

$\overset{(x)\ (-2)}{CuSO_4}$

$x + (-2) = 0$　　∴　$x = +2$

　次に $Cu = +2$，$S = y$，$O = -2$ とおくと，

$\overset{(+2)(y)(-2)}{CuSO_4}$

$+2 + y + (-2) \times 4 = 0$　　∴　$y = +6$

∴　$+6$ …… **例題1③** の【答え】

例題1④の解説 NH_3 のように，**化合物中に含まれる各原子の酸化数を総和した値は0です。**

$Cu = x$，$NH_3 = 0$ とおくと，

$\overset{(x)\quad(0)}{[Cu(NH_3)_4]^{2+}}$

$x + 0 \times 4 = +2$　　∴　$x = +2$

$$\therefore \quad +2 \cdots\cdots \boxed{例題1④} \text{ の【答え】}$$

例題1⑤の解説 $N = x$, $O = -2$とおくと,

$$\underset{(x)\ (-2)}{NO_3^-}$$

$x + (-2) \times 3 = -1$ $\quad \therefore \quad x = +5$

$$\therefore \quad +5 \cdots\cdots \boxed{例題1⑤} \text{ の【答え】}$$

例題1⑥の解説 Kはアルカリ金属で, **化合物中のアルカリ金属の酸化数は+1**なので,

K $= +1$, Cl $= x$, O $= -2$とおくと,

$$\underset{(+1)\ (x)\ (-2)}{KClO_3}$$

$(+1) + x + (-2) \times 3 = 0$ $\quad \therefore \quad x = +5$

$$\therefore \quad +5 \cdots\cdots \boxed{例題1⑥} \text{ の【答え】}$$

例題1⑦の解説 **単体のままの状態における酸化数は0です。**

$$\therefore \quad 0 \cdots\cdots \boxed{例題1⑦} \text{ の【答え】}$$

例題1⑧の解説 Al $= x$とおく $\quad \therefore \quad x = +3$

$$\therefore \quad +3 \cdots\cdots \boxed{例題1⑧} \text{ の【答え】}$$

例題1⑨の解説 **Clが右端にあるときは, Clの酸化数を−1とします。**右端にあるときのClは, かならずCl⁻として結合しているからです。

Mn $= x$, Cl $= -1$とおくと,

$$\underset{(x)\ (-1)}{MnCl_2}$$

$x + (-1) \times 2 = 0$ $\quad \therefore \quad x = +2$

$$\therefore \quad +2 \cdots\cdots \boxed{例題1⑨} \text{ の【答え】}$$

例題1⑩の解説 H_2O_2のO原子の酸化数は-2とはならず, 例外で**−1**になります。

$$\therefore \quad -1 \cdots\cdots \boxed{例題1⑩} \text{ の【答え】}$$

　酸化数の求め方, これがスラスラできないと酸化還元はかなりキツイですよ。**酸化数に関する問題は, この10個が完全にできれば, ほとんどすべての問題が解けます。**自分一人でできるようになりましょう。

理 解 度 チェックテスト 21

問　次の反応式について，下の文の□□□にあてはまる元素記号または化学式を答えよ。

$$Cu + Cl_2 \longrightarrow CuCl_2$$

　上の式で，酸化数の増加した原子は ア で，減少した原子は イ である。また，酸化された物質は ウ で，還元された物質は エ である。つまり，酸化剤は オ で，還元剤は カ となる。

解説

問ア〜カの解説　「単元 1　要点のまとめ①〜③」からの出題です。

$$\overset{(0)}{Cu} + \overset{(0)}{Cl_2} \longrightarrow \overset{(+2)(-1)}{CuCl_2}$$

ア　酸化数の増加した原子は Cu $(0 \longrightarrow +2)$ です。

$$\therefore \ \ \mathbf{Cu} \cdots\cdots \ \boxed{\text{問ア}} \ の【答え】$$

イ　酸化数の減少した原子は Cl $(0 \longrightarrow -1)$ です。

$$\therefore \ \ \mathbf{Cl} \cdots\cdots \ \boxed{\text{問イ}} \ の【答え】$$

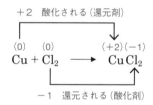

ウ　酸化される物質は Cu です。

$$\therefore \ \ \mathbf{Cu} \cdots\cdots \ \boxed{\text{問ウ}} \ の【答え】$$

エ　還元される物質は Cl_2 です。

$$\therefore \ \ \mathbf{Cl_2} \cdots\cdots \ \boxed{\text{問エ}} \ の【答え】$$

オ　酸化剤は Cl_2 です。

$$\therefore \ \ \mathbf{Cl_2} \cdots\cdots \ \boxed{\text{問オ}} \ の【答え】$$

カ　還元剤は Cu です。

$$\therefore \ \ \mathbf{Cu} \cdots\cdots \ \boxed{\text{問カ}} \ の【答え】$$

　この問題についてもっと詳しい解説を知りたい方は『岡野の化学基礎が初歩からしっかり身につく［改訂新版］』の 190 〜 191 ページを参照して下さい。

酸化剤, 還元剤について応用を効かせましょう。電子の授受の範囲まで理解を広げて, e⁻ を含む反応式 (半反応式ともいう) が自在に書けるように練習します。

2-1 酸化剤

半反応式をつくる際, 酸化剤・還元剤の化学式の変化というものを, 前もって覚えておく必要があります。まず, 酸化剤のまとめの表を紹介します。☆印のところは重要ですが, **なかでも◎をつけた3つは最も頻出なもの**です。

単元2 要点のまとめ①

● **酸化剤 (反応前後の化学式の変化)**

! **重要★★★**

酸化剤は, 自身は還元されて (酸化数が減少する) 相手を酸化する (◎は頻出)。

◎☆ MnO_4^- ⟶ Mn^{2+}
$$MnO_4^- + 8H^+ + 5e^- \longrightarrow Mn^{2+} + 4H_2O$$

☆希 HNO_3 ⟶ NO
$$HNO_3 + 3H^+ + 3e^- \longrightarrow NO + 2H_2O$$

☆濃 HNO_3 ⟶ NO_2
$$HNO_3 + H^+ + e^- \longrightarrow NO_2 + H_2O$$

☆熱濃 H_2SO_4 ⟶ SO_2
$$H_2SO_4 + 2H^+ + 2e^- \longrightarrow SO_2 + 2H_2O$$

◎☆ $Cr_2O_7^{2-}$ ⟶ $2Cr^{3+}$
$$Cr_2O_7^{2-} + 14H^+ + 6e^- \longrightarrow 2Cr^{3+} + 7H_2O$$

☆ SO_2 ⟶ S
$$SO_2 + 4H^+ + 4e^- \longrightarrow S + 2H_2O$$

◎☆ H_2O_2 ⟶ $2H_2O$
$$H_2O_2 + 2H^+ + 2e^- \longrightarrow 2H_2O$$

☆ Cl_2 ⟶ $2Cl^-$
$$Cl_2 + 2e^- \longrightarrow 2Cl^-$$

(ハロゲンは F_2, Br_2, I_2 も同じ)

☆ Fe^{3+} ⟶ Fe^{2+}
$$Fe^{3+} + e^- \longrightarrow Fe^{2+}$$

☆印のすぐ下の式が**半反応式です**（なぜ半反応式と呼ぶかは次の例題で説明します）が，☆印の変化さえ覚えておけば，半反応式は同じ手順でつくれます。そのつくり方については，次の例題でやります。

2-2 還元剤

還元剤についても同様に，☆印は重要です。**とりわけ頻出なのは◎の３つ**です。

単元 2 要点のまとめ②

● 還元剤（反応前後の化学式の変化）

❗重要★★★

還元剤は，自身は酸化されて（酸化数が増加する）相手を還元する（◎**は頻出**）。

☆$H_2S \longrightarrow S$

$H_2S \longrightarrow S + 2H^+ + 2e^-$

◎☆$Fe^{2+} \longrightarrow Fe^{3+}$

$Fe^{2+} \longrightarrow Fe^{3+} + e^-$

◎☆$H_2O_2 \longrightarrow O_2$

$H_2O_2 \longrightarrow O_2 + 2H^+ + 2e^-$

☆$SO_2 \longrightarrow SO_4{}^{2-}$

$SO_2 + 2H_2O \longrightarrow SO_4{}^{2-} + 4H^+ + 2e^-$

◎☆$H_2C_2O_4 \longrightarrow 2CO_2$ または $(COOH)_2 \longrightarrow 2CO_2$

$H_2C_2O_4 \longrightarrow 2CO_2 + 2H^+ + 2e^-$

または $(COOH)_2 \longrightarrow 2CO_2 + 2H^+ + 2e^-$

☆$2S_2O_3{}^{2-} \longrightarrow S_4O_6{}^{2-}$

$2S_2O_3{}^{2-} \longrightarrow S_4O_6{}^{2-} + 2e^-$

☆$2Cl^- \longrightarrow Cl_2$

（ハロゲン化物イオンは
F^-，Br^-，I^-も同じ）

$2Cl^- \longrightarrow Cl_2 + 2e^-$

☆$H_2 \longrightarrow 2H^+ + 2e^-$

☆$Na \longrightarrow Na^+ + e^-$

（他の金属も同じ）

では，次の例題を解きながら，実際に半反応式をつくってみましょう。

【例題2】次の(1)，(2)の反応をe^-を含む反応式(半反応式ともいう)で書け。
(1)　過マンガン酸イオン($MnO_4{}^-$)が酸化剤としてはたらくときの反応。
(2)　過酸化水素(H_2O_2)が還元剤としてはたらくときの反応。

🙂 **さて，解いてみましょう。**

例題2(1)の解説　▶繰り返しますが，今示した◎印の変化だけは，覚えておか
なければなりません。

⚠ **重要★★★** $MnO_4^- \rightarrow Mn^{2+}$ (覚えておこう！)

(岡野のこう解く)　あとは手順どおりにいきますよ。

■ **手順1：O原子の少ないほうの辺に少ない分だけH_2Oを加えて両辺を合わせる**

　はい，「H_2O」っていうところ，ポイントです。そうするとここで，左
辺にはOが4つあって，右辺にはない。ということは，Oが少ないほうに
H_2Oを4つ加えて合わせます。

$$MnO_4^- \rightarrow Mn^{2+} + 4H_2O$$

■ **手順2：H原子の少ないほうの辺に少ない分だけH^+を加えて両辺を合わせる**

　「H^+」っていうところ，チェックします。水素イオンを加えます。右辺
にはHが8つあって，左辺にはない。だから左辺に$8H^+$を加えます。

$$MnO_4^- + 8H^+ \rightarrow Mn^{2+} + 4H_2O$$

■ **手順3：電荷の総和の大きいほうの辺に大きい分だけe^-を加えて両辺を合わ
せる**

　最後の手順です。「e^-」をチェックします。**e^-とは電子のことです。**

　さて，この時点で両辺の電荷の総和を調べてみます。左辺はMnO_4^-
で-1，H^+が8つで$+8$，だから合わせて$+7$です。右辺はMn^{2+}で$+2$，
H_2Oは0ですから，合わせて$+2$。だから左辺のほうがプラスの電荷が5
個多いですね。

$$MnO_4^- + 8H^+ \rightarrow Mn^{2+} + 4H_2O$$
$$\boxed{+7} \qquad\qquad \boxed{+2}$$

　そこで両辺の電荷が等しくなるように，左辺にe^-を5個加えてやります。

$$MnO_4^- + 8H^+ + 5e^- \rightarrow Mn^{2+} + 4H_2O$$ …… 例題2(1) ▶ の【答え】

　　はい，これで半反応式ができました。☆印さえ知っておけば，この手順でスラスラつくれます！

例題2 (2) の解説　過酸化水素（H_2O_2）には酸化剤と還元剤の両方のはたらきがあるので注意しましょう。

岡野の着目ポイント

酸化剤？　それとも還元剤？

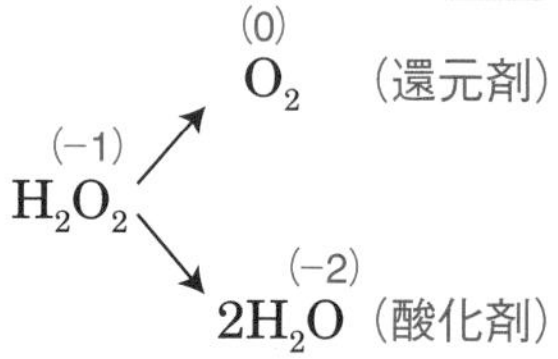

図4-1 を見てください。O_2になる場合と，H_2Oになる場合，どちらが酸化剤でどちらが還元剤か迷ってしまったとき，自分で確認することができます。

　　酸素原子の酸化数の変化で判断します。

過酸化水素の酸素原子の酸化数は，－1でしたね。これはもう覚えておく。 O_2は単体だから0，H_2Oは－2です。

　　ということは，－1→0と酸化数が増えているほうが還元剤です。酸化数が増えるということは，自分が酸化されたということ，すなわち相手に対しては還元しているんですよ。

　　一方H_2Oの場合は，－1→－2と酸化数が減っているので，自分は還元された，ということは相手を酸化しているので酸化剤です。

図4-1

$$H_2O_2 \begin{cases} \nearrow \overset{(0)}{O_2} \quad (還元剤) \\ \searrow \underset{(-2)}{2H_2O} \quad (酸化剤) \end{cases}$$

（－1）

アドバイス　第4講「単元2　要点のまとめ①②」において，式の係数までは覚える必要はありません。その理由を説明します。

　　例えば$H_2O_2 \longrightarrow 2H_2O$の場合，酸素原子に着目すると，左辺で2つ，右辺で2つと数が合っています。これは，酸化数が変化する原子については，両辺でかならず同じ数になるという規則があるからです。

　　だから，$H_2O_2 \longrightarrow \bigcirc H_2O$と覚えておいて，酸化数が変化する原子の数を整えれば，簡単に係数は2だとわかりますね。酸化剤，還元剤のまとめの表はすべてそういう規則になっています。

では，つづけていきましょう。まず，次の変化は覚えておきます。

！重要★★★　$H_2O_2 \rightarrow O_2$

岡野のこう解く　あとは手順どおりです。

手順どおりに実行せよ！

　　「手順1」は，O原子を見比べてH_2Oを加えますが，両辺とも2個なので加える必要がありません。**省略して構いません。**

　　「手順2」で，H原子を見比べると，左辺に2個，右辺に0個なので，右

辺にH^+を加えて調整します。

$$H_2O_2 \rightarrow O_2 + 2H^+$$

$\boxed{0}$　　　　$\boxed{+2}$

ここで「手順3」，電荷の総和は左辺0，右辺＋2なので，e^-で調整すると，

$$H_2O_2 \rightarrow O_2 + 2H^+ + 2e^-$$ …… 例題2(2) の【答え】

手順どおりやれば問題ありませんね。

そしてこれを，過酸化水素の還元剤としての半反応式と言っているわけです。普通は，酸化反応と還元反応は同時に起こっています。けれども，今この式を見ていただくと，酸化反応しか起こっていないですよね。

$$\underset{(-1)}{H_2O_2} \longrightarrow \underset{(0)}{O_2} + 2H^+ + 2e^-$$

普通の化学反応式であれば，酸化数が増えたものがあれば，必ず，逆に減ったものがいっしょに入っていなければいけません。ところがこれは半分の酸化反応しかない。ゆえに，半反応式と言っているわけです。よろしいですね。

では，半反応式のつくり方をまとめておきましょう。

単元2 要点のまとめ③

● **半反応式のつくり方**

！ 重要★★★

　第4講「単元2　要点のまとめ①②」の☆印さえわかれば，半反応式は次の手順で書くことができる。とりわけ◎のところは覚えておこう。

手順1：O原子の少ないほうの辺に，少ない分だけH_2Oを加えて両辺を合わせる。

手順2：H原子の少ないほうの辺に，少ない分だけH^+を加えて両辺を合わせる。

手順3：電荷の総和の大きいほうの辺に，大きい分だけe^-を加えて両辺を合わせる。

単元 **2** 理|解|度 チェックテスト 22

問 酸性溶液中での次の反応について，電子e^-を含む反応式で表せ。

a $Cr_2O_7^{2-}$二クロム酸イオンがCr^{3+}に変化する反応。

b $(COOH)_2$シュウ酸がCO_2に変化する反応。

解説

問aの解説　「単元2　要点のまとめ①」からの出題です。

$$\underset{(+6)}{Cr_2O_7^{2-}} \longrightarrow \underset{(+3)}{\bigcirc Cr^{3+}}$$

酸化数が変化する原子については両辺でかならず同じ数になります。したがってCrが両辺で同じになるようにします。

$$\therefore \quad Cr_2O_7^{2-} \longrightarrow 2Cr^{3+}$$

手順1～3によりe^-を含む反応式（半反応式）をつくります。

■**手順1：O原子の少ないほうの辺に少ない分だけH_2Oを加えて両辺を合わせる**

$$Cr_2O_7^{2-} \longrightarrow 2Cr^{3+} + 7H_2O$$

■**手順2：H原子の少ないほうの辺に少ない分だけH^+を加えて両辺を合わせる**

$$Cr_2O_7^{2-} + \underset{\boxed{+12}}{14H^+} \longrightarrow \underset{\boxed{+6}}{2Cr^{3+}} + 7H_2O$$

■**手順3：電荷の総和の大きいほうの辺に大きい分だけe^-を加えて両辺を合わせる**

$$Cr_2O_7^{2-} + 14H^+ + 6e^- \longrightarrow 2Cr^{3+} + 7H_2O$$

$$\therefore \quad Cr_2O_7^{2-} + 14H^+ + 6e^- \longrightarrow 2Cr^{3+} + 7H_2O \cdots\cdots \boxed{問a} \text{の【答え】}$$

問bの解説　$(COOH)_2$は$H_2C_2O_4$とも書け，その方が酸化数が求めやすいです。

$$\underset{(+3)}{H_2C_2O_4} \longrightarrow \underset{(+4)}{\bigcirc CO_2}$$

酸化数が変化するのはCですので両辺で同じ数にすると

$$\therefore \quad H_2C_2O_4 \longrightarrow 2CO_2$$

■**手順1**

手順1はO原子の数が等しいのでH_2Oは加える必要はありません。

■**手順2**　$H_2C_2O_4 \longrightarrow 2CO_2 + 2H^+$

$$\underset{\boxed{+0}}{H_2C_2O_4} \longrightarrow \underset{\boxed{+2}}{2CO_2 + 2H^+}$$

■**手順3**　$H_2C_2O_4 \longrightarrow 2CO_2 + 2H^+ + 2e^-$

本文には$(COOH)_2$が使われているので$H_2C_2O_4$を$(COOH)_2$に直します。

$$\therefore \quad (COOH)_2 \longrightarrow 2CO_2 + 2H^+ + 2e^- \cdots\cdots \boxed{問b} \text{の【答え】}$$

酸化剤，還元剤のe^-を含む反応式（半反応式）を組み合わせて1つの**イオン反応式**にまとめ，さらに**化学反応式**（ここではイオン式を含まない反応式のこと）に直す方法を紹介しましょう。

【例題3】

(1) 硫酸酸性で過マンガン酸カリウム溶液に過酸化水素水を加えたときに起こる変化をイオン反応式で示せ。

(2) (1)の変化を化学反応式で示せ。

😀 **さて，解いてみましょう。**

例題3(1)の解説 ▶ 過マンガン酸カリウムに過酸化水素を加えて反応させるわけです。そこで酸化剤の過マンガン酸イオンをまず頭に思い浮かべてください。

岡野の着目ポイント

❗**重要★★★** $MnO_4^- \longrightarrow Mn^{2+}$

　これ強力な酸化剤なんですね。で，**もう一方の過酸化水素は，普通は酸化剤としてはたらく場合が多いんですが，相手が強力な酸化剤の場合は，還元剤としてはたらきます。**つまり相手を見ながら自分が変わるわけです。

❗**重要★★★** $H_2O_2 \longrightarrow O_2$

　すなわち，過酸化水素は過マンガン酸カリウムと反応するときは還元剤としてはたらきます。これは知っておいていい内容です。覚えておきましょうね。

そして，これらの半反応式はちょうど**【例題2】**（→125ページ）でやりました。

まず，過マンガン酸イオンの半反応式は，

$$MnO_4^- + 8H^+ + 5e^- \longrightarrow Mn^{2+} + 4H_2O \quad\text{——— ⑦}$$

次に過酸化水素の還元剤としての半反応式は，

$$H_2O_2 \longrightarrow O_2 + 2H^+ + 2e^- \quad\text{——— ⑩}$$

e⁻ を含む反応式（半反応式）からイオン反応式へ

岡野のこう解く　はい，(1)の問題というのは，「イオン反応式で示せ」という問いです。**イオン反応式というのは，e⁻ を消去して半反応式を1つにまとめたものです。**「e⁻ を消去」が大事ですよ。じゃあ，**どのようにして消去するかというと，e⁻ の係数をそろえればいいんです。**

　①の式では5個のe⁻，回の式は2個のe⁻。5と2の最小公倍数は10ですから，①を2倍，回を5倍してそろえます。

　①×2＋回×5より，

$$2MnO_4^- + \overset{6}{\cancel{16}}H^+ + \cancel{10e^-} \longrightarrow 2Mn^{2+} + 8H_2O \quad\text{——①×2}$$

$$+)\quad\underline{\; 5H_2O_2 \longrightarrow 5O_2 + \cancel{10H^+} + \cancel{10e^-}}\text{——回×5}$$

$$2MnO_4^- + 5H_2O_2 + 6H^+ \longrightarrow 2Mn^{2+} + 5O_2 + 8H_2O$$

　方程式と同じですから，左辺と右辺で同じ物があった場合には，消去できます。だから10倍のe⁻どうしがまず消えます。それから，①×2にはH⁺が16個あって，回×5にはH⁺が10個ありますね。だから10個分ずつは消えて，6個のH⁺が残ります。

　もう一度結果を書くと，

$$2MnO_4^- + 5H_2O_2 + 6H^+ \longrightarrow 2Mn^{2+} + 5O_2 + 8H_2O$$

　…… **例題3(1)** の【答え】

これがイオン反応式です。

例題3(2)の解説　さて，次は「(1)の変化を**化学反応式**で示せ」という問題です。**この化学反応式とは，化合物を使った式のことです。**ですから，**イオン反応式に陽イオンや陰イオンを加えて化合物をつくっていきます。**

どのようにイオンを加えるか？

岡野の着目ポイント　それでは，どういうイオンを加えるか？　これは，実は(1)の問題文にヒントが出ています。

「(1)　硫酸酸性で過マンガン酸カリウム溶液に過酸化水素水を加えたときに起こる変化をイオン反応式で示せ。」って書いてありますね。まず「硫酸」に着目します。それから，「過マンガン酸カリウム」，あと「過酸化水素」に

着目します。つまり，**その3つの物質をつくり上げていくために，どんな陽イオンや陰イオンを加えていけばいいのかな，と考えるんです。**

まずは左辺を見てみると…

今，$2MnO_4^- + 5H_2O_2 + 6H^+ \longrightarrow 2Mn^{2+} + 5O_2 + 8H_2O$ となってますね。まず左辺ですが，過酸化水素はすでに物質になっていますから，何もいじる必要はない。あとは，硫酸と過マンガン酸カリウムに直します。

過マンガン酸カリウムは，過マンガン酸イオンにカリウムイオンを加えればいいですね。$2MnO_4^-$ だから－が2個。よって，＋を2個増やしてやれば電気的に中性になるから，$2K^+$ を加えます。

$$\underline{2MnO_4^-} + 5H_2O_2 + 6H^+ \longrightarrow 2Mn^{2+} + 5O_2 + 8H_2O$$
$$\uparrow$$
$$2K^+$$

文章から読みとって，自分でつけ加えればいい。で，もうひとつ，水素イオンは硫酸に直します。勝手に Cl^- を加えて，塩酸とかにしてはダメですよ！

さて，硫酸は酸化剤一覧の中にもありましたが，ここでの硫酸は，問題文に「硫酸酸性」とあるように，酸性を示すためのものなんです。

実は MnO_4^- が，酸化剤として反応を起こしやすいようにするには酸性がいいんです。アルカリ性にすると，MnO_4^- は，MnO_2 にしかならないんですね。

では，H_2SO_4 をつくります。そうすると H^+ に SO_4^{2-} を加えればいい。$6H^+$（＋6個）に合わせるには $3SO_4^{2-}$（－2個×3）が必要です。

$$\underline{2MnO_4^-} + 5H_2O_2 + \underline{6H^+} \longrightarrow 2Mn^{2+} + 5O_2 + 8H_2O$$
$$\uparrow \qquad\qquad\qquad \uparrow$$
$$2K^+ \qquad\qquad\quad 3SO_4^{2-}$$

これで左辺はOKです。

次に右辺を見てみると…

つづいて右辺には Mn^{2+} がありますが，これについては問題文にヒントはありません。だから，何を加えるのか自分で考えます。このとき，左辺と右辺は等しくなるので，今，左辺で加えたイオンの中からどれかを加えればいい。**そうすると Mn^{2+} はプラスのイオンなので，マイナスのイオンの SO_4^{2-} を加えればいい。プラスとマイナスのクーロン力で引っ張り合います。プラスとプラスは反発し合うからダメです。で，$2Mn^{2+}$（＋2個×2）に合わせるために，$2SO_4^{2-}$（－2個×2）が必要です。**

$$\underline{2MnO_4^-} + 5H_2O_2 + \underline{6H^+} \longrightarrow \underline{2Mn^{2+}} + 5O_2 + 8H_2O$$
$$\uparrow \qquad\qquad\qquad \uparrow \qquad\qquad\quad \uparrow$$
$$2K^+ \qquad\qquad\quad 3SO_4^{2-} \qquad\quad 2SO_4^{2-}$$

$$2KMnO_4 + 5H_2O_2 + 3H_2SO_4 \longrightarrow 2MnSO_4 + 5O_2 + 8H_2O \quad (?)$$

> **岡野の着目ポイント**　よく間違えるんですが，これで完成ではありません！
> 加える陽イオンや陰イオンは，左辺と右辺で同じ数にしなければいけません。
> 　今，右辺では$2SO_4{}^{2-}$しか使っていませんので，まだあとK^+が2個と，
> $SO_4{}^{2-}$が1個残っています。これらからK_2SO_4ができますね。忘れずに右
> 辺に加えておきます。

$$\therefore 2KMnO_4 + 5H_2O_2 + 3H_2SO_4$$
$$\longrightarrow 2MnSO_4 + 5O_2 + 8H_2O + \underline{K_2SO_4}$$

まだ$2K^+$と$SO_4{}^{2-}$が残っているので加える。

…… **例題3(2)** の【答え】

では，酸化還元反応の化学反応式のつくり方をまとめておきましょう。

単元 3 要点のまとめ①

● **酸化還元の化学反応式のつくり方**

手順1：酸化剤，還元剤のe^-を含む反応式（半反応式）を1つの式にまとめる。
　　　　このとき，e^-を消去すると1つのイオン反応式にまとめることがで
　　　　きる。

手順2：次に化学反応式に直す。イオン反応式に陽イオンや陰イオンを加え
　　　　て化合物をつくる。

　これで化学反応式の書き方はおわかりいただけたかと思います。確かに難し
いところなので，よく復習をしてみてください。自分で式を書けるようになる
と，飛躍的に力が伸びていきますよ。

単元 3 理 解 度 チェックテスト 23

問　(1)　硫酸酸性で二クロム酸カリウム水溶液に過酸化水素水を加えたと
　　　　きに起こる変化をイオン反応式で示せ。

　　(2)　(1)の変化を化学反応式で示せ。

解説

問(1)の解説 「単元3　要点のまとめ①」からの出題です。

まずe^-を含む反応式(半反応式)をつくります。

$K_2Cr_2O_7$は☆ $\boxed{Cr_2O_7{}^{2-} \longrightarrow 2Cr^{3+}}$ の変化で酸化剤として働きます。あとは手順1〜3にしたがいます。

$$\therefore \quad Cr_2O_7{}^{2-} + 14H^+ + 6e^- \longrightarrow 2Cr^{3+} + 7H_2O \text{——} \text{⑦}$$

H_2O_2は☆ $\boxed{H_2O_2 \longrightarrow O_2}$ の変化で還元剤として働きます。

H_2O_2は酸化剤としての性質もありますが反応相手(ここでは$K_2Cr_2O_7$)が酸化剤のときは還元剤として働きます。

$$H_2O_2 \longrightarrow O_2 + 2H^+ + 2e^- \text{——} \text{⑩}$$

⑦式と⑩式を1本の式にします。(e^-を消去する)

⑦式では6個のe^-，⑩式では2個のe^-。6と2の最小公倍数は6ですから

⑦+⑩×3

$$Cr_2O_7{}^{2-} + 1\overset{8}{\cancel{4}}\cancel{H^+} + \cancel{6e^-} \longrightarrow 2Cr^{3+} + 7H_2O \text{——} \text{⑦}$$
$$+\underline{)\ 3H_2O_2 \longrightarrow 3O_2 + \cancel{6H^+} + \cancel{6e^-} \text{——} \text{⑩×3}}$$
$$Cr_2O_7{}^{2-} + 3H_2O_2 + 8H^+ \longrightarrow 2Cr^{3+} + 3O_2 + 7H_2O$$

(イオン反応式)

$$\therefore \quad Cr_2O_7{}^{2-} + 3H_2O_2 + 8H^+ \longrightarrow 2Cr^{3+} + 3O_2 + 7H_2O \cdots\cdots \text{問(1)} \text{の【答え】}$$

問(2)の解説 問題文に書かれているは硫酸，二クロム酸カリウム，過酸化水素に注目して陽イオンや陰イオンを加えてイオン反応式から化学反応式に直します。

$$\underset{\underset{2K^+}{\uparrow}}{Cr_2O_7{}^{2-}} + 3H_2O_2 + \underset{\underset{4SO_4{}^{2-}}{\uparrow}}{8H^+} \longrightarrow \underset{\underset{3SO_4{}^{2-}}{\uparrow}}{2Cr^{3+}} + 3O_2 + 7H_2O$$

$$\therefore \quad K_2Cr_2O_7 + 3H_2O_2 + 4H_2SO_4 \longrightarrow Cr_2(SO_4)_3 + 3O_2 + 7H_2O + \underline{K_2SO_4}$$

↑
まだ$2K^+$と$SO_4{}^{2-}$が残っているので加える
…… 問(2) の【答え】

ここでは「酸化還元滴定」の計算の仕方について詳しく学んでいきます。

4-1 酸化還元滴定

　酸化還元反応を利用して，濃度のわかっていない酸化剤（または還元剤）の水溶液の濃度を求める操作を「酸化還元滴定」といいます。

　入試問題では，方程式にして，いろいろなところを未知数にして出題されます。

4-2 酸化剤・還元剤の価数

　酸化剤または還元剤1molが受け取ったり，放出したりする電子（e^-）の物質量（mol）を酸化剤・還元剤の価数といいます。例えば，

$$MnO_4^- + 8H^+ + 5e^- \longrightarrow Mn^{2+} + 4H_2O \qquad MnO_4^-は5価の酸化剤です。$$
$$H_2O_2 \longrightarrow O_2 + 2H^+ + 2e^- \qquad\qquad H_2O_2は2価の還元剤です。$$

単元 **4** 要点のまとめ①

● **酸化還元滴定**

　酸化還元反応を利用して，濃度のわかっていない酸化剤（または還元剤）の水溶液の濃度を求める操作を**酸化還元滴定**という。

● **酸化剤・還元剤の価数**

　酸化剤または還元剤1molが受け取ったり，放出したりするe^-の物質量（mol）を**価数**という。

● **酸化還元反応の量的関係**

解法1：反応式を書いて，酸化剤と還元剤の係数比＝物質量比により計算する。

解法2：酸化剤と還元剤がちょうど酸化還元反応を完了したとき酸化剤が受け取るe^-のmol数と還元剤が放出するe^-のmol数が等しくなることを知っておこう。

酸化剤が受け取るe^-のmol数 ＝ 還元剤が放出するe^-のmol数

⬇　　　　　　　　　　　　　　⬇

酸化剤の mol数×価数　　　　　還元剤の mol数×価数

演習問題で力をつける⑥

酸化還元滴定の2つの解法を理解しよう！

(1)　硫酸酸性溶液中で過マンガン酸カリウムは過酸化水素を酸化して酸素を発生する。このときの酸化剤，還元剤の反応をe^-を含む反応式で記せ。

(2)　硫酸酸性における過マンガン酸カリウムと過酸化水素の化学反応式を記せ。

(3)　濃度のわからない過酸化水素水15mLを0.030mol/L過マンガン酸カリウム水溶液で完全に酸化させるのに，過マンガン酸カリウム水溶液20mLを必要とした。この過酸化水素水のモル濃度を答えよ。数値は有効数字2桁で求めよ。

(4)　この滴定では，溶液の色がどのように変化したときを終点とするか。簡単に記せ。

(5)　この過酸化水素水の質量パーセント濃度を計算せよ。ただし，この場合の過酸化水素水の密度を$1.0g/cm^3$とする。また，原子量はH = 1.0，O = 16とする。数値は有効数字2桁で求めよ。

😀 さて，解いてみましょう。

問(1)の解説　この反応で酸化剤が過マンガン酸カリウム，還元剤が過酸化水素です。それぞれをe^-を含む反応式で書いてみましょう。

　手順1〜3にしたがいます。125〜127ページの**【例題2】**と同じです。参照して下さい。

（酸化剤）　☆ $\boxed{MnO_4^- \longrightarrow Mn^{2+}}$（「単元2　要点のまとめ①」より）

（還元剤）　☆ $\boxed{H_2O_2 \longrightarrow O_2}$（「単元2　要点のまとめ②」より）

∴　$MnO_4^- + 8H^+ + 5e^- \longrightarrow Mn^{2+} + 4H_2O$ …… 問(1)（酸化剤） の**【答え】**

∴　$H_2O_2 \longrightarrow O_2 + 2H^+ + 2e^-$ …… 問(1)（還元剤） の**【答え】**

問(2)の解説　(1)のそれぞれのe^-を含む反応式（半反応式）のe^-を消去することでイオン反応式になります。さらに陽イオンや陰イオンを加えて化学反応式にします。129〜132ページの**【例題3】**と同じです。参照して下さい。

∴　$2KMnO_4 + 5H_2O_2 + 3H_2SO_4 \longrightarrow 2MnSO_4 + 5O_2 + 8H_2O + K_2SO_4$

…… 問(2) の**【答え】**

問 (3) の解説　酸化還元滴定の計算問題です。2通りの方法で解いてみましょう。

解法1：酸化剤と還元剤の物質量の関係を利用 (反応式が必要)

$$2KMnO_4 + 5H_2O_2 + 3H_2SO_4 \longrightarrow 2MnSO_4 + 5O_2 + 8H_2O + K_2SO_4$$

過酸化水素水を x mol/L とします。

$$\underline{2KMnO_4} \quad : \quad \underline{5H_2O_2} \qquad \text{[公式8]} \boxed{\dfrac{CV}{1000}\ \text{mol}}\ \text{より}$$

$$\begin{pmatrix} \underset{\dfrac{0.030 \times 20}{1000}\ \text{mol}}{\overset{2\text{mol}}{}} & & \underset{\dfrac{x \times 15}{1000}\ \text{mol}}{\overset{5\text{mol}}{}} \end{pmatrix}$$

$$\therefore \quad \dfrac{0.030 \times 20}{1000} \times 5 = \dfrac{x \times 15}{1000} \times 2 \quad\text{————————}\ Ⓐ$$

$$\therefore \quad x = 0.10\text{mol/L}$$

$$\therefore \quad \textbf{0.10mol/L} \ \cdots\cdots\ \boxed{\textbf{問 (3)}}\ \text{の【答え】}$$
（有効数字2桁）

解法2：受け取る e^- の物質量＝放出する e^- の物質量 (反応式は不要)

　もう一つのやり方は酸化剤が受け取ることのできる e^- の mol 数と還元剤が放出することのできる e^- の mol 数が等しくなるようにして求める方法です。

　この場合は化学反応式は必要ありません。

> **岡野の着目ポイント**　解法を示すために，まず酸化剤が受け取る e^- の物質量 (mol) について考えていきます。
>
> $$MnO_4^- + 8H^+ + 5e^- \longrightarrow Mn^{2+} + 4H_2O$$
>
> このとき e^- の係数5を価数といいます。(酸化剤の価数です)
>
> 　例えば，MnO_4^- が1molあったら e^- は5mol受け取ることができます。では，4molの MnO_4^- があったら，e^- は何mol受け取れるでしょう？　4×5（価数）で20mol受け取れますね。
>
> $$MnO_4^- + 8H^+ + 5e^- \longrightarrow Mn^{2+} + 4H_2O$$
>
> 1mol　　　　　　5mol
>
> 4mol　　　　　　20mol
>
> すなわち，
>
> 　　**酸化剤が受け取る e^- の mol 数　⇒　酸化剤の mol 数×価数**
>
> ということが言えます。要するに，酸化剤の mol 数に価数をかけたものが受け取ることができる e^- の mol 数であるという公式です。
>
> 　還元剤の方も同様です。
>
> $$H_2O_2 \longrightarrow O_2 + 2H^+ + 2e^-$$

このときe^-の係数2を**価数**といいます。（還元剤の価数です）

例えばH_2O_2が1molあったらe^-は2mol放出することができます。では5molのH_2O_2があったら，e^-は何mol放出するでしょう？　5×2（価数）で10mol放出します。

$$H_2O_2 \longrightarrow O_2 + 2H^+ + 2e^-$$

1mol	2mol
5mol	10mol

すなわち，

還元剤が放出するe^-のmol数　⇒　還元剤のmol数×価数

ここまでよろしいでしょうか。

酸化剤が受け取るe^-のmol数　＝　還元剤が放出するe^-のmol数
（$KMnO_4$　5価の酸化剤）　　　　　　　（H_2O_2　2価の還元剤）

$$\underbrace{\frac{0.030 \times 20}{1000} \underset{\text{価数}}{\times 5}}_{\text{受け取る}e^-\text{のモル数}} = \underbrace{\frac{x \times 15}{1000} \underset{\text{価数}}{\times 2}}_{\text{放出する}e^-\text{のモル数}} \text{————} Ⓑ$$

∴　**0.10mol/L** … 問 (3) ▶ の【答え】
（有効数字2桁）

解法1と**解法2**の最終的なⒶ式とⒷ式は共に同じ形ですね。**解法2**の方が化学反応式が求められていないような問題のときは，短時間で解答できます。

問 (4) の解説 ▶ MnO_4^-の水溶液は赤紫色を示します。またMn^{2+}の水溶液は無色を示します。ビュレットから赤紫色の$KMnO_4$水溶液を滴下するとコニカルビーカー内のH_2O_2によって無色のMn^{2+}に変化します。さらに滴下すると赤紫色の$KMnO_4$は無色のMn^{2+}になり，この繰り返しが続いたあとH_2O_2がなくなり，その瞬間$KMnO_4$の赤紫色は消えなくなります。このときが酸化還元滴定の終点になるわけです。

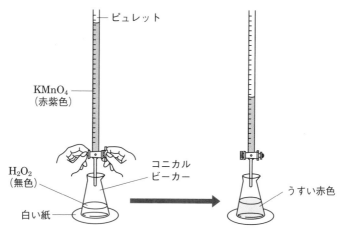

∴　**過マンガン酸イオンの赤紫色が消えなくなり,**
　　水溶液がわずかに赤色になったとき。
　　または簡潔に
∴　**過マンガン酸イオンの赤紫色が消えなくなったとき。**

}⋯⋯ **問 (4)** の【答え】

アドバイス　一般に酸化還元滴定では指示薬というものがありません。したがって酸化還元滴定を行う場合はこの問題のように酸化剤自身に色があり, 色がわかりやすい $KMnO_4$ を利用することが多いのです。

問 (5) の解説

☆　$\boxed{\text{質量パーセント濃度 (\%)} = \dfrac{\text{溶質の g 数}}{\text{溶液の g 数}} \times 100}$ ——— 【公式4】

を利用して解きます。まず溶液1Lについて考えます。その質量は密度が1.0g/cm³なので $1cm^3 : 1.0g = 1000cm^3 : x\,g$

∴　$x = 1.0 \times 1000 = 1000g$ です。

濃度が0.10mol/Lなので溶液1Lに0.10molの H_2O_2 を含みます。
よって H_2O_2（溶質）の質量は $0.10 \times 34 = 3.4g$ です。（$H_2O_2 = 34$）

∴　【公式4】に代入すると

$$\frac{3.4g}{1000g} \times 100 = 0.34\%$$

∴　**0.34%** ⋯⋯ **問 (5)** の【答え】
（有効数字2桁）

4-3 ヨウ素滴定

　酸化還元滴定の中にヨウ素滴定というのがあります。この内容は酸化還元滴定でもやや難しいところです。理解しにくいときは次の講に進んで下さい。十分力

がついてきてからまた戻ってくれれば大丈夫です。入試には出題されることもありますのでどこかで理解して頂ければ結構です。

ヨウ素滴定の仕組みを理解しよう！

問 濃度が不明の過酸化水素 (H_2O_2) 水を10mLとり，過剰のヨウ化カリウム (KI) 水溶液および希硫酸を加え，しばらく放置してヨウ素I_2を生成させた。次に，0.40mol/Lのチオ硫酸ナトリウム ($Na_2S_2O_3$) 水溶液で，この溶液を滴定した。溶液の色が薄くなったところで，デンプン水溶液を少量加え，滴定を続けたところ，15.0mL加えたところで溶液が青紫色から無色になった。このH_2O_2水溶液のモル濃度は何mol/Lか。

さて，解いてみましょう。

問の解説 まずH_2O_2とKIとの酸化還元反応を化学反応式で示します。H_2O_2は酸化剤でKIは還元剤です。「単元2　要点のまとめ①，②」より

$$H_2O_2 + 2H^+ + 2e^- \longrightarrow 2H_2O \text{ ——— ㋑}$$
$$2I^- \longrightarrow I_2 + 2e^- \text{ ————— ㋺}$$

㋑＋㋺（e^-を消去）

$$H_2O_2 + 2H^+ + 2I^- \longrightarrow I_2 + 2H_2O$$

両辺に$SO_4{}^{2-}$と$2K^+$を加える

$$\therefore \quad H_2O_2 + H_2SO_4 + 2KI \longrightarrow I_2 + 2H_2O + K_2SO_4 \text{ ——— ①}$$

次にI_2と$Na_2S_2O_3$との酸化還元反応を化学反応式で示します。
I_2は酸化剤で$Na_2S_2O_3$は還元剤です。「単元2　要点のまとめ①，②」より

$$I_2 + 2e^- \longrightarrow 2I^- \text{ —————— ㋩}$$
$$2S_2O_3{}^{2-} \longrightarrow S_4O_6{}^{2-} + 2e^- \text{ ——— ㋥}$$

㋩＋㋥（e^-を消去）

$$I_2 + 2S_2O_3{}^{2-} \longrightarrow 2I^- + S_4O_6{}^{2-}$$

両辺に$4Na^+$を加える　　$2Na^+$　$2Na^+$

$$\therefore \quad I_2 + 2Na_2S_2O_3 \longrightarrow 2NaI + Na_2S_4O_6 \text{ ——— ②}$$

㋑㋺㋩㋥のe^-を含む反応式（半反応式）は123，124ページで確認して下さい。

単元 **4** 要点のまとめ②

● ヨウ素滴定

　定量したい酸化剤とチオ硫酸ナトリウム ($Na_2S_2O_3$)（還元剤）で，直接，酸化還元滴定ができればよいのだが，この反応では終点を知ることができない（色の変化がないため）。

　そこでまずその酸化剤をヨウ素 (I_2) に変化させ，次にその I_2 とチオ硫酸ナトリウムを反応させる。この場合は終点を知ることができる（ヨウ素デンプン反応で青紫色になるため）。

　このように定量したい酸化剤をヨウ素 (I_2) に置き換えて，酸化還元反応を利用し滴定することをヨウ素滴定という。

　この問題で定量したい酸化剤 H_2O_2 とチオ硫酸ナトリウム ($Na_2S_2O_3$) で直接，酸化還元滴定できればよいのですがこの反応では終点を知ることができません（色の変化がないため。H_2O_2 無色，$Na_2S_2O_3$ 無色）。そこでまず酸化剤の H_2O_2 を I_2 に変化させ次にその I_2 と $Na_2S_2O_3$ を反応させます。この場合は終点を知ることができます（ヨウ素デンプン反応で青紫色になるため）。今回は青紫色が無色になった瞬間が終点になります。

①式より　H_2O_2 と I_2 の係数が共に１なので**等しい物質量で反応します。**

②式より

$$\underline{I_2} \quad + \quad \underline{2Na_2S_2O_3} \longrightarrow 2NaI + Na_2S_4O_6 \text{——②}$$

$$\begin{pmatrix} 1mol & & 2mol \\ & \diagup\!\!\!\!\diagdown & \\ xmol & & \dfrac{0.40 \times 15.0}{1000}mol \end{pmatrix}$$ 生成した I_2 の物質量を $x\,mol$ とする。

$$\therefore \quad 2x = \frac{0.40 \times 15.0}{1000} \times 1 \qquad \boxed{\dfrac{CV}{1000}\,\text{mol}}\ \text{[公式8]}$$

$$\therefore \quad x = 3.0 \times 10^{-3}\,mol\ (I_2)$$

I_2 と H_2O_2 は等しい物質量なので，H_2O_2 水溶液のモル濃度は

[公式5]☆ $\boxed{\text{モル濃度 (mol/L)} = \dfrac{\text{溶質の物質量 (mol)}}{\text{溶液の L 数}}}$ に代入すると

$$\therefore \quad \frac{3.0 \times 10^{-3}\,mol}{10 \times 10^{-3}\,L} = 0.30mol/L \qquad \therefore \quad \textbf{0.30mol/L} \cdots\cdots \text{問}　\text{の【答え】}$$

（有効数字2桁）

　それでは第4講はここまでです。やや難しい問題もありましたが，よく復習して下さいね。次回またお会いしましょう。

金属のイオン化傾向・電池・電気分解

単元1 金属のイオン化傾向 化学基礎

単元2 電池 化学基礎 化学

単元3 電気分解 化学

第 5 講のポイント

第5講は「金属のイオン化傾向・電池・電気分解」というところです。「金属のイオン化傾向」では金属の反応性を理解しましょう。「電池」の理論と「電気分解」の理論は全く違うものです。整理して,全く別モノとして考えましょう。頭のチャンネルをしっかり切り替えて下さいね。

金属が水または水溶液に溶けて陽イオンになろうとする性質を**金属のイオン化傾向**といい，それの大きい順に並べたものを**金属のイオン化列**といいます。

単元 **1** 要点のまとめ①

● **金属のイオン化傾向とイオン化列**

金属が水または水溶液に溶けて電子を放出し，陽イオンになる性質を，金属の**イオン化傾向**という。

・**金属のイオン化列**

⼤ Li   K   Ca Na Mg Al Zn Fe Ni Sn Pb （H_2） Cu Hg Ag Pt   Au ⼩

リッチニ カソウ カ ナ マ ア ア テ ニ スンナ ヒ ド ス ギル ハク(借) キン

● **金属のイオン化列と化学的性質**

イオン化傾向が大きい金属は酸化されやすく，反応性に富んでいる。逆に，イオン化傾向の小さい金属は不活発で安定である。その関係を酸素・水・酸についてまとめると，次表のようになる。

● **金属の酸素・水・酸に対する反応性の一覧表**

! 重要★★★

金属のイオン化列		Li K Ca Na Mg Al Zn Fe Ni Sn Pb (H₂) Cu Hg Ag Pt Au		
空気中での酸化	常温	内部まで酸化	表面が酸化	酸化されない
	高温	燃焼し酸化物になる	強熱により酸化物になる	酸化されない
◎ 水との反応		常温ではげしく反応 / 熱水と反応 / 高温で水蒸気と反応	反応しない	
◎ 酸との反応		希塩酸，希硫酸など，うすい酸と反応し水素を発生する	酸化作用の強い酸と反応	※王水と反応

※濃硝酸と濃塩酸を体積比1:3で混合した溶液

Pbは塩酸とはPbCl₂となり，硫酸とはPbSO₄となって沈殿するので，それ以上は反応しなくなる。

熱濃硫酸
濃硝酸
希硝酸

※表の◎のところが重要です。

●不動態

　濃硝酸によって金属の表面にち密な酸化被膜ができる。この酸化被膜ができることで反応が進まなくなる。このような状態を不動態という（希硝酸では起こらない）。不動態を作る金属にはAl，Fe，Niなどがある。それらの金属の覚え方を下に示す。

覚え方
Al，　Fe，　Ni
あ　　て　　に　　できない　不動（不動態）産

　「リッチに貸そうかな，まああてにすんな，ひどすぎる借金」というゴロがあります。リチウム（Li）が一番陽イオンになりやすくて，金（Au）が一番陽イオンになりにくいことを表しています。
　さらに不動態についても理解しておきましょう。

理 解 度 チェックテスト 24

　問　次の（ア）～（オ）は5種類の金属A～Eの反応性について記述したものである。これら5種類の金属のイオン化傾向の大きさの順序を解答群から1つ選び，その記号を記せ。

（ア）　Aは常温の水と反応しないが，熱水とは徐々に反応して気体を発生する。
（イ）　Bは塩酸にも濃硫酸にも溶けないが，王水に溶ける。
（ウ）　Cは濃硝酸を加えると，表面にち密な膜を生じ反応しにくくなる。
（エ）　Dは硝酸には溶けるが，塩酸や希硫酸にはほとんど溶けない。
（オ）　Eは常温で水と激しく反応して気体を発生する。

①　E＞D＞A＞C＞B　　②　E＞C＞A＞D＞B
③　E＞B＞C＞A＞D　　④　E＞A＞C＞D＞B
⑤　A＞D＞E＞B＞C　　⑥　B＞A＞E＞C＞D

解説

　「単元1　要点のまとめ①」からの出題です。
- Aは熱水と反応するのでMgとわかります。
- Bは王水に溶けるのでPtかAuとわかります。

- Cは濃硝酸を加えると表面にち密な膜を生じ，不動態ができる金属なので Al，Fe，Niのどれかであることがわかります。
- Dは酸化作用の強い硝酸には溶けるが塩酸や希硫酸に溶けないのでCu，Hg，Agのどれかであることがわかります。
- Eは常温で水と激しく反応するのでLi，K，Ca，Naのどれかであることがわかります。

よってイオン化傾向の大きい順は，以下のように決まります。

　　E＞A＞C＞D＞B

∴　④ …… 問 の【答え】

単元2 電池

電池とは，酸化還元反応を利用して，電気エネルギーを取り出すための装置のことです。

2-1 ボルタ電池

では，これから4つの電池を紹介していきますが，最初は「**ボルタ電池**」からやってまいります。イタリアの物理学者「ボルタ（1745 ～ 1827）」が発明したことから，その名がついたんですね。

連続 図5-1① を見てください。ボルタ電池といったら，豆電球があって，**亜鉛板（Zn）と銅板（Cu）がある。そして電解液には希硫酸（H_2SO_4）が使われます。赤線が引いてあるこの3つの物質は，覚えておきましょう。**あとは，図5-2 の「**正極**」と「**負極**」**の関係をおさえておきます。電子を送り出すほうの電極を負極といい，受け取るほうの電極を正極といいます。負極から正極に電子が流れ，電流はその逆（正極から負極）**です。これは人が決めたことなんで，あまり深く悩まないでくださいね。

で，ボルタ電池で覚えておくことはこれだけ（ 連続 図5-1① と 図5-2 ）なんです！電池はいろいろと丸暗記しなくちゃいけないと思っている人も多いようですが，そう

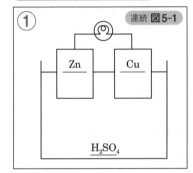

ボルタ電池の仕組みを理解！

連続 図5-1

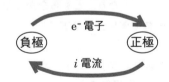

「正極」と「負極」の関係　図5-2

じゃないんですね。あとは電池の仕組みを考えてやっていけば，暗記は不要です。

電池というのは，要するに酸化還元反応なんですよ。つまり，酸化剤には電子を受け取る（還元される）性質があって，還元剤には電子を放出する（酸化される）性質がある。電子を放出する反応と，それを受け取る反応が，1つのボックスの中でうまく回転して成り立っていく場合には，理論的にはどんな物質でも電池ができるわけです。

さて，ボルタ電池に話を戻します。Zn板とCu板があったら，**最初にイオン化傾向の大きいZnのほうがZn^{2+}という形でイオンになって溶けていくわけですね** 連続 図5-1② 。このとき，半反応式をつくると，

$$Zn \longrightarrow Zn^{2+} + 2e^-$$

**暗記ではなく，前講で学んだ半反応式の
つくり方の手順どおりです。**

　さて，ここでe^-（電子）はどこに行ったの
か？　最初，e^-はZn板の上にたまってきま
す。そうすると，いつかZn板の上に収容し
きれなくなり，その分だけ導線を通ってCu
板のほうに入り込んでいくんです。

　一方，電解液のH_2SO_4は電離して，H^+
と$SO_4{}^{2-}$というイオンになっています。そ
こでH^+が流れてきた電子を受け取って，

$$2H^+ + 2e^- \longrightarrow H_2 \uparrow$$

という形で，水素の気泡がCu板に付着して
きます 連続 図5-1③ 。「あれ？　でもZn^{2+}が
e^-を受け取ってもいいんじゃないの？」とおっ
しゃるかもしれません。けれども，これはイ
オン化列より，ZnよりもHのほうが陽イオン
になりにくい。言い換えれば，Zn^{2+}はH^+より

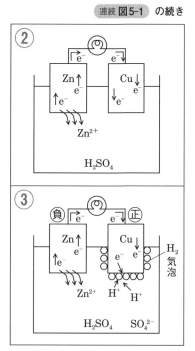

連続 図5-1 の続き

も陽イオンになっていようとするから，H^+のほうが電子をもらいやすいんです。もし，
Zn^{2+}が電子をもらってZnになっても，すぐにまた陽イオンになって溶けてしまいます。

　はい，ですから，（ 図5-2 より）**電子を送り出すZn板が負極になり，電子を受
け取るCu板が正極になります。**この電子の流れの激しさによって，豆電球が明
るくともったり，ともらなかったりするわけです。

■ **分極で電圧が急降下**

　電子がどんどん使われ，電球を通り抜けている間は明るくともります。ところ
が，途中で電子があまり使われなくなってしまう状態があるんですね。それが「**分
極**」という現象です。

単元 2 要点のまとめ①

● **分極**

　分極とは，極板面に付着したH_2気泡が，極板へのH^+の近接を妨げたり，あ
るいは気泡になる前に$H_2 \longrightarrow 2H^+ + 2e^-$というような逆の起電力を生じて
電圧が急に下がる現象をいう。減極剤には酸化剤（H_2O_2など）が用いられている。

つまり，Cu板に発生したH₂気泡が付着してバリケードをつくり，H⁺がCu板に近づけなくなるのです。すると，H⁺は電子をもらえないので，電子自身も交通渋滞のようになって，流れにくくなる 連続 図5-1④。または，

$$H_2 \longrightarrow 2H^+ + 2e^-$$

の逆の現象が原因になったりもします。Cu板からe⁻を送り出すような形になって，Zn板から流入してくる電子とゴツンゴツン！とぶつかり合ってしまうのです。

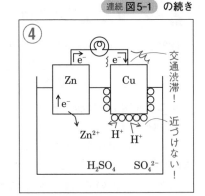

連続 図5-1 の続き

④ Zn　Cu　交通渋滞！　近づけない！
e⁻　e⁻
e⁻
Zn²⁺　H⁺　H⁺
H₂SO₄　SO₄²⁻

その「**減極剤**（分極を抑える薬，減らす薬）」には，**酸化剤の過酸化水素（H₂O₂）**などが用いられます。

$H_2O_2 + H_2 \longrightarrow 2H_2O$ という反応で，H₂気泡がH₂Oになり，しばらくは順調に反応が起こります。

でもすぐにまたH₂気泡が発生し，反応しなくなるのです。結局，ボルタ電池というのは急に電圧が下がることから，実用化されませんでした。ちょっぴり残念な話ですね。

単元 **2** 要点のまとめ②

● **ボルタ電池**

！**重要★★★**

図5-3

負極での変化 (e⁻を送り出す極)

$$\overset{(0)}{Zn} \longrightarrow \overset{(+2)}{Zn^{2+}} + 2e^- （酸化）$$

正極での変化 (e⁻を受け取る極)

$$\overset{(+1)}{2H^+} + 2e^- \longrightarrow \overset{(0)}{H_2} \uparrow （還元）$$

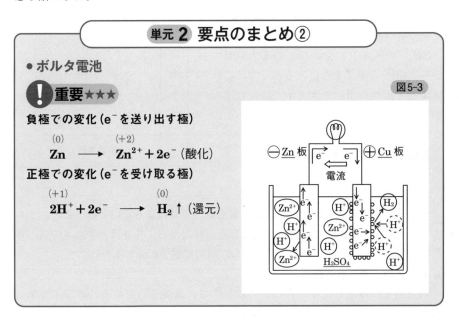

⊖Zn板　⊕Cu板
e⁻　e⁻
電流
Zn²⁺　H⁺　H₂
H⁺　Zn²⁺
H⁺　H⁺
Zn²⁺　H⁺
H₂SO₄

2-2 ダニエル電池

1836年，イギリスの化学者・物理学者「ダニエル (1790 ～ 1845)」が，ボルタ電池よりちょっと改良された形の電池を発明します。それが「**ダニエル電池**」です。ダニエル電池は，分極が起きないことから，実用化電池の第1号となりました。

■ ダニエル電池も理屈でおさえよう

連続 **図5-4①** を見てください。今回は素焼きの板で仕切りを入れています。でも基本的にボルタ電池と同じなんです。ダニエル電池では，**図の赤線が引いてある4つの物質さえ覚えておけば**，あとは正極，負極の仕組みにのっとって考えていけます。

そうすると，ZnとCuのイオン化傾向を考慮すると，Znがイオンになって溶け出す。これにともない電子は放出され，Cu板のほうへ流れていく 連続 **図5-4②**。

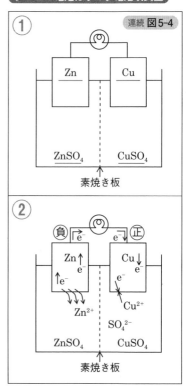

ダニエル電池はボルタ電池改良型

連続 図5-4

負極での変化 (e⁻ を送り出す極):

$$Zn \longrightarrow Zn^{2+} + 2e^-$$

正極での変化がボルタ電池と異なります。正極の電解液中では$CuSO_4$が電離し，Cu^{2+}とSO_4^{2-}のイオンに分かれています。ですから，Cu^{2+}が電子を受け取るんです。これによって銅が析出してきます。最初の銅板の上に銅がペタペタ張られるという，そんな感じになっていくわけです。

正極での変化 (e⁻ を受け取る極):

$$Cu^{2+} + 2e^- \longrightarrow Cu$$

この半反応式も自分で書けるようにしておきましょう。

それであと大事なことは，**ダニエル電池は分極は起こらないということ**。ダニエル電池は，銅が銅板にペタペタ張られるだけだから，さきほどの水素の気泡みたいに邪魔されるものがない。ですから，順調に電子が流れるわけです。

■ 素焼きの板を入れる理由

ただ気をつけなくてはいけないのは，ここに素焼きの板を入れる理由です。$ZnSO_4$と$CuSO_4$を仕切って混合させないようにしていますが，素焼きというのは，いわゆるれんが色をした，植木鉢に使われるそのものをいうんですよ。その素焼

きの板を入れると，小さな穴（細孔）があいているから，ちょうどイオンが移動できるんですね。**Zn^{2+} が正極側の電解液に移動して，逆に SO_4^{2-} が，負極側の電解液に移動してくるんです** 連続 図5-4③ 。SO_4^{2-} は電子が移動していることと変わりないから，これで電子の回路が完成するのです。

連続 **図5-4** の続き

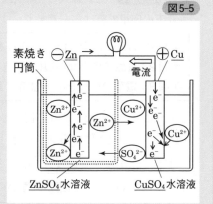

仮に，素焼き板のかわりにガラス板とかで仕切ってしまうと，イオンの移動はありません。負極の電解液には陽イオンがどんどんできるので，負極全体がプラスに帯電していきます。逆に正極側は電子がどんどん入ってくるので，マイナスに帯電していきます。そうすると，電気的にプラスばかりとかマイナスばかりになり，化学変化が起こりづらくなるんですね。

つまり，負極側の電解液に Zn^{2+} がたくさんできて，どんどん濃くなってくると，Zn は Zn^{2+} をつくることをやめてしまうんですよ。これでは電子が流れませんね。そこで，Zn^{2+} を正極側に移すことによって，その濃さを薄くするという意味があります。それから電気的な量として，プラスとマイナスを常に中性な状態にしておくということ。それが化学変化を起こしやすくするということなんです。

単元 **2** 要点のまとめ③

● ダニエル電池

!**重要★★★**

図5-5

負極での変化（e^- を送り出す極）
(0)　　　　　(+2)
$$Zn \longrightarrow Zn^{2+} + 2e^- （酸化）$$

正極での変化（e^- を受け取る極）
(+2)　　　　　(0)
$$Cu^{2+} + 2e^- \longrightarrow Cu （還元）$$

　分極は起こらない。素焼きの細孔から Zn^{2+} および SO_4^{2-} が矢印の向きに移動する。SO_4^{2-} は電子が移動していることと変わりないから，ここに電子の回路が完成することになる。

2-3 鉛蓄電池

「**鉛蓄電池**」は自動車のバッテリーなどに使われています。入試でも頻出の電池です。これについては，例題を解きながら説明していきましょう。

【例題4】

(1)　鉛蓄電池の正極と負極の反応をそれぞれイオン反応式で記せ。また両極の反応をまとめた全体の化学反応式を記せ。

(2)　鉛蓄電池が放電するとき，電池の電解質水溶液の密度は放電前と比べて増えるか，減るか，それとも変化しないか。

😀 **さて，解いてみましょう。**

例題4 (1) (2) の解説 ▶ 図5-6 を見てください。今度はイオン化傾向を見て，どちらの金属が陽イオンになりやすいかというものではありません。**Pb** と **PbO_2**（酸化鉛（Ⅳ））が極板で，電解液は **H_2SO_4** です。ここまでは覚えておくしかありません。

（1）で問われている3つの式は丸暗記するように習う人も多いかと思います。「暗記は苦手なんだけど…」という人，大丈夫ですよ。「**岡野流**」のやり方を紹介しましょう！

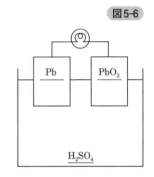

図5-6

岡野のこう解く　これは式の丸暗記ではなく，前講で練習した半反応式のつくり方の応用で書けるんですよ。はい，簡単に手順を復習すると，

手順1：O原子の少ない辺に H_2O を加えて調整
手順2：H原子の少ない辺に H^+ を加えて調整
手順3：電荷の総和を e^- を加えて調整

ということでしたね。これを使っていきます。

Pb ⟶ Pb^{2+} からスタート！

まず，☆ **Pb ⟶ Pb^{2+}** という変化は覚えておきます。そして「**手順1**」ですが，O原子は両辺ともないので省略です。「**手順2**」H原子も両辺とも含んでいないので，省略です。「**手順3**」電荷の総和を比べると，

$$Pb \longrightarrow Pb^{2+}$$
$$\boxed{0} \qquad \boxed{+2}$$

なので，e^- を加えて調整すると，

$$\text{Pb} \longrightarrow \text{Pb}^{2+} + 2e^- \quad\text{―― [式1]}$$

これを [式1] としておきます。

──（ $\boxed{\text{PbO}_2 \longrightarrow \text{Pb}^{2+}}$ からスタート！ ）──

もう1つ，PbO_2 側もやっていきます。

手順1：☆ $\boxed{\text{PbO}_2 \longrightarrow \text{Pb}^{2+}}$（この変化は覚えておきます）で，O 原子の数を比べると，右辺が 2 個少ないから，H_2O を加えて調整すると，

$$\text{PbO}_2 \longrightarrow \text{Pb}^{2+} + 2\text{H}_2\text{O}$$

手順2：H 原子を H^+ で調整します。電荷の総和もついでにチェックしておきましょうか。

$$\underset{\boxed{+4}}{\text{PbO}_2 + 4\text{H}^+} \longrightarrow \underset{\boxed{+2}}{\text{Pb}^{2+} + 2\text{H}_2\text{O}}$$

手順3：左辺のほうが，プラスの電荷が 2 個多いので，左辺に $2e^-$ を加えます。

$$\text{PbO}_2 + 4\text{H}^+ + 2e^- \longrightarrow \text{Pb}^{2+} + 2\text{H}_2\text{O} \quad\text{―― [式2]}$$

これを [式2] とします。ここまでよろしいですね？

──（ 硫酸との反応 ）──

> $\boxed{\text{岡野の着目ポイント}}$　さてそれで，普通であれば [式1] と [式2] までですんでしまうんですよ。ところが，これが答えではありません！　もう一度，$\boxed{\text{図5-6}}$ を見てください。電解液に H_2SO_4 を含んでいますよね。ということは，**電離して硫酸イオン $\text{SO}_4{}^{2-}$ が存在しているから，ここでさらに化学変化が起こるんです。**ですから，[式1] [式2] とも，
>
> # 両辺に $\boxed{\text{SO}_4^{2-}}$ を加える。
>
> これがポイントなんです。**みなさんよく忘れるので，忘れないように注意してください。**

[式1] に $\text{SO}_4{}^{2-}$ を加えると，

$$\text{Pb} + \text{SO}_4^{2-} \longrightarrow \text{PbSO}_4 + 2e^- \quad\cdots\cdots\ \boxed{\text{例題4(1)}}\ \text{の【答え】}$$

　はい，これではじめて負極での変化の完成です。どうして負極とわかるのか？　それは半反応式が示してくれています。**電子 ($2e^-$) が矢印の先にあるということは，電子を放出する反応ということです。つまり，電子を送り出す側**

の極だから，**負極です**（　図5-2　を参照）。Pb^{2+} と $SO_4{}^{2-}$ で，$PbSO_4$（硫酸鉛（Ⅱ））という沈殿ができて Pb 電極の上に析出するんですよ。

もう1つ，**[式2]に $SO_4{}^{2-}$ を加えると，**

$$Pb O_2 + 4H^+ + SO_4^{2-} + 2e^- \longrightarrow PbSO_4 + 2H_2O$$

…… 例題4(1) の【答え】

こちらも $PbSO_4$ の沈殿と，H_2O ができます。**電子（$2e^-$）が矢印の手前にあるので，電子を受け取る反応です。つまり，電子が入り込んでくる側，正極ですね。式を見れば正極か負極かはすぐにわかるので，暗記は不要です。**

岡野流
必須ポイント⑫

鉛蓄電池の半反応式作成法

「**Pb　$\longrightarrow$　Pb^{2+}**」と「**PbO_2　$\longrightarrow$　Pb^{2+}**」

それぞれに，酸化還元で学んだ「半反応式のつくり方**手順1～手順3**」を適用する。

その後，忘れずに $SO_4{}^{2-}$ を両辺に加えて式を完成させる。

正極か負極かは，完成した式から判断する。

はい，どうぞ正極と負極の変化の式は，「**岡野流**」で書けるようにしておいてくださいね。自分で繰り返し練習することが大事ですよ。

それであと，負極と正極を足して e^- を消去してやれば，3つ目の式の完成です。

$$Pb + PbO_2 + 2H_2SO_4 \underset{\text{充電}}{\overset{\text{放電}}{\rightleftarrows}} 2PbSO_4 + 2H_2O$$

…… 例題4(1) の【答え】

左辺の H^+ と $SO_4{}^{2-}$ からは，電解液の H_2SO_4 をつくればいいですね。

■ 放電と充電

$\longrightarrow$ 向きの反応で電流が流れることを「**放電**」といいます。放電していくと，両極板が $PbSO_4$ で白く覆われ，起電力が低下します。このとき，別の電源を使って，$\longleftarrow$ 向きの反応を起こすことにより，起電力を回復させることができるんです。これを「**充電**」といいます。ちなみに充電できる電池を「**二次電池**」といい，充電できない電池を「**一次電池**」といいます。

放電状態では，どんどん硫酸が使われていきますから，その量はどんどん減っていきます。ですから，水溶液の密度は小さくなります。よって(2)の答えは，

次のとおりです。

　　　　　　減る（放電するとH_2SO_4は減少するため）…… **例題4(2)** の【答え】

　鉛蓄電池では，とにかく今やった3つの式を，確実に書けるようにしておきましょう。

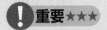 単元**2** **要点のまとめ④**

● **鉛蓄電池**

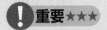 **重要★★★**

負極での変化（e^-を送り出す極）

$$\overset{(0)}{Pb} + SO_4{}^{2-} \longrightarrow \overset{(+2)}{PbSO_4} + 2e^- \text{（酸化）}$$

正極での変化（e^-を受け取る極）

$$\overset{(+4)}{PbO_2} + 4H^+ + SO_4{}^{2-} + 2e^- \longrightarrow \overset{(+2)}{PbSO_4} + 2H_2O \text{（還元）}$$

減極剤はPbO_2である（PbO_2は酸化剤としてはたらいている）。

上の2つの式を1つにまとめると，

$$Pb + PbO_2 + 2H_2SO_4 \underset{\text{充電}}{\overset{\text{放電}}{\rightleftharpoons}} 2PbSO_4 + 2H_2O$$

図5-7

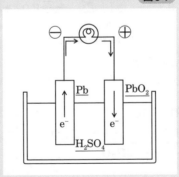

アドバイス 正極での変化で，$4H^+$と$SO_4{}^{2-}$を結びつけて，$H_2SO_4 + 2H^+$と書いてはいけません。**これはイオン反応式ですから，イオンに分かれているものはイオンのまま書きます。**それに対して，1本に直した式は，化学反応式ですので，イオンではなく，化合物で書き表します。

2-4 燃料電池

　「燃料電池」は燃料（還元剤）と酸素（酸化剤）を外部から加えて、燃焼させることにより生じる熱を電気エネルギーとして取り出すための装置のことです。

　燃料は水素、天然ガス、メタノールなどが用いられますが、入試では水素を燃料とした燃料電池が多く出題されます。

　この燃料電池は電解液にリン酸（H_3PO_4）水溶液を用いたものと水酸化カリウム（KOH）水溶液を用いたものの2つがあります。それぞれの負極と正極の変化を下に示します。

■ **リン酸型燃料電池**

　　負極　$H_2 \longrightarrow 2H^+ + 2e^-$ $\left(\begin{array}{l}e^- を送り出す\\ 極板が負極\end{array}\right)$

　　正極　$O_2 + 4H^+ + 4e^- \longrightarrow 2H_2O$ $\left(\begin{array}{l}e^- を受け取る\\ 極板が正極\end{array}\right)$

図5-8

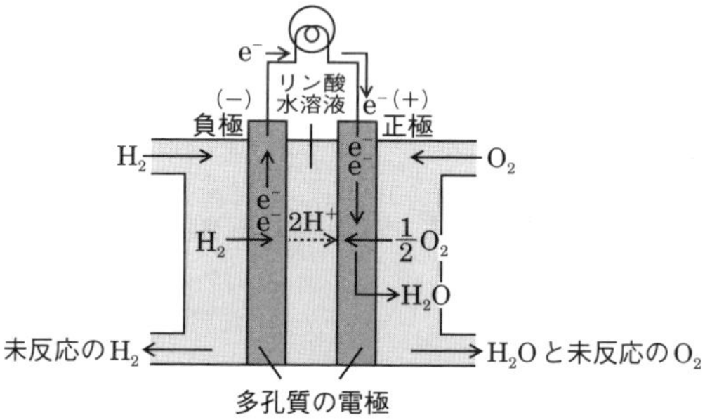

多孔質の電極
リン酸型燃料電池

上の2つの式を1つにまとめると

　　負極×2＋正極（e^- を消去）

$$2H_2 \longrightarrow 4H^+ + 4e^-$$
$$+)\quad O_2 + 4H^+ + 4e^- \longrightarrow 2H_2O$$
$$\therefore 2H_2 + O_2 \longrightarrow 2H_2O$$

■ **アルカリ型燃料電池**

　　負極　$H_2 + 2OH^- \longrightarrow 2H_2O + 2e^-$ $\left(\begin{array}{l}e^- を送り出す\\ 極板が負極\end{array}\right)$

　　正極　$O_2 + 2H_2O + 4e^- \longrightarrow 4OH^-$ $\left(\begin{array}{l}e^- を受け取る\\ 極板が正極\end{array}\right)$

図5-9

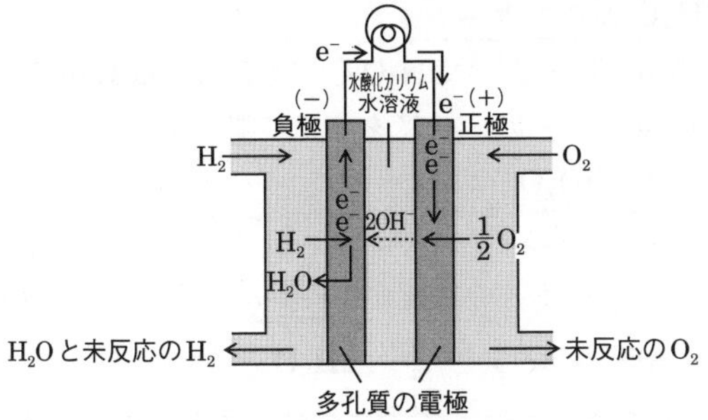

アルカリ型燃料電池

負極，正極の変化は電解液の種類によって違うので注意して下さい。

初めにリン酸型燃料電池の負極と正極の反応式の書き方を示しましょう。これは半反応式から作れます。

岡野の着目ポイント

負極では $\boxed{H_2 \longrightarrow H_2O}$ ，

正極では $\boxed{O_2 \longrightarrow 2H_2O}$ になることを

知っておいて下さい。後は半反応式の書き方で求められます。

■ $H_2 \longrightarrow H_2O$ からスタート！

手順１：O原子の少ない左辺に H_2O を加えて調整すると

$$H_2 + H_2O \longrightarrow H_2O$$

手順２：H原子の少ない右辺に $2H^+$ を加えて調整すると

$$H_2 + \cancel{H_2O} \longrightarrow \cancel{H_2O} + 2H^+$$

ここで両辺に H_2O が１つずつ含まれたので消去します。

$$\therefore \underset{\boxed{0}}{H_2} \longrightarrow \underset{\boxed{+2}}{2H^+}$$

手順３：右辺のほうがプラスの電荷が２個多いので，右辺に $2e^-$ を加えます。

（負極）　$H_2 \longrightarrow 2H^+ + 2e^-$

e^- を送り出す極が負極なので，H_2 が負極になるとわかります。

■ $O_2 \longrightarrow 2H_2O$ からスタート！

手順1：O原子の数が同じなのでH_2Oを加える必要はありません。

手順2：H原子の少ない左辺に$4H^+$を加えて調整すると

$$O_2 + 4H^+ \longrightarrow 2H_2O$$
$$\boxed{+4} \qquad\qquad \boxed{0}$$

手順3：左辺のほうがプラスの電荷が4個多いので，左辺に$4e^-$を加えます。

（正極）　$O_2 + 4H^+ + 4e^- \longrightarrow 2H_2O$

e^-を受け取る極が正極なので，O_2が正極になるとわかります。

(注意) $H_2 \longrightarrow H_2O$ からスタートと説明しましたが，実際は$H_2 \longrightarrow 2H^+$なのです。**H_2もO_2も共にH_2Oになると覚えておけば**，半反応式は簡単に作れるので，あえてここではこのように説明しました。

　次にアルカリ型燃料電池の負極，正極の反応式の書き方を解説していきます。リン酸型燃料電池の負極を使っていきます。

（負極）　$H_2 \longrightarrow 2H^+ + 2e^-$ —— ⑦

　アルカリ型燃料電池では電解液が水酸化カリウム（KOH）水溶液なので⑦の反応式のようにH^+を含むはずがありません。そこで⑦の反応式の両辺に$2OH^-$を加えてH^+を中和させます。

$$H_2 \longrightarrow 2H^+ + 2e^- \text{ —— ⑦}$$
$$+)\ \ 2OH^- \qquad 2OH^-$$
$$\text{（負極）}\ \ H_2 + 2OH^- \longrightarrow 2H_2O + 2e^-$$

正極もリン酸型燃料電池の正極を使っていきます。

（正極）　$O_2 + 4H^+ + 4e^- \longrightarrow 2H_2O$ —— ロ

　やはりアルカリ型燃料電池ではロの反応式のようにH^+を含まないはずなので，両辺に$4OH^-$を加えてH^+を中和させます。

$$O_2 + 4H^+ + 4e^- \longrightarrow 2H_2O \text{ —— ロ}$$
$$+)\ \qquad 4OH^- \qquad\qquad 4OH^-$$
$$O_2 + \overset{2}{4}H_2O + 4e^- \longrightarrow 2H_2O + 4OH^-$$
$$\text{（正極）}\ \ O_2 + 2H_2O + 4e^- \longrightarrow 4OH^-$$

単元2 要点のまとめ⑤

● 燃料電池

■ リン酸型燃料電池

重要★★★

負極での変化（e⁻を送り出す極）

$$H_2 \longrightarrow 2H^+ + 2e^-$$

正極での変化（e⁻を受け取る極）

$$O_2 + 4H^+ + 4e^- \longrightarrow 2H_2O$$

上の2つを1つにまとめると

$$2H_2 + O_2 \longrightarrow 2H_2O$$

図5-8

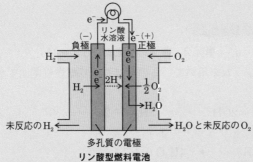

リン酸型燃料電池

■ アルカリ型燃料電池

重要★★★

負極での変化（e⁻を送り出す極）

$$H_2 + 2OH^- \longrightarrow 2H_2O + 2e^-$$

正極での変化（e⁻を受け取る極）

$$O_2 + 2H_2O + 4e^- \longrightarrow 4OH^-$$

図5-9

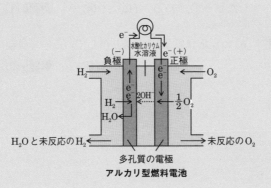

アルカリ型燃料電池

【例題5】

　水素の燃料電池は電極での水素の酸化を利用した電池である。電解質に水酸化カリウムKOHを使った水素の燃料電池に関する以下の各問いに答えよ。

(1)　2つの電極では，それぞれ次の(a)，(b)の反応が起こる。

　　(a)　$2H_2 + 4\boxed{\text{ア}} \longrightarrow 4\boxed{\text{イ}} + 4\boxed{\text{ウ}}$

　　(b)　$O_2 + 2\boxed{\text{イ}} + 4\boxed{\text{ウ}} \longrightarrow 4\boxed{\text{ア}}$

　　$\boxed{\text{ア}}$ ～ $\boxed{\text{ウ}}$ に入る適当なものを下から選び，その番号を記せ。

　　① K^+　② OH^-　③ H_2O　④ e^-　⑤ KOH　⑥ H^+

(2)　(a)の反応は正極，負極のどちらで起こるか。

😀 **さて，解いてみましょう。**

例題5(1)の解説　(a)「単元2　要点のまとめ⑤」(→157ページ)を参照して下さい。水酸化カリウムを用いているのでアルカリ型燃料電池であることに注意しましょう。

　　　　(負極)　$H_2 + 2OH^- \longrightarrow 2H_2O + 2e^-$ ── ⑦

(a)の式は⑦の式の2倍になっています。

　　　　$\therefore 2H_2 + \underset{\text{ア}}{4OH^-} \longrightarrow 4H_2O + 4e^-$

　　　　　$\therefore$ ア OH^-　イ，ウ H_2O，e^-

　この時点ではイ，ウは決まりません。

(b)

　　　　(正極)　$O_2 + \underset{\text{イ}}{2H_2O} + \underset{\text{ウ}}{4e^-} \longrightarrow \underset{\text{ア}}{4OH^-}$

　　　　　$\therefore$　イ H_2O　ウ e^-　ア OH^-

　　　　　　　　したがって，ア②，イ③，ウ④ ……　**例題5(1)** の【答え】

例題5(2)の解説　(a)の反応は電子e^-を送り出しているので負極です。

　　　　　　　　　　　　　　$\therefore$　負極 ……　**例題5(2)** の【答え】

2-5 ファラデー定数

電池の最後に，「**電気量**」について学びましょう。電気量の単位は「**クーロン**」です。

単元2 要点のまとめ⑥

● ファラデー定数

電子(e^-) mol あたりの電気量の絶対値をファラデー定数といい，記号は F で表し，9.65×10^4 C/mol に相当する。1A（アンペア）の電流を1秒間流したときの電気量を 1C（クーロン）という。

❗重要★★★

☆　電気量＝$i \times t$　クーロン（C）　（i：アンペア，t：秒）

☆　1mol（6.02×10^{23}個）の電子(e^-）がもつ電気量は 9.65×10^4（C）である。 ── [公式12]

☆　流れる電子(e^-）の物質量 ＝ $\dfrac{it}{9.65 \times 10^4}$ mol

はい，電気量って「**それ**」です。わかりますか？　「it（$i \times t$）」って書いてあるでしょう。「あっ，電気量って『それ』なんだ」と覚えておいてください（笑）。ここで，i が「アンペア」，t が特に「**秒**」だということを，強く印象づけておきましょう。「単元2　要点のまとめ⑥」の「ファラデー定数」の1つ目の☆の囲みの内容は

☆　電気量（クーロン）＝i（アンペア）×t（秒）　であることを表しています。この関係は定義（人が決めた約束）です。それから2つ目の☆の囲みです。

☆　1mol（6.02×10^{23}個）の電子(e^-）がもつ電気量は 9.65×10^4（C）である。

これを証明してみましょう。「ミリカン（1868 〜 1953)」という人が電子 e^-1個がもつ電気量（1.602×10^{-19}C）を実験，「ミリカンの油滴実験」から導き出したんです。

このことを使うと1molの電子が 9.65×10^4C の電気量をもつことがわかります。

すなわち

　　電子1個がもつ電気量 … 1.602×10^{-19} C

　　電子1mol（6.022×10^{23}個）がもつ電気量 … $1.602 \times 10^{-19} \times 6.022 \times 10^{23}$

　　　　　　　　　　　　　　　　　　　　　$= 9.647 \times 10^4 \fallingdotseq 9.65 \times 10^4$ C

　次に「単元2　要点のまとめ⑥　ファラデー定数」の一番下，3つ目の☆の囲みの内容が大切です。

☆ $\boxed{\text{流れる電子（e}^-\text{）の物質量}＝\dfrac{it}{9.65 \times 10^4}\text{ mol}}$ ────[公式12]

　この式を証明してみましょう。1molの電子がもつ電気量は9.65×10^4Cです。電子の物質量と電気量は比例するのでit（C）の電気量もつ電子の物質量を$x$molとすると

　　　　e$^-$ ： 電気量

　　　　1mol ： 9.65×10^4C $= x$ mol : it C

　　　∴　$x = \dfrac{it}{9.65 \times 10^4}$ mol

電気量（C）クーロンを9.65×10^4Cで割ると流れるe$^-$の物質量が求まります。

演習問題で力をつける⑧
鉛蓄電池の計算問題を解いてみよう！

問　鉛蓄電池に関する以下の問いに答えよ。
　　ただし原子量は H = 1.0，O = 16，S = 32，Pb = 207とし，数値は有効数字2桁で求めよ。

(1)　鉛蓄電池は鉛板とPbO_2で覆われた鉛板を硫酸水溶液に浸したものである。この鉛蓄電池を放電させるとき，正極および負極の表面で起こる化学反応を電子e$^-$を含む反応式で記せ。また，両極の反応をまとめた全体の変化を化学反応式で記せ。

(2)　鉛蓄電池を電源として1.0アンペアの電流を32分10秒間流したとき正極，負極の質量はそれぞれ何g変化したか。増加した場合には＋，減少した場合には－の符号をつけよ。なお，ファラデー定数は$F = 9.65 \times 10^4$C/molとする。

(3)　(2)の変化の後，鉛蓄電池内の硫酸の量はどのように変化したか。物質量で求めよ。増加した場合には＋，減少した場合には－の符号をつけよ。

😊**さて，解いてみましょう。**

問 (1) の解説 ▶ 正極，負極，全体は「単元2　要点のまとめ④」より

正極　$PbO_2 + 4H^+ + SO_4^{2-} + 2e^- \longrightarrow PbSO_4 + 2H_2O$

負極　$Pb + SO_4^{2-} \longrightarrow PbSO_4 + 2e^-$

全体　$Pb + PbO_2 + 2H_2SO_4 \longrightarrow 2PbSO_4 + 2H_2O$

… **問(1)** の【答え】

　それぞれの反応式の作り方は150 〜 152ページに書いてありますので参照して下さい。

問 (2) の解説 ▶

岡野のこう解く　流れる電子e^-の物質量を求めることが電池の計算問題を解くカギです。

（正極）　$1PbO_2 + 4H^+ + SO_4^{2-} + 2e^- \longrightarrow 1PbSO_4 + 2H_2O$

　正極では1molのPbO_2が1molの$PbSO_4$に変化するときに1molのSO_2（$PbSO_4$ $-$ $PbO_2 \Rightarrow SO_2$）が化合する。このときe^-は2molやりとりされ，SO_2とe^-は比例します。ここでSO_2は二酸化硫黄ではなくSが1個とOが2個の原子のまとまりと思って下さい。

　「単元2　要点のまとめ⑥」の**[公式12]**より流れる電子e^-の物質量は

$$\frac{it}{9.65 \times 10^4} = \frac{1.0 \times (32 \times 60 + 10)}{9.65 \times 10^4} = 0.0200 \text{mol} \, (e^-)$$

$$\therefore \quad \underset{\text{1mol}}{1\,SO_2} \quad : \quad \underset{\text{2mol}}{2e^-} \quad (SO_2 = 64)$$

$$\begin{pmatrix} 64\text{g} & & 2\text{mol} \\ x\text{g} & \times & 0.0200\text{mol} \end{pmatrix} \text{増加した} SO_2 \text{を} x\text{gとすると}$$

$$2x = 64 \times 0.0200$$

$$\therefore \quad x = 0.64\text{g増加}$$

$$\therefore \quad +0.64\text{g} \cdots\cdots \text{ 問 (2) の【答え】}$$
（有効数字2桁）

┃**別解1**

$$\therefore \quad \underset{\text{1mol}}{1\,SO_2} \quad : \quad \underset{\text{2mol}}{2e^-}$$

$$\begin{pmatrix} 1\text{mol} & & 2\text{mol} \\ \frac{x}{64}\text{mol} & \times & 0.0200\text{mol} \end{pmatrix}$$

$$\therefore \quad \frac{x}{64} \times 2 = 1 \times 0.0200$$

$$\therefore \quad x = 0.64g\,増加$$

$$\therefore \quad +0.64g \cdots\cdots \boxed{問 (2)}\,の【答え】$$
（有効数字2桁）

█ 別解2

[公式3] $\boxed{n = \dfrac{w}{M} \Rightarrow w = nM}$ より

$$\underline{0.0200} \times \underline{\frac{1}{2}} \times \underline{64} = 0.64g\,増加$$
$\underset{mol数}{e^-の}$ 　$\underset{mol数}{SO_2の}$ 　$\underset{g数}{SO_2の}$

$$\therefore \quad +0.64g \cdots\cdots \boxed{問 (2)}\,の【答え】$$
（有効数字2桁）

（負極）　$1Pb + SO_4^{2-} \longrightarrow 1PbSO_4 + 2e^-$

負極では1molのPbが1molのPbSO$_4$に変化するときに1molのSO$_4^{2-}$（PbSO$_4$ $-$ Pb $\Longrightarrow$ SO$_4^{2-}$）が化合する。このとき e$^-$ は2molやりとりされ，SO$_4^{2-}$ と e$^-$ は比例します。

$$\therefore \quad \underset{1mol}{SO_4^{2-}} \quad : \quad \underset{2mol}{2e^-} \qquad (SO_4^{2-} = 96)$$

$\begin{pmatrix} 96g & \diagdown\!\!\!\!\diagup & 2mol \\ y\,g & & 0.0200mol \end{pmatrix}$ 増加したSO$_4^{2-}$をygとすると

$$2y = 96 \times 0.0200$$
↖ 正極に流れた e$^-$ と
等しい物質量が流れる。

$$\therefore \quad y = 0.96g\,増加$$

$$\therefore \quad +0.96g \cdots\cdots \boxed{問 (2)}\,の【答え】$$
（有効数字2桁）

█ 別解1

$$\underset{1mol}{1\,\underline{SO_4^{2-}}} \quad : \quad \underset{2mol}{2e^-}$$

$\begin{pmatrix} 1mol & \diagdown\!\!\!\!\diagup & 2mol \\ \dfrac{y}{96}\,mol & & 0.0200mol \end{pmatrix}$

$$\therefore \quad \frac{y}{96} \times 2 = 1 \times 0.0200$$

$$\therefore \quad y = 0.96g\,増加$$

$$\therefore \quad +0.96g \cdots\cdots \boxed{問 (2)}\,の【答え】$$
（有効数字2桁）

別解 2

[公式3] $\boxed{n = \dfrac{w}{M} \Rightarrow w = nM}$ より

$$\underset{\substack{e^- \text{の} \\ \text{mol数}}}{0.0200} \times \underset{\substack{SO_4{}^{2-} \text{の} \\ \text{mol数}}}{\dfrac{1}{2}} \times \underset{\substack{SO_4{}^{2-} \text{の} \\ \text{g数}}}{96} = 0.96\text{g増加}$$

$$\therefore \quad +0.96\text{g} \cdots\cdots \boxed{問 (2)} \text{の【答え】}$$
（有効数字2桁）

問 (3) の解説 正極と負極の e^- を消去して1本の式にするので式からは $2e^-$ は無くなりますが，潜在的には 2mol の e^- がやりとりされています。このとき H_2SO_4 と e^- は比例する。

$$\therefore \quad Pb + PbO_2 + 2H_2SO_4 \longrightarrow 2PbSO_4 + 2H_2O \quad \underset{\text{ポイント}}{(\underline{2e^-})}$$

$$\underline{2H_2SO_4} \quad : \quad \underline{2e^-}$$

$$\begin{pmatrix} 2\text{mol} & & 2\text{mol} \\ Z\text{mol} & & 0.0200\text{mol} \end{pmatrix} \text{減少した} H_2SO_4 \text{の物質量を} Z\text{mol とする。}$$

$$2Z = 2 \times 0.0200$$

$$\therefore \quad Z = 0.020\text{mol 減少}$$

$$\therefore \quad -0.020\text{mol または} -2.0 \times 10^{-2}\text{mol} \cdots\cdots \boxed{問 (3)} \text{の【答え】}$$
（有効数字2桁）　　　　　　（有効数字2桁）

今度は「**電気分解**」です。**電池とは全く頭を切りかえていきましょう。**電気分解とは，電気のエネルギーを利用して化合物を分解することです。

3-1 電気分解で起こる変化

電気分解の装置の仕組みは，図5-10 のようになります。電池の負極(−)とつながっているほうを「**陰極**」，正極(＋)とつながっている電極を「**陽極**」といいます。

まず陰極，陽極での変化を，パターンとしてまとめておきます。次に例題を解きながら，それを確認していきましょう。

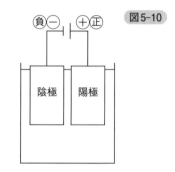

図5-10

単元**3** 要点のまとめ①

● **電気分解したときに起こる変化**

！ 重要★★★

◎ **陰極での変化**（電極の種類は関係しない）

水溶液中に含まれる陽イオンが Li^+，K^+，Ca^{2+}，Na^+，Mg^{2+}，Al^{3+} など，イオン化傾向が大きい金属のときは，H_2 が陰極で発生する。上の金属イオン以外の陽イオンを含むときは，その金属イオンは e^- を得て**金属単体となって析出**する。また陽イオンが H^+ のみ存在するときは H_2 が発生する。

水素が発生する反応は，いずれも次のようになる。

$$2H^+ + 2e^- \longrightarrow H_2 \uparrow （酸性溶液）$$

$$（または 2H_2O + 2e^- \longrightarrow H_2 + 2OH^-）（中性または塩基性溶液）$$

◎ **陽極での変化**

①電極が **Pt** または **C** の場合

ハロゲン化物イオン(Cl^-, Br^-, I^- など)はハロゲン単体(Cl_2, Br_2, I_2)となり，水酸化物($NaOH$, $Ca(OH)_2$ など)は，O_2 を発生する。また硫酸イオン(SO_4^{2-})や硝酸イオン(NO_3^-)を含むときも O_2 を発生する。

酸素が発生する反応はいずれも次のようになる。

$$2H_2O \longrightarrow O_2 + 4H^+ + 4e^-（中性または酸性溶液）$$

$$（または4OH^- \longrightarrow 2H_2O + O_2\uparrow + 4e^-）（塩基性溶液）$$

②電極がAg, Cuの場合

電極の金属は，いずれもイオンとなって溶け出す。$\Longrightarrow \begin{cases} Ag \longrightarrow Ag^+ + e^- \\ Cu \longrightarrow Cu^{2+} + 2e^- \end{cases}$

このパターンを整理して，**図5-11** を自分で書けるようにしましょう。

電気分解したときに起こる変化　　　　　　　　　　　　　　図5-11

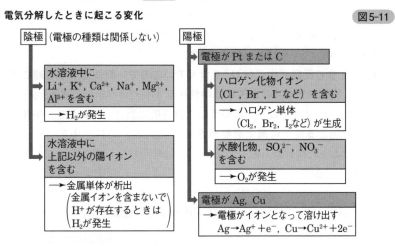

【例題6】表は (1) ～ (3) の電解液が電気分解されるときの変化をまとめたものである。(a) ～ (f) に入るそれぞれの変化をe^-を含む反応式で記せ。

	電　解　液	陰極	陽極	陰極	陽極
(1)	食塩水	Pt	Pt	(a)	(b)
(2)	H_2SO_4水溶液	Cu	Pt	(c)	(d)
(3)	$AgNO_3$水溶液	Pt	Ag	(e)	(f)

さて，解いてみましょう。

例題6（1）の解説　陰極，陽極での変化を整理しておけば大丈夫です。(1)は電極がともに白金Ptです。そして，NaClの電解液なので，Na^+のイオンとCl^-のイオンが存在しています。**図5-12**。

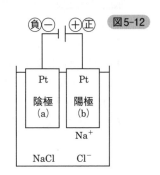

岡野のこう解く まず，陰極での変化がどうなるかというと，はい，「**電極の種類は関係しない**」でしたね。電極は白金を使おうが，銅を使おうが，関係ない。電解液が含んでいる陽イオンを見ればいい。

「水溶液中に含まれる陽イオンがLi^+，K^+，Ca^{2+}，Na^+，Mg^{2+}，Al^{3+}」の場合，H_2が発生します。これ，イオン化傾向の上から6番目までの金属イオン，ゴロでいうと「リッチに貸そうかな，まあ」までです。これは実験の結果，そういう現象が起こるという事実なので，覚えるしかないんですね。

そこで，Na^+を含んでいるので，水素が発生です。

$$2H^+ + 2e^- \longrightarrow H_2 \text{（酸性溶液）}$$

このe^-を含む反応式中にはH^+を含んでいるので，**酸性溶液中で起こる反応なのです。実際は$NaCl$の水溶液は中性を示す**（→94ページ第3講「単元3　要点のまとめ②」を参照）**ので，この反応式の両辺に$2OH^-$を加えて，中性や塩基性のときに起こる変化に直す必要があります。つまりH^+を中和してしまうの**です。このようにすれば，e^-を含む反応式は暗記しないでつくれますね。

$$2H^+ \quad + 2e^- \longrightarrow H_2$$
$$+\underline{)\ 2OH^- \qquad\qquad 2OH^-}$$
$$2H_2O + 2e^- \longrightarrow H_2 + 2OH^- \text{（中性または塩基性溶液）}$$

…… **例題6(1)(a)** の【答え】

岡野の着目ポイント 酸性溶液中にはH^+が多く存在しているので，このH^+が電子を得てH_2を発生するという考え方です。または，中性や塩基性の溶液中ではH^+は存在しないので$2H_2O + 2e^- \longrightarrow H_2 + 2OH^-$という考え方が成り立つのです。いずれにしても，水素が発生します。

岡野のこう解く 次に陽極での変化にいきます。陽極の場合は，まず電極の種類に着目します。「電極が，PtまたはCの場合」か「Ag，Cuの場合」かです。今回はPtだから，「ハロゲン化物イオン（Cl^-，Br^-，I^-など）はハロゲン単体（Cl_2，Br_2，I_2）となり，水酸化物（$NaOH$，$Ca(OH)_2$など）はO_2を発生」します。

また，「硫酸イオン（SO_4^{2-}）や硝酸イオン（NO_3^-）」を含んでいるときにもO_2を発生します。要するに，水酸化物であろうが，硫酸イオン，硝酸イオンを含んでいようが，全部酸素を発生するということです。

今回は Cl^- を含んでいるので，陽極の変化は，

$$2Cl^- \longrightarrow Cl_2 + 2e^- \cdots\cdots$$ 例題6(1)(b) の【答え】

図5-13

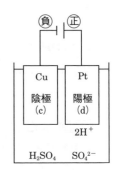

例題6(2)の解説 陰極 Cu，陽極 Pt で，H_2SO_4 水溶液ですから，$2H^+$ と SO_4^{2-} を含みます 図5-13。

　陰極は，Cu を使っていますが，電極の種類は関係ありません。また陽イオンはもともと H^+ しか含んでいないから，陰極では，水素が発生します。硫酸は酸性溶液なので，次の変化が起こります。

$$2H^+ + 2e^- \longrightarrow H_2 \text{（酸性溶液）}$$
$$\cdots\cdots \boxed{\text{例題6(2)(c)}} \text{ の【答え】}$$

　陽極はどうなるか？　陽極 Pt で，SO_4^{2-} を含んでいる場合ですから，O_2 を発生します。

$$2H_2O \longrightarrow O_2 + 4H^+ + 4e^- \text{（中性または酸性溶液）}$$
$$\cdots\cdots \boxed{\text{例題6(2)(d)}} \text{ の【答え】}$$

　H_2SO_4 の水溶液は酸性を示すので，e^- を含む反応式中には H^+ を含みます。

岡野流
⑬
必須ポイント

酸素の発生は半反応式の作り方から書け

❗重要★★★ $\boxed{2H_2O \longrightarrow O_2}$ を覚えておきます。

　半反応式は第4講「単元2　要点のまとめ③」（→ 127 ページ）によりつくることができますね。

アドバイス 両辺で酸化数が変化する原子の数は同じにする。ここでは O 原子が $-2 \to 0$ と変化します。したがって，H_2O の係数を2とするのです。これがわかると係数までは覚える必要はなくなります。

手順1：O 原子が両辺で同じ数あるので，省略します。

手順2：$2H_2O \underset{\boxed{0}}{\longrightarrow} O_2 + \underset{\boxed{+4}}{4H^+}$

手順3：$2H_2O \longrightarrow O_2 + 4H^+ + 4e^- \left(\begin{array}{c}\text{中性または}\\\text{酸性溶液}\end{array}\right)$

　このように暗記しないでできましたね。

　次にもし，この水溶液が塩基性の $NaOH$ の水溶液であったならば，やはり酸素を発生します。しかし，このときは塩基性を示すので手順3の e^- を含む反応式の両辺に $4OH^-$ を加えて H^+ を中和します。

$$2H_2O \longrightarrow O_2 + 4H^+ + 4e^-$$
$$+ \ ) \ 4OH^- \qquad\qquad 4OH^-$$
$$\overline{2H_2O + 4OH^- \longrightarrow O_2 + 4H_2O + 4e^-}$$
$$\therefore \ \mathbf{4OH^- \longrightarrow O_2 + 2H_2O + 4e^-} \quad \textbf{(塩基性溶液)}$$

　塩基性水溶液中で酸素が発生するe^-を含む反応式も，暗記ではなくつくれるようにしておきましょう。

> 岡野の着目ポイント　少し難しいかもしれませんが，最近の入試では，**水素と酸素が発生するときにかぎって，水溶液の液性まで理解していないとできないものが増えてきました。**塩基性溶液中にはOH^-が多く存在しているので，OH^-が変化してO_2を発生します。または，酸性や中性の溶液中ではOH^-は存在しないので，$2H_2O \longrightarrow O_2 + 4H^+ + 4e^-$という考え方が成り立つのです。いずれにしても酸素が発生します。

例題6(3)の解説　陰極Pt，陽極Agで，電解液中は$AgNO_3$が電離して，Ag^+とNO_3^-になっています **図5-14**。陰極は「Li^+，K^+，Ca^{2+}，Na^+，Mg^{2+}，Al^{3+}」以外の金属イオンであるAg^+を含んでいるから，

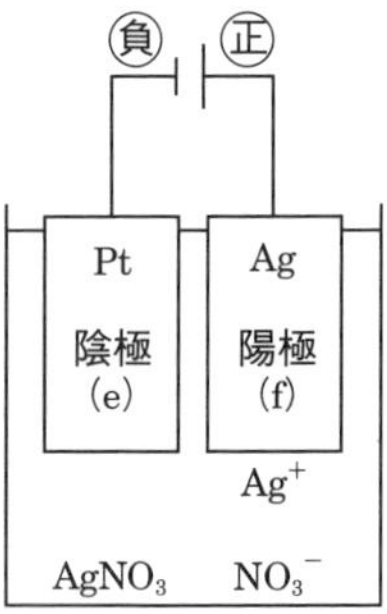

$$\mathbf{Ag^+ + e^- \longrightarrow Ag} \ \cdots\cdots \ \boxed{\textbf{例題6(3)(e)}} \ の【答え】$$

　Agが析出するわけです。それから陽極はというと，電極がAgの場合ですから，その電極が陽イオンとなって溶け出します。

$$\mathbf{Ag \longrightarrow Ag^+ + e^-} \ \cdots\cdots \ \boxed{\textbf{例題6(3)(f)}} \ の【答え】$$

　陰極，陽極での変化が，きちんと整理されて頭に入っているかがすべてですね。

図5-14

演習問題で力をつける⑨
電気分解での変化のパターンを整理せよ！

問　**図5-15**に示す電気分解装置において，Aには硫酸銅（Ⅱ）水溶液，Bには塩化ナトリウム水溶液を入れた。一定電流を0.965時間通じたところ，Aの陰極には0.127gの銅が析出した。このこと

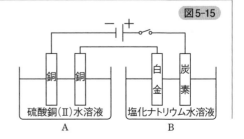

図5-15

に関して次の問い(1)〜(4)に答えよ。数値は有効数字2桁で求めよ。

(1) Bの陰極で生じた物質を，次の①〜④のうちから一つ選べ。

    ① 水素   ② 酸素   ③ ナトリウム   ④ 塩素

(2) このとき，電気分解に要した電気量は何クーロン〔C〕か。なお，
    $Cu = 63.5$，ファラデー定数は9.65×10^4C/molである。

(3) 流れた電流は何Aか。

(4) Bの陽極で発生した気体の標準状態における体積は何Lか。

さて，解いてみましょう。

▶ **問(1)の解説**

岡野のこう解く まず負極(−)と結び
ついてる電極，すなわち一番左側の
銅が「**陰極**」です。一方，正極(＋)と
結びついている電極，すなわち炭素
が「**陽極**」です。ここで，1つの電解
槽に陰極と陰極，陽極と陽極がいっ
しょに入ることは絶対ない。だから
あとは機械的に決まります 図5-16。
ではA，Bそれぞれの陰極，陽極で

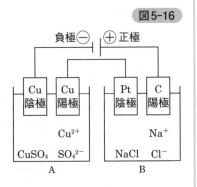

図5-16

の反応式を書いてみます。Aの硫酸銅(Ⅱ)水溶液は酸性(→94ページ第3
講「単元3　要点のまとめ②」を参照)，**Bの塩化ナトリウム水溶液は中性
であることに注意します。**

$$A の \begin{cases} 陰 & Cu^{2+} + 2e^- \rightarrow Cu \\ 陽 & Cu \rightarrow Cu^{2+} + 2e^- \end{cases} \qquad B の \begin{cases} 陰 & 2H_2O + 2e^- \rightarrow H_2 + 2OH^- \\ 陽 & 2Cl^- \rightarrow Cl_2 + 2e^- \end{cases}$$

岡野の着目ポイント Aの陰極では，「Li^+，K^+，Ca^{2+}，Na^+，Mg^{2+}，Al^{3+}」
以外の金属イオンであるCu^{2+}が存在するのでCuが析出します。陽極は電
極がCuなので，これが陽イオンとなって溶け出します。

  Bの陰極では，イオン化傾向の大きいNa^+を含むので，H_2が発生。陽
極は，電極がCで，そして電解液にハロゲン化物イオンCl^-を含んでいる
ので，Cl_2が発生します。

　　よって，Bの陰極で生じた物質は，水素です。

　　　　　　　　　　　　　　　　　　∴　① …… 問(1) の【答え】

問(2)の解説 ▶「Aの陰極には0.127gの銅が析出した」に注目しておきましょう。
Aの陰極では，$Cu^{2+} + 2e^- \longrightarrow Cu$の反応が起こります。

岡野の着目ポイント　ポイントは何かというと，常にe^-のmol数が関係してい
るということ。この反応式が意味するところは，2molの電子e^-が流れると，
銅は1mol析出するということです。そして，問題文にCuの原子量が与え
られているので，Cu 1molは63.5gでしょう。ですから，e^- 2molが流れると，
Cu 1molすなわち63.5gが析出します。このときCuとe^-は比例します。

　　Aの陰極　$Cu^{2+} + 2e^- \longrightarrow Cu$
　　　　　　　　2mol　　　　　　　1mol
　　　　　　　　2mol　　　　　　　63.5g

では，0.127gのCuが析出したときに流れるe^-を$x\,$molとすると，

$$Cu^{2+} + 2e^- \longrightarrow Cu$$

　　　　　　2mol 流れる　　1mol 析出

$$\left(\begin{array}{l} 2\,mol \\ x\,mol \end{array} \begin{array}{l} 63.5g \\ 0.127g \end{array} \right)$$

となります。あとはたすきがけで計算すればいいですね。

　　∴　$63.5x = 2 \times 0.127$　　　$x = 4.00 \times 10^{-3}\,\text{mol}\,(e^-)$

次に電気量を求めます。電子e^- 1molがもつ電気量は9.65×10^4Cなので

　　$1\text{mol} : 9.65 \times 10^4\,\text{C} = 4.00 \times 10^{-3}\,\text{mol} : y\,\text{C}$

　　∴　$y = 4.00 \times 10^{-3} \times 9.65 \times 10^4 = 386 \fallingdotseq 3.9 \times 10^2\,\text{C}$

　　　　　　　　　　　　∴　3.9×10^2C …… 問(2) の【答え】
　　　　　　　　　　　　　（有効数字2桁）

　　今回の電気分解の問は直列つなぎの例です。直列つなぎではどの電極(陽極
陰極)も，等しい電気量が流れています。

　　したがってどの電極も等しい電子(e^-)の物質量が流れます。

問 (3) の解説　[公式12]を用いて電流iを求めます。

☆　$$流れる電子（e^-）の物質量＝\frac{it}{9.65 \times 10^4}\,mol \quad\text{———[公式12]}$$

に代入します。流れた電流をxAとすると

秒に直す

$$4.00 \times 10^{-3}mol = \frac{x \times 0.965 \times 3600}{9.65 \times 10^4}mol \quad （1時間 = 3600秒）$$

∴　$x = 0.111 ≒ 0.11$A

∴　**0.11A** ……　**問 (3)**　の【答え】
（有効数字2桁）

問 (4) の解説　Bの陽極　　$2Cl^- \longrightarrow 1Cl_2 + 2e^-$

電子e^-2molが流れるときCl_2は1mol発生し、このときCl_2とe^-は比例します。
流れる電子（e^-）の物質量はどの電極も等しい。

$$1\underline{Cl_2} \quad : \quad 2\underline{e^-}$$
$$\text{1mol} \qquad\qquad \text{2mol}$$

$$\begin{pmatrix} 22.4L & & 2mol \\ & \times & \\ xL & & 4.00 \times 10^{-3}mol \end{pmatrix}$$ 発生したCl_2の標準状態での体積をxLとする。

∴　$2x = 22.4 \times 4.00 \times 10^{-3}$

∴　$x = 0.0448 ≒ 4.5 \times 10^{-2}$L

∴　**4.5×10⁻²L** ……　**問 (4)**　の【答え】
（有効数字2桁）

別解1

[公式3]　　　　　　$1\underline{Cl_2}$　　:　　$2\underline{e^-}$

$$n = \frac{V}{22.4}$$ 　　$$\begin{pmatrix} 1mol & & 2mol \\ & \times & \\ \frac{x}{22.4}\,mol & & 4.00 \times 10^{-3}mol \end{pmatrix}$$

∴　$\frac{x}{22.4} \times 2 = 1 \times 4.00 \times 10^{-3}$

∴　$x = 0.0448 ≒ 4.5 \times 10^{-2}$L

∴　**4.5×10⁻²L** ……　**問 (4)**　の【答え】
（有効数字2桁）

別解2

[公式3] $\boxed{n = \dfrac{V}{22.4} \quad \Rightarrow \quad V = n \times 22.4}$ より

$$\underbrace{4.00 \times 10^{-3}}_{\substack{e^- \text{の} \\ \text{mol数}}} \times \underbrace{\frac{1}{2}}_{\substack{Cl_2 \text{の} \\ \text{mol数}}} \times \underbrace{22.4}_{\substack{Cl_2 \text{の} \\ L \text{数}}} = 0.0448 \fallingdotseq 4.5 \times 10^{-2}\,L$$

$$\therefore \quad 4.5 \times 10^{-2}\,L \cdots\cdots \boxed{問\,(4)} \text{ の【答え】}$$
（有効数字2桁）

　電池と電気分解は，混乱しないように全く分けて考えますが，計算問題は同じようにできます。もう一度復習しておくといいでしょう。

　それでは第5講はここまでです。次回またお会いしましょう。

熱化学

第 6 講のポイント

　今日は第 6 講「熱化学」についてやります。ここでは特に「燃焼エンタルピー」,「生成エンタルピー」,「結合エネルギー（結合エンタルピーともいう）」について詳しく解説していきます。入試でも大変出題されるところなのできっちり理解しましょう。

1-1 エンタルピー

エンタルピーとは何か?

物質がもつエネルギーをエンタルピー H という量で表します。なぜエンタルピーなのに H という記号を使うのか不思議ですね。エンタルピーは,熱含量(heat content)とも呼ばれており,この heat の H が記号になっていると考えれば納得です(エンタルピーの語源には諸説あります)。

1-2 エンタルピー変化 ΔH

Δ(デルタ)とは変化量を表す記号です。化学ではエンタルピー変化 ΔH を次のように定義(人が決めた約束)しました。

ΔH =(反応後のエンタルピーの総和)-(反応前のエンタルピーの総和)
または(生成物のもつエンタルピーの総和)-(反応物のもつエンタルピーの総和)

すなわち後から前を引いて変化量 ΔH を求めるんです。

1-3 燃焼エンタルピー

反応エンタルピーにはいくつか種類があります。反応エンタルピーは一般に[kJ/mol]の単位で,**物質1mol**あたりで示します。ある物質1molあたり何kJの熱量かという意味です。そして,反応エンタルピーは+だと**吸熱**,-だと**発熱**を表します。

では,具体的に「**燃焼エンタルピー**」から確認していきましょう。

例:メタンの燃焼エンタルピーは-891kJ/molである

これを化学反応式にエンタルピー変化 ΔH を書き加えた式で表すと

$$CH_4(気) + 2O_2(気) \longrightarrow CO_2(気) + 2H_2O(液) \qquad \Delta H = -891kJ(発熱)$$

アドバイス 各物質の状態は一般に25℃,1.0×10^5Paの状態で考え,特に指示がなければ水は液体とみなします。

アドバイス 化学反応を起こす物質の集まりを系といいます。発熱反応では,外に熱を放出し,系のエンタルピーが減少するので ΔH は負(-)で表し,逆に吸熱反応では外から熱を吸収し,系のエンタルピーが増加するので ΔH は正(+)で表します。

　酸素と結びついて，炎を出して燃えることを燃焼といいますが，炭素を完全燃焼させると，二酸化炭素を生じます（一酸化炭素では，まだ不完全燃焼の状態です）。このように**物質1molを完全燃焼したときのエンタルピー変化ΔHを「燃焼エンタルピー」**といいます。ちなみに，**C，HまたはC，H，Oからなる化合物が完全燃焼すると，どんな場合でもかならず二酸化炭素と水（$CO_2 + H_2O$）になります。**

■ 燃焼エンタルピーのイメージ

　「**物質1mol**」，「**完全燃焼**」というところが大事です。イメージ的には，

$$\underline{1}CH_4(気) + 2O_2(気) \longrightarrow CO_2(気) + 2H_2O(液) \quad \Delta H = -891kJ$$

　本当は，CH_4の前に1が入っているのです。燃焼エンタルピーと言われた場合には，物質1molが完全燃焼なんです。だからCH_4が1molです。**今回はたまたま係数が分数になりませんでした。**そのときの燃焼エンタルピーΔHが$-891kJ/mol$ということですが，化学反応式にΔHを書き加えた式では（/mol）という単位はつけません。式自体が"**1molあたり**"ということを表しているからです。一方，**燃焼エンタルピーと出てきたときの単位は，$-891kJ/mol$**という書き方をします。

1-4 生成エンタルピー

　次にいきます。**化合物1molが成分元素の単体から生成するときの，エンタルピー変化ΔHを「生成エンタルピー」**といいます。

　　　例：二酸化炭素の生成エンタルピーは$-394kJ/mol$である

　　　これを化学反応式にエンタルピー変化ΔHを書き加えた式で表すと

　　　　　C（黒鉛）$+ O_2$（気）$\longrightarrow$　CO_2（気）　　　$\Delta H = -394kJ$（発熱）

　生成エンタルピーの場合，発熱反応で－になるか，吸熱反応で＋になるかは，その物質によって決まっています。一方，さきほどやった**燃焼エンタルピーは，かならず負の値（－）です。発熱反応だけなのです。**

■ 生成エンタルピーのイメージ

　そして今回は，「**化合物1mol**」，「**成分元素の単体**」というところがポイントです。化合物1molを，単体からつくるということです。ですから，イメージ的には，

$$C（黒鉛）+ O_2(気) \longrightarrow \underline{1}CO_2(気) \quad \Delta H = -394kJ$$

CO_2の前に1を入れて考えるのです。

■ よくある生成エンタルピーの誤解例

慣れてくると，よく生成エンタルピーを次のようにとらえる人がいます。これはダメな例です。

$$(\times) \quad CO + \frac{1}{2}O_2 \longrightarrow CO_2 \quad \Delta H = Q\text{kJ}$$

これ，二酸化炭素（化合物）1molはできています。しかし，Q kJ/molは，二酸化炭素の生成エンタルピーではありません！　どこが違うのでしょうね？

それは，さきほどポイントと言った「**単体**」というところです。COが化合物なので，**化合物から物質をつくったとしても，生成エンタルピーとは言わないのです**。よく引っかけられるところなので注意しておきましょう。

では，これは何を表しているエンタルピー変化ΔHを付した化学反応式か？はい，こうすればわかりますね。

$$\underline{1}CO + \frac{1}{2}O_2 \rightarrow CO_2 \quad \Delta H = Q\text{kJ}$$

（CO_2の生成エンタルピーではない。COの燃焼エンタルピーを表す）

これは，一酸化炭素1molが完全燃焼して二酸化炭素になった，つまり**一酸化炭素の燃焼エンタルピー**を表していたのです。

■ 複数の意味をもつエンタルピー変化 ΔH を書き加えた式

さらにもう1つ，つけ加えておきます。1つのエンタルピー変化ΔHを書き加えた式には，実は複数の意味をもつときがあります。たとえば，今，

$$C(黒鉛) + O_2 \longrightarrow 1CO_2 \quad \Delta H = -394\text{kJ}$$

これは，**二酸化炭素の生成エンタルピー**を表す式だといいました。ではここで，1の位置を置きかえてみます。

$$1C(黒鉛) + O_2 \longrightarrow CO_2 \quad \Delta H = -394\text{kJ}$$

するとこれは，**黒鉛の燃焼エンタルピー**も表しているのです。炭素1molが完全燃焼して二酸化炭素になっている。つまり，**二酸化炭素の生成エンタルピーと黒鉛の燃焼エンタルピー**，同時に2つの意味をもつ式だということです。

要するに定義をしっかりおさえ，1の位置をとりかえながら，他にどんなことが表せるかを考えていくのです。

同様な例として$H_2(気) + \frac{1}{2}O_2(気) \longrightarrow H_2O(液) \quad \Delta H = -286\text{kJ}$
この式も**H_2O（液）の生成エンタルピーとH_2（気）の燃焼エンタルピー**の2つを表します。

(注意)化学反応式にエンタルピー変化ΔHを書き加えた式の係数が分数を含むこともあります。

<u>1</u>-5 溶解エンタルピー

燃焼エンタルピー，生成エンタルピーが頻出ですが，その他も知っておきましょう。**溶質1molを多量の溶媒に溶かすとき，放出または吸収するエンタルピー変化 ΔH を「溶解エンタルピー」といいます。**「多量の溶媒」がポイントです。普通の場合，溶媒は水です。多量の水は「aq（アクア）」で表します。

例：水酸化ナトリウムの水への溶解エンタルピーは－44.5kJ/molである

$$NaOH（固）+ aq \longrightarrow NaOH\ aq \quad \Delta H = -44.5kJ（発熱）$$

今，固体の水酸化ナトリウムがあって，これに多量の水を加えると溶けます。そうすると，水酸化ナトリウムは水溶液になります。これを表すのに，NaOHにaqを加えて書きます。今回の1molは，

$$\underline{1}NaOH（固）+ \underset{多量の水}{aq} \to \underset{水溶液}{NaOH\ aq} \qquad \Delta H = -44.5kJ$$

ということですね。

■ 水をなぜ H_2O としないのか？

さてここで，「なぜ水なのにH_2Oを式で使わないんだ？」と思われるかもしれません。でもこれは，H_2Oを使ってはおかしいのです。

例えば，H_2Oを式に書いたならば，それは1molの水を表します。だからNaOH＋H_2Oなどと書くと，1molの水酸化ナトリウム（＝40g）に，1molの水（＝18g）が加わり，それが化学反応を起こしたという意味になってしまいます。

それとは意味が全く違うのです。18gの水が加わったのではなくて，たくさん水が入っている中に，1molの水酸化ナトリウムを入れるわけです。

そのとき，何molの水なのかと具体的なことは言えないから，多量の水という言い方で，aqという記号で表しているわけです。おわかりですね。

1-6 中和エンタルピー

今度は「**中和エンタルピー**」です。**中和エンタルピーというのは酸と塩基が反応して，水1molを生じるとき放出するエンタルピー変化ΔHです。**「水1mol」が大事なポイントです。中和エンタルピーの値は約 $-57\mathrm{kJ/mol}$ で，どんな酸と塩基の中和でも，ほぼ等しくなります。

例：希塩酸と水酸化ナトリウム水溶液を混合したときの中和エンタルピーは
$-56.5\mathrm{kJ/mol}$ である

$$\mathrm{HCl\ aq + NaOH\ aq} \longrightarrow \mathrm{NaCl\ aq + H_2O\,(液)} \qquad \Delta H = -56.5\mathrm{kJ}（発熱）$$

または，$\mathrm{H^+ + OH^-} \longrightarrow \mathrm{H_2O\,(液)} \qquad \Delta H = -56.5\mathrm{kJ}（発熱）$

HCl aqは塩化水素の水溶液，要するに塩酸を表します。それと水酸化ナトリウム水溶液が反応して，塩化ナトリウムと水が出てきました。そして，今回は水が1mol生じるということなので，1の位置は，

$$\mathrm{HCl\ aq + NaOH\ aq} \rightarrow \mathrm{NaCl\ aq} + \underline{1}\mathrm{H_2O}(液) \quad \Delta H = -56.5\mathrm{kJ}$$

になります。もう1つ，下の式は両辺に存在する$\mathrm{Na^+}$とか$\mathrm{Cl^-}$を抜いて，$\mathrm{H^+}$と$\mathrm{OH^-}$の反応に着目したイオン反応式なのです。これも同様に，

$$\mathrm{H^+ + OH^-} \rightarrow \underline{1}\mathrm{H_2O}(液) \quad \Delta H = -56.5\mathrm{kJ}$$

水が1molです。では，反応エンタルピーの種類をまとめておきます。

単元 1 要点のまとめ①

● **反応エンタルピーの種類**

！重要★★★

燃焼エンタルピー…**物質1molを完全燃焼**したとき放出するエンタルピー変化ΔH（ΔHは常に負の値）。

生成エンタルピー…**化合物1mol**がその**成分元素の単体**から生成するとき，放出または吸収するエンタルピー変化ΔH。

溶解エンタルピー…**溶質1mol**を多量の溶媒に溶かすとき，放出または吸収するエンタルピー変化ΔH。多量の水はaq（アクア）で表す。

中和エンタルピー…酸と塩基が反応して，**水1mol**を生じるとき放出するエンタルピー変化ΔH（ΔHは常に負の値）。この値は約$-57\mathrm{kJ/mol}$で，どんな酸と塩基の中和でもほぼ等しい。

（注）その他に，**融解エンタルピー**，**蒸発エンタルピー**，**昇華エンタルピー**などがある。

　直接実験で測定できないような反応エンタルピーも，計算によって求めることができます。これを可能にしているのが「**ヘスの法則**」です。

2-1 ヘスの法則

　例えば，黒鉛の燃焼エンタルピーが未知数で，Q kJ/mol とします [1]。そして，その他 [2] [3] の反応エンタルピーが，すでにわかっているとします。

$$\text{C（黒鉛）} + O_2 \longrightarrow CO_2 \qquad \Delta H_1 = Q \text{kJ} \qquad \cdots\cdots\cdots\cdots [1]$$

$$\text{C（黒鉛）} + \frac{1}{2}O_2 \longrightarrow CO \qquad \Delta H_2 = -111\text{kJ} \quad \cdots\cdots\cdots [2]$$

$$CO + \frac{1}{2}O_2 \longrightarrow CO_2 \qquad \Delta H_3 = -283\text{kJ} \quad \cdots\cdots\cdots [3]$$

　ここで Q は，どのようにして求めますか？　計算によって簡単に導き出せると，感覚的にわかりますね。[1] 式に含まれない CO を消去すればよいのです。

　すなわち，

　　[1] = [2] + [3] より，$Q = -111 + (-283) = -394$ kJ

　詳しくみてみましょう。**化学反応式と ΔH は分けて計算していきます。**

$$\text{C（黒鉛）} + O_2 \longrightarrow CO_2 \quad \cdots\cdots [1]$$

[2] + [3] で CO が消去されて [1] が求まります。

$$\text{C（黒鉛）} + \frac{1}{2}O_2 \longrightarrow \cancel{CO} \quad \cdots\cdots [2]$$

$$+)\ \underline{\cancel{CO} + \frac{1}{2}O_2 \longrightarrow CO_2 \quad \cdots\cdots\cdots\cdots [3]}$$

$$\text{C（黒鉛）} + O_2 \longrightarrow CO_2 \cdots\cdots\cdots [1]$$

$$\Delta H_1 = Q \text{kJ} \cdots\cdots\cdots\cdots [1]$$

$$\Delta H_2 = -111\text{kJ} \cdots\cdots [2]$$

$$+)\ \underline{\Delta H_3 = -283\text{kJ} \cdots\cdots [3]}$$

$$\Delta H_2 + \Delta H_3$$
$$= -111 + (-283)$$
$$= -394\text{kJ} \cdots\cdots\cdots\cdots [1]$$

$$\therefore \quad \text{C（黒鉛）} + O_2 \longrightarrow CO_2 \qquad \Delta H_1 = -394\text{kJ} \cdots\cdots [1]$$

$$\therefore \quad Q = -394\text{kJ}$$

　なにげなく代数的に計算しましたが，こういったことができるのは，実はヘスの法則のおかげなんです。

単元 **2** 要点のまとめ①

● ヘスの法則

化学変化にともなって出入りするエンタルピー変化ΔHの総和は，最初と最後の物質とその状態が決まると，途中の経路によらず一定である。

アドバイス ヘスの法則に関しては，名前を問われる問題が多いです。ヘンリーの法則と間違えやすいので，気をつけましょう。

つまり，最初と最後が決まっていれば，どんな道筋で通っていっても，エンタルピー変化ΔHというのは決まってくるということです。

ヘスの法則により，[1][2][3]の関係は，**図6-1** のように表すことができます。（ア）から直接（ウ）に変化しても，（ア）から途中（イ）を通過して（ウ）に変化しても，最終的にはエンタルピー変化ΔHは-394kJになります。

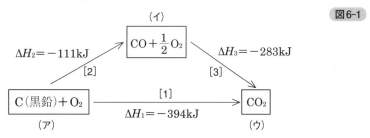

図6-1

また，エンタルピーの大小に着目すると，**図6-2** のようなエンタルピー図が書けます。エンタルピー図では上が大（大きなエンタルピーをもつ状態）で下が小（小さなエンタルピーをもつ状態）で表します。発熱反応の場合，熱を放出する反応（下向き矢印）なので，反応物のほうが生成物よりエンタルピーが大きくなるのです。**また単体はエンタルピーが一番大きい状態にあります。**

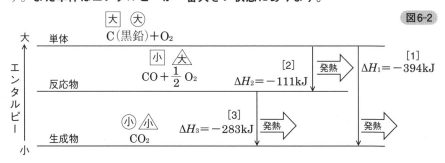

図6-2

この大小関係を踏まえてΔHを付した化学反応式を表すと，次のようになります。

$$C\,(黒鉛) + O_2 \longrightarrow CO_2 \qquad \Delta H_1 = -394kJ\,(発熱) \text{————} [1]$$

$$C\,(黒鉛) + \frac{1}{2}\,O_2 \longrightarrow CO \qquad \Delta H_2 = -111kJ\,(発熱) \text{————} [2]$$

$$CO + \frac{1}{2}\,O_2 \longrightarrow CO_2 \qquad \Delta H_3 = -283kJ\,(発熱) \text{————} [3]$$

では演習問題にいきましょう。

演習問題で力をつける⑩
エンタルピー変化 ΔH を3つの解法で紹介しましょう！（1）

> 問 次の①〜③の式を用いて，プロパンの燃焼エンタルピーを求めよ。
>
> $$3C + 4H_2 \longrightarrow C_3H_8 \qquad \Delta H_1 = -104kJ \quad \cdots ①$$
> $$H_2 + \frac{1}{2}\,O_2 \longrightarrow H_2O \qquad \Delta H_2 = -286kJ \quad \cdots ②$$
> $$C + O_2 \longrightarrow CO_2 \qquad \Delta H_3 = -394kJ \text{………} ③$$

さて，解いてみましょう。

問の解説 ①②③式を与えてくれていて，「プロパンの燃焼エンタルピーを求めよ」と書いてある。プロパンが燃焼する式を，この3つの式を使ってつくればいいわけです。ちなみに①②③式はそれぞれ C_3H_8, H_2O, CO_2 の生成エンタルピーを表しています。

> **岡野のこう解く** まず，プロパンというのは C_3H_8 です。で，これを完全燃焼させると二酸化炭素と水になる。プロパンは，今はわからなくても，有機化学の分野に入ればすぐにわかります。
> 　完全燃焼するときのエンタルピー変化 ΔH_4 を x kJ としてエンタルピー変化 ΔH を付した化学反応式をつくると，
>
> $$1C_3H_8 + 5O_2 \longrightarrow 3CO_2 + 4H_2O \qquad \Delta H_4 = x\,kJ \text{……} ④$$
>
> 　燃焼エンタルピーを求めるので C_3H_8 の係数を1として計算するんでしたね。最終的にこの④式の x kJ を x kJ/mol の単位に直したものが燃焼エンタルピーになります。
> 　燃焼エンタルピーは必ず発熱反応です。

それでは，本問を**3つの解法で解いてみます**。まずは加減法からいきます。

■**解法1：加減法で解く！**

> 岡野のこう解く ①②③式の中で，④式に含まれないのは，C と H_2 ですね。そこで，数学で習った方程式の加減法の要領で，C と H_2 を消去すれば④式を求めることができます。まず，③式を3倍して①式を引いてやると，C が消去できます。次は H_2 を消去するために，②式を4倍して足し算します。

$$\therefore \quad ③×3 - ① + ②×4 で C と H_2$$
は消去できる。

$$
\begin{array}{l}
3\cancel{C} + 3O_2 \longrightarrow 3CO_2 \cdots ③×3\\
-)\ 3\cancel{C} + 4H_2 \longrightarrow C_3H_8 \cdots ①\\
\hline
3O_2 - 4\cancel{H_2} \longrightarrow 3CO_2 - C_3H_8\\
+)\ 4\cancel{H_2} + 2O_2 \longrightarrow 4H_2O \cdots ②×4\\
\hline
5O_2 \longrightarrow 3CO_2 - C_3H_8 + 4H_2O\\
\therefore\ C_3H_8 + 5O_2 \longrightarrow 3CO_2 + 4H_2O\\
 \cdots\cdots ④
\end{array}
$$

$$
\begin{array}{l}
\Delta H_3 ×3 = -394×3\,kJ \cdots ③×3\\
-)\ \Delta H_1 = -104\,kJ \cdots\cdots\cdots ①\\
\hline
3\Delta H_3 - \Delta H_1 = -394×3 - (-104)\\
+)\ \Delta H_2 ×4 = -286×4\,kJ \cdots ②×4\\
\hline
3\Delta H_3 - \Delta H_1 + 4\Delta H_2\\
= -394×3 - (-104) - 286×4\\
= -2222\,kJ \cdots\cdots\cdots\cdots ④
\end{array}
$$

$$\therefore \quad C_3H_8 + 5O_2 \longrightarrow 3CO_2 + 4H_2O \quad \Delta H_4 = -2222\,kJ \cdots\cdots ④$$

$$\therefore \quad -2222\,kJ/mol \cdots\cdots \boxed{問}\text{ の【答え】}$$

(注意) 燃焼エンタルピーの単位は kJ/mol です。

■**解法2：エンタルピー図（エネルギー図）を用いて解く！**

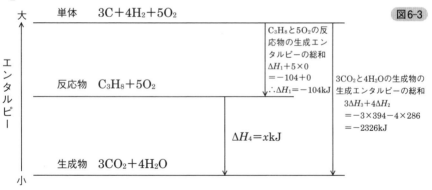

図6-3

(注意) 単体である O_2 の生成エンタルピーは０（ゼロ）です。次のページを参照して下さい。

！ **重要★★★**

☆ **エンタルピー図を書く上での注意点**

●単体はエンタルピーが一番大きい（一番上にくる。ただし原子を含まないとき）。

- 各段に存在する各原子の数は等しくなるように係数をつける。ここではCは3個，Hは8個，Oは10個になる。
- 発熱反応のときは反応物の方が生成物よりエンタルピーが大きい。(上にくる)燃焼エンタルピーは必ず発熱反応である。
- もし吸熱反応の例のときは図の反応物と生成物の位置を逆にする。
- 下向き矢印は発熱反応，上向き矢印は吸熱反応を示す。

$$\therefore \quad \Delta H_4 = -2326 - (-104) = -2222\,\mathrm{kJ}$$

$$\therefore \quad -2222\,\mathrm{kJ/mol} \cdots\cdots \boxed{問} \text{ の【答え】}$$

　ここでエンタルピー図から生成エンタルピーを用いて反応エンタルピーを求めるための公式を演習問題⑩を例にして導き出してみましょう。 図6-3 を見て下さい。反応エンタルピーはΔH_4で発熱反応になっています(下向き矢印だからです)。ΔH_4の値を求めるためには，$3CO_2$と$4H_2O$の生成エンタルピーの総和(**生成物の生成エンタルピーの総和**ここでは$-2326\mathrm{kJ}$)から，C_3H_8と$5O_2$の生成エンタルピーの総和(**反応物の生成エンタルピーの総和**ここでは$-104\mathrm{kJ}$)を引きます。このことから次の公式が導き出せます。この公式はこの問題に限らず成り立ちます。

！ 重要★★★

☆
- **生成エンタルピーが与えられているとき**
  反応エンタルピー＝(生成物の生成エンタルピーの総和)
  **　　　　　　　－(反応物の生成エンタルピーの総和)**

▌解法3：公式を用いて解く！

！ 重要★★★ 両辺に化合物がある化学反応式に注目します。④式です。

$$\underbrace{C_3H_8(気) + 5O_2(気)}_{反応物} \longrightarrow \underbrace{3CO_2(気) + 4H_2O(液)}_{生成物} \quad \Delta H_4 = x\,\mathrm{kJ} \cdots\cdots ④$$

ここで単体の生成エンタルピーは$\overset{ゼロ}{0}$です。

$$O_2 \longrightarrow O_2 \qquad \Delta H = \overset{ゼロ}{0}$$

O_2からO_2の変化ではエネルギーの出入りはなく$\Delta H = \overset{ゼロ}{0}$となります。では公式に代入してみましょう。

ここで確認しておきますが①式はC_3H_8の生成エンタルピー，②式はH_2Oの生成エンタルピー，③式はCO_2の生成エンタルピーを表す式です。

$$x = \underbrace{(-394 \times 3) + (-286 \times 4)}_{\text{生成物の生成エンタルピーの総和}} - \underbrace{\{(-104) + 0 \times 5)\}}_{\text{反応物の生成エンタルピーの総和}} = -2222\text{kJ}$$

CO_2の生成エンタルピーの3mol分　H_2Oの生成エンタルピーの4mol分　C_3H_8の生成エンタルピーの1mol分　O_2の生成エンタルピーの5mol分

∴ -2222 kJ/mol …… 問 の【答え】

これまで，加減法での解法，エンタルピー図を用いた解法，公式を用いた解法の3つの方法を説明してきました。どのやり方でも構いません。ぜひ自分の得意技をつくって下さいね。入試で速さを追求するなら公式が一番だと思います。

単元 2 要点のまとめ②

● **生成エンタルピーを用いて反応エンタルピーを求める方法**

反応エンタルピーを求めるには3つの解法がある（加減法，エンタルピー図を用いる方法，公式を用いる方法）。

❗重要★★★

☆
反応エンタルピー＝（生成物の生成エンタルピーの総和）
ー（反応物の生成エンタルピーの総和）

演習問題で力をつける⑪
エンタルピー変化 ΔH を 3 つの解法で紹介しましょう！（2）

問 エタノールの製法の一つとして，グルコース（ブドウ糖）を原料とするアルコール発酵があり，次のように表される。

$$C_6H_{12}O_6\,(\text{固}) \longrightarrow 2C_2H_5OH\,(\text{液}) + 2CO_2\,(\text{気}) \quad \Delta H_4 = Q\text{kJ}$$

この反応の反応エンタルピー Q を，次の①～③を用いて求めると，何kJになるか。

$$C\,(\text{黒鉛}) + O_2 \longrightarrow CO_2\,(\text{気}) \qquad \Delta H_1 = -394\,\text{kJ} \cdots\cdots ①$$

$$2C\,(\text{黒鉛}) + 3H_2 + \frac{1}{2}O_2 \longrightarrow C_2H_5OH\,(\text{液}) \qquad \Delta H_2 = -277\,\text{kJ} \cdots\cdots ②$$

$$6C\,(\text{黒鉛}) + 6H_2 + 3O_2 \longrightarrow C_6H_{12}O_6\,(\text{固}) \qquad \Delta H_3 = -1273\,\text{kJ} \cdots\cdots ③$$

さて, 解いてみましょう。

問の解説　$C_6H_{12}O_6$はグルコース(ブドウ糖)です。グルコースを分解して, エタノール(C_2H_5OH)と二酸化炭素(CO_2)に分ける。これをアルコール発酵と言うわけです。そのときの反応エンタルピーQには特に「何エンタルピー」という名称はありません。①②③式はそれぞれCO_2, C_2H_5OH, $C_6H_{12}O_6$の生成エンタルピーを表しています。では, Qの値を求めましょう。

解法1：加減法で解く！

$$C_6H_{12}O_6(固) \longrightarrow 2C_2H_5OH(液) + 2CO_2(気) \qquad \Delta H_4 = Q\,kJ \text{——} ④$$

①②③式の中で④式に含まれないのはC, O_2, H_2ですね。C, O_2, H_2を消去すれば④式を求めることができます。

②×2－③＋①×2でC, O_2, H_2は消去できる。

$$\begin{array}{ll}
4C(黒鉛) + 6H_2 + O_2 \longrightarrow 2C_2H_5OH(液) \cdots ②×2 \\
-)\ 6C(黒鉛) + 6H_2 + 3O_2 \longrightarrow C_6H_{12}O_6(固) \cdots ③ \\
\hline
-2C(黒鉛) - 2O_2 \longrightarrow 2C_2H_5OH(液) - C_6H_{12}O_6(固) \\
+)\ 2C(黒鉛) + 2O_2 \longrightarrow 2CO_2(気) \cdots ①×2 \\
\hline
\therefore\ C_6H_{12}O_6(固) \longrightarrow 2C_2H_5OH(液) + 2CO_2(気) \cdots ④
\end{array}$$

$$\begin{array}{l}
\Delta H_2 × 2 = -277 × 2\,kJ \cdots ②×2 \\
-)\ \Delta H_3 = -1273\,kJ \cdots ③ \\
\hline
2\Delta H_2 - \Delta H_3 = -277 × 2 - (-1273) \\
+)\ \Delta H_1 × 2 = -394 × 2\,kJ \cdots ①×2 \\
\hline
\therefore\ 2\Delta H_2 - \Delta H_3 + 2\Delta H_1 \\
\quad = -277 × 2 - (-1273) - 394 × 2 \\
\quad = -69\,kJ \cdots ④
\end{array}$$

$$\therefore\ C_6H_{12}O_6(固) \longrightarrow 2C_2H_5OH(液) + 2CO_2(気) \qquad \Delta H_4 = -69\,kJ \cdots ④$$

$$\therefore\ -69\,kJ \cdots\cdots \boxed{問}\ \text{の【答え】}$$

解法2：エンタルピー図を用いて解く！

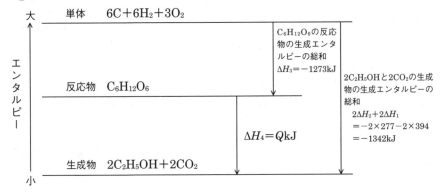

$$\therefore \quad \Delta H_4 = -1342 - (-1273) = -69\,\mathrm{kJ}$$

$$\therefore \quad -69\,\mathrm{kJ} \cdots\cdots \boxed{\text{問}} \text{ の【答え】}$$

> **アドバイス** 反応物と生成物のところで発熱反応か吸熱反応かわかっていないときはとりあえず反応物を上に，生成物を下にして発熱反応だと考えて解きます。もし吸熱反応だったとしたらこのエンタルピー図は矛盾を生じるので，そのときは，逆にして下さい。
> 次に吸熱反応だとして生成物を上に，反応物を下にした図を載せますので確認してみましょう。

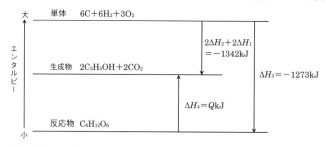

この図は間違いです。

吸熱反応だとしたこの図では 1342＜1273 となり大小関係に矛盾を生じてしまうので Q は求まりません。

▍解法3：公式を用いて解く！

！重要★★★

☆
- **生成エンタルピーが与えられているとき**
  反応エンタルピー＝（生成物の生成エンタルピーの総和）
  **　　　　　　　　－（反応物の生成エンタピーの総和）**

！重要★★★ **両辺に化合物がある化学反応式に注目します。**④式です。

$$\underbrace{C_6H_{12}O_6\,(\text{固})}_{\text{反応物}} \longrightarrow \underbrace{2C_2H_5OH\,(\text{液}) + 2CO_2\,(\text{気})}_{\text{生成物}} \qquad \Delta H_4 = Q\,\mathrm{kJ} \cdots ④$$

ここで確認しておきますが①式はCO_2の生成エンタルピー，②式はC_2H_5OHの生成エンタルピー，③式は$C_6H_{12}O_6$の生成エンタルピーを表す式です。

C_2H_5OHの生成エンタルピーの2mol分　　CO_2の生成エンタルピーの2mol分　　$C_6H_{12}O_6$の生成エンタルピーの1mol分

$$Q = \underbrace{(-277 \times 2) + (-394 \times 2)}_{\text{生成物の生成エンタルピーの総和}} - \underbrace{(-1273)}_{\substack{\text{反応物の生成}\\\text{エンタルピーの総和}}} = -69\,\mathrm{kJ}$$

$$\therefore \quad -69\,\mathrm{kJ} \cdots\cdots \boxed{\text{問}} \text{ の【答え】}$$

「**結合エネルギー（結合エンタルピーともいう）**」に関した問題も頻出です。

3-1 結合エネルギーを理解せよ

まず，最初にまとめておきますので，言葉をおさえてください。

単元3　要点のまとめ①

● **結合エネルギー**

　気体分子内の2原子間の結合を切断するのに必要なエネルギー（**結合1mol分を切断するエネルギー**）を結合エネルギー（結合エンタルピーともいう）という。また，気体分子を構成している原子間の結合エネルギーの総和を**解離エネルギー**という。

「**気体分子内**」というところがポイントです。これは気体分子でないとダメです。それから，「**結合1mol分**」というところも要チェックです。

　でも，これだけではイメージがわきませんね。具体的に例を挙げます。

　　　例：O−H結合の結合エネルギーを465kJ/molとすると，気体の水1molを
　　　　　原子に解離させるときのエンタルピー変化ΔHを付した反応式は

　　H_2O（気）　⟶　$2H$（気）$+ O$（気）　　　$\Delta H = 465 × 2\,kJ$（吸熱）

　　H_2O 1molには O−H 結合が2molある。◀

■ 結合 1mol 分を切断する

　さて，これは次のように考えてください。分子状態の水があって，結合部分にエネルギーが加わります 連続 図6-4①。どんなエネルギーでも構いません。

　そうすると，分子だった水が原子状態にバラバラに分かれるのです 連続 図6-4②。そのときに，どれだけのエネルギーが加わったか（吸収されたか）というと，結合

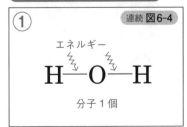

結合エネルギーをイメージ！

① 連続 図6-4

エネルギー

H−O−H

分子1個

1mol分が465kJということですから， 連続 図6-4③ のような形で水分子にエネルギーが加わって（吸収されて）いたのです。

ですから，連続 図6-4③ は，水分子1個で
はなく，水分子1molと考えてください。
1molということは，6.02×10^{23}個の水分
子がここにあるわけです 連続 図6-4④。そ
れを全部バンバンと切っていくのに，1mol
あたり465kJの熱を吸収した，もう片方も，
やはり465kJ吸収した，という話です。

このように，切断するのに必要なエネル
ギーを結合エネルギーといいます。

**繰り返しますが，これは気体状態の水，
水蒸気でなくてはいけません。**

■ エネルギーの大小関係

もう1つ，大小関係が非常に大事です。
水の分子の状態と原子の状態では，どっち
がエネルギーが大きい状態にあるか？　こ
れは実感としてわかってください。

分子の状態にエネルギーを加え（吸収さ
せ），その結果，バラバラの原子の状態にな
りました。吸収されたのだから，当然**分子
状態のほうがエネルギー小，原子状態
のほうがエネルギー大です** 図6-5。

連続 図6-4 の続き

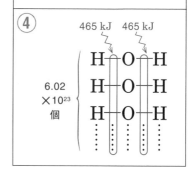

図6-5

岡野流

⑮ 必須ポイント

原子と分子のエネルギーの大小関係

原子状態のほうが，分子状態よりもっているエネルギー
が大きい。

演習問題で力をつける⑫
エンタルピー変化 ΔH を３つの解法で紹介しましょう！（3）

問　H_2O（気）1mol中の$O-H$結合を，すべて切断するとき吸収するエネルギーは何kJか。ただし，$H-H$および$O=O$の結合エネルギーは，それぞれ436kJ/mol，498kJ/molとする。また，H_2O（気）の生成エンタルピー〔kJ/mol〕は，次の式で表されるものとする。数値は整数で求めよ。

$$H_2\,(\text{気}) + \frac{1}{2}O_2\,(\text{気}) \longrightarrow H_2O\,(\text{気}) \qquad \Delta H = -242\text{kJ}$$

さて，解いてみましょう。

問の解説　まず最初に，H_2O（気）の生成エンタルピーを表す式が与えられています。

$$H_2\,(\text{気}) + \frac{1}{2}O_2\,(\text{気}) \longrightarrow H_2O\,(\text{気}) \qquad \Delta H_1 = -242\text{kJ（発熱）}\cdots\cdots①$$

これらは全部，気体です。そして今から，①式中の各気体を全部結合エネルギーを用いた式に表していきます。

結合エネルギーを用いて表す

まずはH_2（気）からいきますが，今，分子状態のほうが小さいエネルギーをもっていて，原子状態のほうが大きなエネルギーをもっている 連続 図6-6①。

なぜなら，分子状態の結合部分にエネルギーを加え，切断することで，原子状態になるからです。

エネルギーの大小に注目！

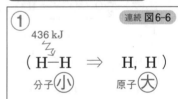

問題文より$H-H$の結合エネルギーは436kJ/molと書いてある。436kJの熱量が吸収されると，1mol分が全部バラバラになります。

そうすると，H_2（気）と2H（気）でのエネルギー関係は，H_2（気）小，2H（気）大ですから，式に表すと，

$$\overset{小}{H_2\,(\text{気})} \longrightarrow \overset{大}{2H\,(\text{気})} \qquad \Delta H_2 = 436\text{kJ（吸熱）}\cdots\cdots②$$

次にO_2（気）にいきます。同じように書いてみます 連続 図6-6②。**O の二重結合だからといって，結合2mol分とは考えないでください。二重結合であろうが，三重結合であろうが，これで1mol分と考えてください。**そして，O_2（気）と2O（気）でのエネルギー関係は，O_2（気）小，2O（気）大ですから，

$$\overset{\text{⑤}}{\text{O}_2\,(気)} \longrightarrow \overset{\text{⑦}}{2\text{O}\,(気)}$$

$$\Delta H_3 = 498\text{kJ}\,(吸熱)\,\cdots\cdots\,③$$

最後にH$_2$O（気）にいきます。同様に図示すると，連続 図6-6③ のようになります。O—H結合1molを切るとき吸収するエネルギーをxkJ/molとします。だからこれは合わせて$2x$です。

よって，

$$\overset{\text{⑤}}{\text{H}_2\text{O}\,(気)} \longrightarrow \overset{\text{⑦}}{2\text{H}\,(気)+\text{O}\,(気)} \qquad \Delta H_4 = 2x\,\text{kJ}\,(吸熱)\,\cdots\cdots\,④$$

連続 図6-6 の続き

② 498 kJ

$$\left(\ \text{O}{=}\text{O} \ \Rightarrow \ \text{O, O} \ \right)$$

分子⑤　　原子⑦

③ x kJ x kJ

$$\left(\ \text{H}{-}\text{O}{-}\text{H} \ \Rightarrow \ \text{H, O, H} \ \right)$$

分子⑤　　原子⑦

▌解法1：加減法で解く！

①②③式の中で，④式に含まれないのはH$_2$（気）とO$_2$（気）ですね。H$_2$（気）とO$_2$（気）を消去すれば④式を求めることができます。

②－①＋③×$\dfrac{1}{2}$でH$_2$とO$_2$を消去できる。

$$\text{H}_2\,(気) \longrightarrow 2\text{H}\,(気)\,\cdots\,②$$
$$-)\ \text{H}_2\,(気)+\frac{1}{2}\text{O}_2\,(気) \longrightarrow \text{H}_2\text{O}\,(気)\,\cdots\,①$$
$$-\frac{1}{2}\text{O}_2\,(気) \longrightarrow 2\text{H}\,(気)-\text{H}_2\text{O}\,(気)$$
$$\therefore\ \text{H}_2\text{O}\,(気) \longrightarrow 2\text{H}\,(気)+\frac{1}{2}\text{O}_2\,(気)$$
$$+)\ \frac{1}{2}\text{O}_2\,(気) \longrightarrow \text{O}\,(気)\,\cdots\,③\times\frac{1}{2}$$
$$\therefore\ \text{H}_2\text{O}\,(気) \longrightarrow 2\text{H}\,(気)+\text{O}\,(気)\,\cdots\,④$$

$$\therefore\ \text{H}_2\text{O}\,(気) \longrightarrow 2\text{H}\,(気)+\text{O}\,(気)$$

$$\Delta H_2 = 436\text{kJ}\,\cdots\,②$$
$$-)\ \Delta H_1 = -242\text{kJ}\,\cdots\,①$$
$$\Delta H_2 - \Delta H_1 = 436-(-242)$$
$$+)\ \Delta H_3 \times \frac{1}{2} = 498 \times \frac{1}{2}\,\cdots③\times\frac{1}{2}$$
$$\therefore\ \Delta H_2 - \Delta H_1 + \frac{1}{2}\Delta H_3$$
$$= 436+242+249$$
$$= 927\text{kJ}\ \cdots④$$

$$\Delta H_4 = 927\text{kJ}\ \cdots\ ④$$
$$\therefore\ \Delta H_4 = 2x = 927\text{kJ}$$

$$\therefore\ x = 463.5\text{kJ/mol}\,(\text{O}-\text{H結合の結合エネルギー})$$

求めたxはO－H結合1mol分を切断するエネルギー，すなわちO－H結合の結合エネルギーです。けれども，問題文には，「O－H結合をすべて切断するとき吸収するエネルギー」を求めよとあります。

H$_2$O（気）1mol中にO－H結合は2mol分あるから，

$$\therefore\ 463.5 \times 2 = 927\text{kJ}$$

$$\therefore\ \mathbf{927\,kJ}\ \cdots\cdots\ \boxed{問}\ \text{の【答え】}$$

解法2：エンタルピー図を用いて解く！

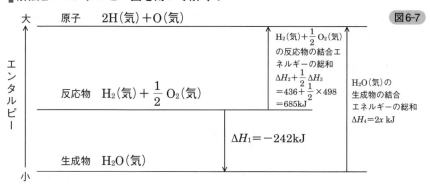

図6-7

重要★★★

☆
- 原子はエンタルピーが一番大きい（原子を含むときは単体より大きい）
- 上向き矢印は吸熱反応，下向き矢印は発熱反応を示す。

∴ $\Delta H_4 = 2x = 685 - (-242) = 927$

$2x = 927kJ$

$x = 463.5kJ/mol$（O-H結合の結合エネルギー）

∴ $463.5 \times 2 = 927kJ$　　　　　　　∴ **927kJ** …… 問 の【答え】

　ここでエンタルピー図から結合エネルギーを用いて反応エンタルピーを求める公式を演習問題⑫を例に導き出してみましょう。 図6-7 を見て下さい。反応エンタルピーはΔH_1で発熱反応です（下向き矢印だからです）。ΔH_1の値を求めるためには，H_2（気）と$\frac{1}{2}O_2$（気）の結合エネルギーの総和（**反応物の結合エネルギーの総和**ここでは685kJ）から，H_2O（気）の結合エネルギーの総和（**生成物の結合エネルギーの総和**ここでは$2x$ kJ）を引きます。ここで注意することは反応エンタルピーΔH_1は発熱反応（－）の値であり，反応物と生成物の結合エネルギーの総和は共に吸熱反応（上向き矢印）なので（＋）の値です。

　ΔH_1が（－）の値になるためには小さい値から大きい値を引かないと（－）の符号になりません。ここで**小さい値は反応物の結合エネルギーの総和**，**大きい値は生成物の結合エネルギーの総和**です。このことから次の公式が導き出せます。この公式はこの問題に限らず成り立ちます。

重要★★★

☆
- **結合エネルギーが与えられているとき**

反応エンタルピー＝（反応物の結合エネルギーの総和）
**　　　　　　　－（生成物の結合エネルギーの総和）**

　先ほどの183ページの公式と生成物，反応物が逆になっています。**生成エンタルピーを用いる場合と結合エネルギーを用いる場合では公式が逆になること**に注意して下さい。

解法3：公式を用いて解く！

 重要★★★　両辺に気体分子を含む化学反応式に注目します。①式です。

$$H_2（気）+ \frac{1}{2} O_2（気） \longrightarrow H_2O（気） \qquad \Delta H_1 = -242kJ ……①$$

反応物　　　　　　　　生成物

　ここで確認しておきますが②式はH－Hの結合エネルギー，③式はO＝Oの結合エネルギー，④式はO－Hの結合エネルギー2mol分を表す式です。

$$-242 = \underset{\substack{\text{H－Hの結合エネ}\\\text{ルギー 1mol分}}}{(436)} + \underset{\substack{\text{O＝Oの結合エネ}\\\text{ルギー} \frac{1}{2} \text{mol分}}}{(498 \times \frac{1}{2})} - \underset{\substack{\text{O－Hの結合エネ}\\\text{ルギー 2mol分}}}{(x \times 2)}$$

反応物の結合　　　　　　生成物の結合
エネルギーの総和　　　　エネルギーの総和

∴　$2x = 927$

∴　$x = 463.5kJ/mol（O － H結合の結合エネルギー）$

∴　$463.5 \times 2 = 927kJ$

∴　**927kJ** …… 問 の【答え】

単元3 要点のまとめ②

● **結合エネルギーを用いて反応エンタルピーを求める方法**

　反応エンタルピーを求めるには3つの解法がある（加減法，エンタルピー図を用いる方法，公式を用いる方法）。

！**重要★★★**

☆
反応エンタルピー＝（反応物の結合エネルギーの総和）
**　　　　　　　－（生成物の結合エネルギーの総和）**

4 -1 比熱とは

1gの物質を1℃ (1K)温度上昇させるのに必要な熱量を比熱(比熱容量ともいう)といいます。

> 例えば比熱4.2J/ (g・K) のとき
>
> 1gの溶液を1K (1℃) 温度上昇させるのに4.2Jの熱量が必要です。

演習問題で力をつける⑬

比熱を使って溶解エンタルピーと中和エンタルピーを求めよう！

問 次の[実験1]～[実験2]に関する文章を読み, (1)～(3)に答えよ。なお, 全ての水溶液の比熱を4.2J/(g・K)とする。H = 1.0, O = 16.0, Na = 23.0

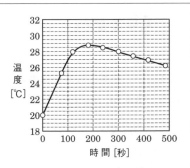

[実験1]水酸化ナトリウムの固体2.0gを素早く量り取り, ビーカーに入れた水50mLに溶解し, 温度変化を測定した。その時の温度変化はグラフおよび表の通りであった。ここで, 水酸化ナトリウムを水中に入れた瞬間を時間0(秒)とする。

時間 (秒)	0	60	120	180	240	300	360	420	480
温度(℃)	20.0	25.3	28.0	28.8	28.6	28.0	27.4	26.8	26.2

[実験2]次に, この水溶液の温度が一定になった時点で, 容器ごと断熱容器に入れ, 同じ温度の1.0mol/Lの塩酸を75mL混合すると, 混合水溶液の温度は5.4℃上昇した。

(1) [実験1]について, 水への水酸化ナトリウムの溶解による発熱量 Q[kJ]を有効数字2桁で求めよ。ただし, 水の密度を1.0g/cm^{3}とする。

(2) (1)より水酸化ナトリウムの溶解エンタルピー (kJ/mol)を有効数字2桁で求めよ。

(3)　［実験2］について，この温度上昇値をもとに塩酸と水酸化ナトリウム
の中和エンタルピーを表すエンタルピー変化ΔHを付した化学反応式を示
せ。ただし，1.0mol/Lの塩酸の密度を$1.0g/cm^3$とし，外部からの熱の出
入りおよび水酸化ナトリウムの溶解による体積の変化はないものとする。
また，中和エンタルピーは有効数字2桁で示せ。

さて，解いてみましょう。

　比熱の単位に注目していきます。例えば比熱4.2J/(g・℃)（正式（国際単位系）
には4.2J/(g・K)を使用しますが，ここでは日常使いに慣れている℃で話を進
めていきます。）は4.2J/1g・1℃というように1を書き加えることで，この単位
が表す意味がわかります。**1gの水溶液が1℃（または1K）温度上昇するのに4.2J
が必要であることを表します。**

❗重要★★★　$$\text{J/g·℃} \times \bigcirc\text{g} \times \triangle\text{℃} = \text{J}$$

が成り立ちます。

　すなわち**比熱に溶液全体の質量(g)** ◯**をかけ，上昇温度(℃またはK)** △**をか
けると熱量(J)が求められるのです。**

問(1)の解説　［実験1］の溶液全体の質量を求めてみましょう。

NaOH（固）2.0g

水　50mL = $50cm^3$

水の質量は密度から$1.0g/cm^3 \times 50cm^3 = 50g$と求まります。

∴　2.0 + 50 = 52g（溶液全体の質量）

次に上昇温度をグラフから求めます。

　グラフの最高温度は1目盛が0.5℃なので28.75℃と読み取れますが，実はこ
の温度がこの実験の最高温度ではあり
ません。すでに容器や空気中に逃げた
熱量分の補正が必要になります。理想
的には溶解を初めた瞬間（0［秒］）のと
きの温度が真の最高温度です。

　グラフを前後に伸ばして時間0［秒］
を求めると31℃と求まります。

　よって生じた熱量Jを求めてみましょ
う。

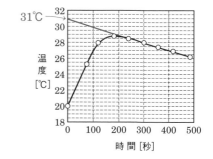

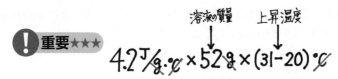

溶液の質量　　上昇温度

$$4.2\,\text{J/g·}°\text{C} \times 52\,\text{g} \times (31-20)\,°\text{C}$$

$= 2402.4\,\text{J} \xRightarrow[\text{割る}]{1000\text{で}} 2.4024\,\text{kJ}$ 　　　　$\therefore$ 　**2.4 kJ** …… **問 (1)** の【答え】
（有効数字2桁）

問 (2) の解説 溶解エンタルピーを求める問題です。

　溶解エンタルピーは溶質1molが溶解したときに放出または吸収するときの
エンタルピー変化でした。

　　NaOHの物質量は $\dfrac{2.0}{40}$ mol 　　　（NaOH = 40）

　$\therefore$ 　$\dfrac{2.0}{40}$ mol : 2.40 kJ = 1mol : x kJ

　$\therefore$ 　$x = \dfrac{2.40}{\dfrac{2.0}{40}} = 48\,\text{kJ}$

　　よって $\Delta H = -48\,\text{kJ/mol}$（発熱）　$\therefore$ 　**−48 kJ/mol** …… **問(2)** の【答え】
（有効数字2桁）

$\left(\begin{array}{l}\text{実際のNaOHの溶解エンタルピーは}-44.5\,\text{kJ/molです}\\ \text{が実験結果は多少の誤差を生じることがあるのです。}\end{array}\right)$

問 (3) の解説 ［実験2］の溶液全体の質量を求めます。

　　NaOH（固）2.0g
　　水　　　　　50g
　　塩酸　　　　75mL $\Longrightarrow$ 1.0 g/cm^3 × 75 cm^3 = 75g
　　$\therefore$ 　2.0 + 50 + 75 = 127g
上昇温度は5.4℃と教えてくれてます。
生じた熱量Jを求めてみましょう。

4.2 J/g·℃ × 127 g × 5.4℃ = 2880.36 J
　　　　　$\xRightarrow[]{1000\text{で割る}}$ 2.88 kJ

中和エンタルピーは中和反応で**水1mol**を生じるときのエンタルピー変化で
した。［実験2］で生じる水の物質量を求めましょう。（NaOH = 40）

［公式3］　　NaOH　　+　　HCl $\longrightarrow$　NaCl + H$_2$O

$\boxed{n = \dfrac{w}{M}}$ 　　$\dfrac{2.0}{40}$ mol 　　　　$\dfrac{1.0 \times 75}{1000}$ mol 　$\longleftarrow$ **［公式8］**

　　　　　　= 0.050 mol 　　　　= 0.075 mol 　　　$\boxed{\dfrac{CV}{1000}\,\text{mol}}$

　　NaOH 0.050 mol と HCl 0.075 mol が反応すると少ない方の 0.050 mol が全て反応し，H_2O は 0.050 mol 生じることがわかります。

　　よって 0.050 mol：2.88 kJ = 1 mol：y kJ

$$\therefore \quad y = \frac{2.88 \times 1}{0.050} = 57.6 \text{ kJ}$$

$$\fallingdotseq 58 \text{ kJ}$$

$$\therefore \quad \Delta H = -58 \text{ kJ/mol}（発熱）$$
（有効数字2桁）

エンタルピー変化 ΔH を付した化学反応式は

$$\therefore \quad \textbf{NaOHaq} + \textbf{HClaq} \longrightarrow \textbf{NaClaq} + \textbf{H}_2\textbf{O}（液）\quad \Delta H = -58 \text{ kJ}$$

…… 問(3) の【答え】

単元 4 要点のまとめ①

● **比熱（比熱容量ともいう）**

❗ **重要★★★**

1 g の物質を 1℃（1K）温度上昇させるのに必要な熱量を比熱という。

> 例えば比熱 4.2 J/（g・K）（または 4.2 J/（g・℃））のとき
> 　1 g の溶液を 1 K（1℃）温度上昇させるのに 4.2 J の熱量が必要です。

● **熱量の求め方**

❗ **重要★★★**　J/g・℃ × ○ g × △℃ = J

○は溶液全体の質量（g）
△は上昇温度（℃またはK）
　比熱に溶液全体の質量（g）をかけ，さらに上昇温度（℃またはK）をかけると熱量（J）が求められる。

（注意）$Q = mc\Delta t$ という公式が教科書や参考書にありますが，あえてここでは使いませんでした。単位だけしっかり理解しておけば公式を覚えないでも解ける方法を紹介しました。

　　これで第6講は終わりです。今回はエンタルピーという日常，聞き慣れない言葉がでてきましたが，しっかり理解して下さいね。では次回またお会いしましょう。

第 7 講

気体

単元 **1** 気体の法則 化学

単元 **2** 理想気体と実在気体 化学

単元 **3** 物質の三態と状態図 化学基礎 化学

第 7 講のポイント

　今日は「気体」「物質の三態と状態図」についてやっていきます。教科書や他の参考書を見ますと，気体に関しては様々な公式が出ています。しかし，私が示す最小限の公式さえ理解して，覚えていただければ大丈夫なんです！

　「物質の三態」は「化学基礎」でも出ました。「状態図」は特に水の状態図を重要視して下さい。

化学

1-1 ボイル・シャルルの法則

まずは「**ボイル・シャルルの法則**」です。

！重要★★★

$$\frac{PV}{T} = \frac{P'V'}{T'}$$ ——————————— [**公式13**]

P と V は両辺で単位をそろえる。

$\left(\begin{array}{l} P,\ P' : 気体の圧力\,(\text{Pa},\ \overset{\text{ヘクトパスカル}}{\text{hPa}},\ \overset{\text{キロパスカル}}{\text{kPa}},\ \overset{\text{ミリメートルエイチジー}}{\text{mmHg}}) \\ V,\ V' : 気体の体積\,(\text{L},\ \text{mL}) \\ T,\ T' : 絶対温度\,(273 + t\text{℃})\,\overset{\text{ケルビン}}{\text{K}} \end{array}\right)$

21個の最重要公式のうちの [**公式13**] です。

これは「**ボイル**(1627 〜 1691)」と「**シャルル**(1746 〜 1823)」がそれぞれつくった「ボイルの法則」と「シャルルの法則」を,20世紀に入って,1つの式にまとめたものです。ですからみなさんは,**1本化したこの「ボイル・シャルルの法則」さえ覚えておけばいいんです！**

■ $P,\ V,\ T$ の表す意味

では,文字の意味をおさえておきましょう。P は Pressure(プレッシャー),すなわち圧力です。単位は Pa,hPa,kPa,mmHg のどれを使っても構いません。

それから,V は Volume(ボリューム)で,体積を表します。これも単位は,L または mL のどちらでもいい。

T は「絶対温度」といいます。

■ 絶対温度とは？

シャルルは −273℃で気体の体積が0になることを発見しました。体積は,気体が分子運動をして壁にぶつかることで,できあがります。しかし,温度が下がっていくと,分子運動が弱まり,体積も小さくなっていきます。やがて,−273℃で分子運動は完全に止まり,体積は0になります。マイナスの体積はないので,これ以上温度は下がらない。そこで,**この最も低い温度−273℃を,新たに0K(ゼロ・ケルビン)と決めたんです。**オッケーと読んじゃいけませんよ(笑)。

これが絶対温度です。つまり,**摂氏℃の数値に273を足してやると,常に絶対温度の値になります。**273という値は試験では与えてくれないので,覚えておきましょう。

アドバイス ちなみに,普段の生活で使っている「セルシウス度(℃)」は,水が凍る温度を0℃としているんですね。

■ **ボイル・シャルルの法則は両辺で単位をそろえる**

「ボイル・シャルルの法則」のポイントは，P と V は両辺で単位をそろえるということです。 例えば，左辺の P で Pa の単位を使ったのであれば，右辺の P' のほうも Pa でそろえなければいけません。右辺に hPa を使ったら，左辺も hPa です。V と V' も，L ならば L，mL ならば mL でそろえます。

ボイル・シャルルの法則の注意点

ボイル・シャルルの法則では，P と V はそれぞれ両辺で単位をそろえる。

「ボイル・シャルルの法則」は，文字の意味と使い方をよく理解して覚えましょう。

1-2 ボイルの法則は温度一定

さきほど私は，「ボイルの法則」と「シャルルの法則」に関して，1 本化した「ボイル・シャルルの法則」さえ覚えておけばいいと言いました。でも，実際には入試に「ボイルの法則」は出るんです。「えっ，それじゃあ困るじゃないか！」とおっしゃるかもしれません。でも大丈夫なんです。

なぜならば，これだけ覚えておけばいいからです。

ボイルの法則は「温度一定」

「ボイルの法則」と言ったらとにかく「温度一定」と頭の中に思い浮かべる。「ボイル・シャルルの法則」において，最初の状態 $\left(\dfrac{PV}{T}\right)$ と，条件を変えたあとの状態 $\left(\dfrac{P'V'}{T'}\right)$ で，温度一定，すなわち $T = T'$ ということは，

$PV = P'V' =$ 一定

と言っているわけです。「温度一定」から，この式は自分でつくれますね。

さらに $PV =$ 一定とはどういうことか？　これは $xy = a\,(a =$ 定数$)$ の関係と同じこと。変形すると $y = \dfrac{a}{x}$，つまり **反比例の関係なんです** 図7-1。

図7-1

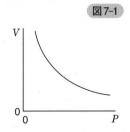

P と V は反比例の関係

1-3 シャルルの法則は圧力一定

では次にいきます。「シャルルの法則」も、これだけです。

シャルルの法則は「圧力一定」

簡単でしょう？ 「**シャルルの法則**」と言ったら常に「**圧力一定**」。「ボイル・シャルルの法則」において、最初の状態 $(\frac{PV}{T})$ と、条件を変えたあとの状態 $(\frac{P'V'}{T'})$ で、$P = P'$ だから、圧力は消去できるわけです。すると、

$$\frac{V}{T} = \frac{V'}{T'} = 一定$$

これでは、すぐにわからないという人は、$\frac{y}{x} = a$（a = 定数）と置きかえるんです。そうすると、$y = ax$ だから、**比例ですよね** 図7-2 。

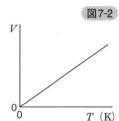
図7-2

V と T は比例の関係

「圧力一定」から、ここまで読みとれるわけです。ちなみにマイナスの絶対温度というのはないので、図7-2 のように、かならず原点から始まる右上がりの直線になります。では、1-1 〜 1-3 までをまとめておきましょう。

単元1 要点のまとめ①

●ボイル・シャルルの法則

! 重要★★★

☆ $$\boxed{\frac{PV}{T} = \frac{P'V'}{T'}}$$ [公式13]

P, P'：気体の圧力（Pa, hPa, kPa, mmHg）
V, V'：気体の体積（L, mL）
T, T'：絶対温度（273 + t℃）K

P と V は両辺で単位をそろえる。

・ボイルの法則（**温度一定**）
$PV = P'V' = 一定$
P と V は反比例の関係

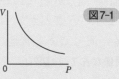
図7-1

・シャルルの法則（**圧力一定**）
$\frac{V}{T} = \frac{V'}{T'} = 一定$
V と T は比例の関係

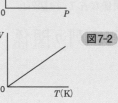
図7-2

1-4 気体の状態方程式

「**気体の状態方程式**」は，本書ではポイントだけを示します。

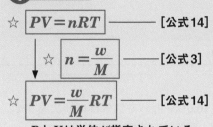

単元**1** 要点のまとめ②

● 気体の状態方程式

重要★★★

☆ $\boxed{PV = nRT}$ ——[公式14]

↓ ☆ $\boxed{n = \dfrac{w}{M}}$ ——[公式3]

☆ $\boxed{PV = \dfrac{w}{M}RT}$ ——[公式14]

P：気体の圧力（Pa）（単位は指定）
V：気体の体積（L）（単位は指定）
n：気体の物質量（mol）
R：気体定数 8.31×10^3 Pa·L/（K·mol）
T：絶対温度（273 + t℃）K
M：気体の分子量
w：気体の質量（g）

P と V は単位が指定されている。

[公式14]です。この中に[公式3]を入れて $PV = \dfrac{w}{M}RT$ という式もつくれるようにしておきましょう。

■ **気体の状態方程式の P と V は単位指定**

次に，文字の意味にいきます。さきほど同様，**P は圧力**なんですが，今度は**単位が Pa と指定されている。V（体積）も L の単位指定です。**「単位は指定」がポイントになります！

気体の状態方程式の注意点

⑰ 気体の状態方程式では，**P と V は単位が指定されている。**
P（Pa）　V（L）

あとは，気体定数 R の **8.31×10^3** という値も，試験では与えられないことがあります。第1講で学んだように，1mol の気体は，0℃，1.013×10^5（正確にはこの値です）Pa で 22.4L の体積を占めるので，

気体定数 $R = \dfrac{PV}{nT} = \dfrac{1.013 \times 10^5 \times 22.4}{1 \times 273} \fallingdotseq 8.31 \times 10^3$（Pa·L/K·mol）

となるのですが，これはいちいち計算して求めていては大変です。ここで覚えておきましょう。

「ボイル・シャルルの法則」は「PとVは両辺で単位をそろえる」のに対し、「**気体の状態方程式**」は「PとVは単位が指定されている」。結局、その違いをしっかり区別して、数値を代入していくことができれば、もうそれで大丈夫なんです。

> 問題を解くときの注意点として、問題文に物質量 (mol)、g数、分子量が書かれているときには$PV = nRT$または$PV = \dfrac{w}{M}RT$に代入し、そうでないときには$\dfrac{PV}{T} = \dfrac{P'V'}{T'}$に代入する。

では、演習問題にいきましょう。

演習問題で力をつける⑭

気体の法則を使いこなせ！（1）

問 次の問いに答えなさい。
(1)　27℃、1000hPaのとき、10.0Lを占める気体は標準状態（0℃、1.013×10^5Pa）では何Lを占めるか。数値は有効数字3桁で求めよ。
(2)　水素ガスを容積1Lの容器に入れ、密封して400Kに加熱したところ、圧力は3.30×10^5Paとなった。容器内の水素の質量は何gか。最も適当な数値を、次の①～⑥のうちから一つ選べ。
　　ただし、気体定数を8.31×10^3Pa·L/(K·mol)とする。
①　0.1　②　0.2　③　1　④　2　⑤　10　⑥　20　　　（センター/改）

さて、解いてみましょう。

問（1）の解説

> **岡野の着目ポイント**　与えられている体積が、標準状態ではいくらを占めるのか、という問題なので「ボイル・シャルルの法則」を使います。ここで、**標準状態は0℃、1.013×10^5Paなので**、**図7-3** のようになります。"**h**"（ヘクト）は**100倍**、"**k**"（キロ）は**1000倍**を表す補助単位です（倍率を表す単位を補助単位といいます）。**単位は文字式のように扱うことができるのです。**
>
> 　　1000hPa　➡　$1000 \times 100 \times$ Pa $= 1.000 \times 10^5$Pa

	27℃ 1.000×10^5Pa 10.0L		0℃ 1.013×10^5Pa x L

気体の量は同じ

（前）　　　　　　　　　　　（後）

図7-3

単位もそろえたので，あとは $\boxed{\dfrac{PV}{T}=\dfrac{P'V'}{T'}}$ [公式13] に代入するだけです。

$$\frac{1.000 \times 10^5 \times 10.0}{273 + 27} = \frac{1.013 \times 10^5 \times x}{273}$$

$$\therefore \quad x = 8.983 \fallingdotseq 8.98L$$

$\therefore$　**8.98L** …… 問(1)　の【答え】
（有効数字3桁）

　「ボイル・シャルルの法則」，「ボイルの法則」，「シャルルの法則」は，最初の状態と後の状態で**「気体の量は同じ」とき成り立つ法則であること**に**注意しましょう**。「気体の量は同じ」とは，新たに気体が入り込んだり，抜けていったりしないということです。

　この問題は当然「気体の量は同じ」ですね。

問(2)の解説　これは気体の状態方程式に素直に代入しましょう。

岡野の着目ポイント　問題文に「何gか」と書いてあります。気体の状態方程式の右辺が nRT だと「g」の単位が入らないから，$\dfrac{w}{M}RT$ を使って w g を求めればいいとわかります。

　求める水素の質量を x g とおくと，H_2 の分子量は2なので，

$$\boxed{PV = \frac{w}{M}RT}$$ [公式14] に代入すると

$$3.30 \times 10^5 \times 1 = \frac{x}{2} \times 8.31 \times 10^3 \times 400$$

$$\therefore \quad x = 0.198 \fallingdotseq 0.20g$$

$\therefore$　② …… 問(2)　の【答え】

　気体の状態方程式を使う場合，圧力と体積の単位が，**Pa** と **L** であることも確認しておきましょう。

演習問題で力をつける⑮
気体の法則を使いこなせ！（2）

問 図7-4 に示すように，容積3.0L
の容器Aと容積2.0Lの容器Bを
コックで連結した装置がある。すべて
のコックが閉じている状態で，容器A
には4.0×10^5Paの水素，容器Bには5.0
$\times 10^5$Paの窒素が入っている。温度を一定に保ったまま，中央のコックを開
き，十分な時間が経過した後，容器内の全圧は何Paになるか。最も適当な
数値を，次の①〜⑥のうちから一つ選べ。

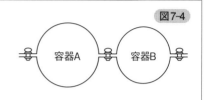

図7-4

① 2.0×10^5　② 2.4×10^5　③ 3.6×10^5　④ 4.4×10^5
⑤ 4.5×10^5　⑥ 4.8×10^5

（センター／改）

ドルトンの分圧の法則

この問題を解くためには，「**ドルトンの分圧の法則**」というものを知らなければ
なりません。まずは見てみましょう。

単元 1 要点のまとめ③

● ドルトンの分圧の法則

！重要★★★　$P_{(全圧)} = P_A + P_B + P_C$ ────── [公式15]

全圧は，各成分気体の分圧の和である。

「**成分気体**」というのは，「**それぞれの気体**」という意味です。そして，混合気体
になった場合は，その混合気体の中での各成分気体の圧力のことを「**分圧**」といい
ます。入っている気体が1種類だけの場合は，分圧とは言わないんです。それは
ただの圧力です。

さて，解いてみましょう。

問の解説 ▶ ではどういうふうに使うの
か？　まず容器Aだけを考えます。3.0L
で4.0×10^5Paという条件で容器Aの中に
水素が入っています 連続 図7-5① 。
そしてコックを開くというのがクセモノ

水素と窒素を別々に考える

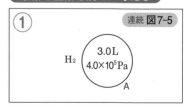

① 連続 図7-5

H_2　3.0L
4.0×10^5Pa
A

なんです。中央のコックを開けば，本当は水素と窒素が混じり合うことになるのですが，これでは頭の中で混乱してしまいます。そこで最初はこのようにします。

まずは水素だけで考える

岡野のこう解く　今，とりあえず容器Bから窒素を抜いてしまって，ちょっとのけておきます。つまり容器Bを真空にしておくわけです。それでコックをあけるんです。すると，容器Aに入っていた水素が，容器Bまで移っていきますから，Aの容器3L，Bの容器2Lで，**全体が5Lの容器になります** 連続 図7-5②。この手順を【1】としましょう。

次に窒素だけで考える

それから今度は，容器Bの窒素だけを考えます。今度は容器Aを真空にしておきます。2.0L，5.0×10^5Paの条件でB

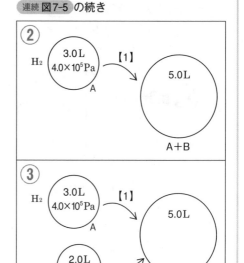

連続 図7-5 の続き

に入っている窒素が，コックを開くことで，Aまで広がります。これを手順【2】としましょう 連続 図7-5③。

そして，混乱を避けるために，【1】と【2】は別々に計算します。

【1】温度一定ですので，$\boxed{PV = P'V'}$ です。これに，コックを開く前と後の条件を代入して，水素の分圧 $P_{\mathrm{H_2}}$ を求めます。

$$4.0 \times 10^5 \times 3.0 = P_{\mathrm{H_2}} \times 5.0$$

$$\therefore \quad P_{\mathrm{H_2}} = 2.4 \times 10^5 \mathrm{Pa}$$

今まで3.0Lだったところから5.0Lに移ったので，体積が大きくなり圧力は下がりますね。

これでまた真空にして，【2】の操作を同様にやります。

【2】窒素の分圧 $P_{\mathrm{N_2}}$ を求めます。

$$5.0 \times 10^5 \times 2.0 = P_{\mathrm{N_2}} \times 5.0$$

$$\therefore \quad P_{\mathrm{N_2}} = 2.0 \times 10^5 \mathrm{Pa}$$

このように，別々に計算するんですね。それで，[公式15]の「ドルトンの分圧の法則」より，求める全圧$P_{(全圧)}$は，それぞれの成分気体の分圧の和ですから，

$$P_{(全圧)} = P_{H_2} + P_{N_2} = 2.4 \times 10^5 + 2.0 \times 10^5 = 4.4 \times 10^5 Pa$$

∴ ④ …… 問 の【答え】

混合気体も各成分気体も同体積

これで普通は終わりなんですが，もうちょっと詳しくポイントを説明しましょう。それはココです！

 重要★★★ ※

ここでH₂の体積も，N₂の体積も，混合気体の体積も共に5.0Lである。

「えっ」と思うかもしれませんね。これが気体のポイントになります。なぜそうなるかわかりますか？

20%の人しか酸素は吸えない？？

つまりこういうことです。今，この教室に空気がありますが，常識として，酸素は空気の20%しかない，と教わっていますよね。仮に，この教室の窓側20%，すなわち$\frac{1}{5}$の人のところにしか酸素がなかったとしたら，それ以外の人たちは酸素を吸えないでしょう？　そんなことが起きたら大変です！　落ち着いて授業なんかやってられません！（笑）　**実際は，今，教室中どこでも酸素を吸えるじゃないですか。窓側でも廊下側でも，教卓のほうでも，この部屋の一番隅っこのほうでも，どこでも吸える。ということは，この部屋の大きさと同じ体積だけ酸素は広がっているということです。**

窒素も同様，空気の約80%というけど，実際には全体に広がっています。では空気はというと，これもこの部屋と同じ体積ですよね。つまり，混合気体である空気の体積もこの部屋と同じだし，酸素の体積もこの部屋と同じだし，窒素の体積も同じです。

ですから本問では，水素の体積も**5L**，窒素の体積も**5L**，混合気体の体積も**5L**，すべて**5L**なんです。

液体の場合は違いますよ。例えば今，油が3Lで水が2Lだとする。これは足したものが5Lでしょう。だけど，気体の場合は全部が同じ体積になるんです！

これが，【1】【2】の計算の中でともに**5L**という数値を使った理由です。

演習問題で力をつける⑯
気体の法則を使いこなせ！（3）

問 27°CでメタンCH_4 0.30molと酸素O_2 0.60molとの混合気体が容器に入っている。この混合気体の全圧が1.8×10^5Paであるとするとき，メタンの分圧，酸素の分圧はそれぞれ何Paか。また，この容器の体積は何Lか。ただし気体定数は8.3×10^3Pa·L/（K·mol）とし，数値は有効数字2桁で求めよ。

さて，解いてみましょう。

問の解説 コックの開閉や条件の変化もないので，さきほどの解き方は使えません。

岡野のこう解く こういう場合，最重要化学公式一覧（→384ページ）の**[公式16] [公式17]**を使います。

！ 重要★★★

☆ **分圧＝全圧×モル分率** ————————**[公式16]**

☆ **モル分率＝$\dfrac{\text{成分気体のモル数}}{\text{混合気体の全モル数}}$** ————**[公式17]**

これらに代入して，まずは分圧を求めてみましょう。

$$P_{CH_4} = 1.8 \times 10^5 \times \frac{0.30}{0.30 + 0.60} = 6.0 \times 10^4 \text{Pa}$$

∴ **6.0×10^4Pa** …… メタンの分圧 **問** の【答え】
（有効数字2桁）

$$P_{O_2} = 1.8 \times 10^5 \times \frac{0.60}{0.30 + 0.60} = 1.2 \times 10^5 \text{Pa}$$

（または$1.8 \times 10^5 - 6.0 \times 10^4 = 1.2 \times 10^5$Pa）

∴ **1.2×10^5Pa** …… 酸素の分圧 **問** の【答え】
（有効数字2桁）

あとは，**状態方程式$PV = nRT$** **[公式14]**に代入して，容器の体積（Vとおく）を求めます。

$$1.8 \times 10^5 \times V = (0.30 + 0.60) \times 8.3 \times 10^3 \times (273 + 27)$$

∴ $V = 12.4 ≒ 12$L 　　　　∴ **12L** …… **問** の【答え】
（有効数字2桁）

「モル分率」という，比率を使って分圧を求める問題でした。こういう問題もできるようにしておきましょう。

今，実際に存在している気体を「**実在気体**」といいます。例えば，空気が今ここにありますが，空気の中に含んでいる酸素または窒素，これらはすべて実在気体です。

一方，「**理想気体**」というのは，実際には存在しない気体です。

2-1 理想気体とはどんな気体か

理想気体がどのようなものか，まずはまとめておきましょう。

単元 2 要点のまとめ①

● **理想気体とはどんな気体か**

❗ **重要★★★**

①分子間力がない気体

②分子自身の体積がない気体

③低温，高圧にしても液体，固体にならない気体

①と②がよく試験で問われるので，何を意味しているのかチェックしておきます。

■ 理想気体：①分子間力がない

「**①分子間力がない気体**」です（分子間力とは，万有引力ではありませんが，万有引力のような力が分子と分子の間ではたらいているのです。質量が大きかったり，分子間の距離が短いほど，その力は大きくなります）。しかし，実際はそんな気体はありません。

図7-6

分子間力がはたらく

質量をもっていれば，かならず分子と分子の間には引っ張り合う力がある。例えば，窒素分子 N_2 と N_2 が近づいたときに，小さい力ではありますが，分子間力がはたらき，引き合います 図7-6 。

■ 理想気体：②分子自身の体積がない

「**②分子自身の体積がない気体**」というのもありえませんね。

図7-6 で，N_2 という分子は，目には見えないけれども，それ自身の大きさ，体積があるわけです。

図7-7

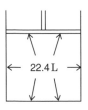
22.4L

アドバイス 「分子自身の体積」と「気体の体積」とは意味が異なります。例えば，1molの気体をピストンつきの容器に入れて標準状態にしてやると，ピストンが動いて，中の体積が22.4Lになります 図7-7 。この22.4Lというのが気体の体積です。気体中の分子が，あっちにぶつかり，こっちにぶつかり，自分の守備範囲というか，自分が動き回れる範囲をつくるわけです。

　だから，気体であれば，どんな分子でもかならず質量をもっているわけで，分子間力があり，気体自身の体積があります。それらがないと考えるのが理想気体なんです。

■ 理想気体：③低温，高圧にしても液体，固体にならない

　それから③，実際は気体の温度を下げていくと液体になって，さらに温度を下げると固体になっていきます。または，圧力を上げていくと気体はやがて液体になって，さらに上げていくと固体になります。しかし，理想気体ではそれがいっさい起こりません。絶対0度，−273℃で体積がなくなるまで気体のままでいられると考えるのです。実際には，ありえないことなのですが……。ここではぜひ，①と②をしっかりおさえてください。

$\underline{2}$ -2　理想気体に近づけるために

　では，**実在気体を理想気体に近づける**にはどのような条件にすればよいのでしょうか？　これには2つの条件があり，試験でもよく聞かれます。

■ 高温にするということは…

　1つは，「高温にする」ということです。

　気体を高温にすると，分子自身にエネルギーが加わります。今まで分子がゆっくり飛んでいたのが，エネルギーを得てすごい勢いで飛び回ります。
そのときに，これは化学ではあまり使わない言葉ですが，「運動エネルギーが大きい」といいます。そこで，分子の運動エネルギーが大きいため，分子間力が無視できるのです。

　運動エネルギーというのは運動の激しさだと思っていただければいい。ゆっくり飛んでいるときは，分子と分子がすれ違うそのときに，ヒュッと引っ張られる力，分子間力がはたらいたわけです。

　ところが高温で激しい運動が始まると，今まで引っ張られた力よりも，もっと強い力で離れていきます 図7-8 。そうすると，分子間力が無視できるようになるわけです。

　ですから，今までは分子間力がはたらいていたんだけれども，熱をもらうことによって運動が激しい状態になると，すごいスピードになり，分子間力がはたらく力よりも，もっと強い力で離れていくのです。

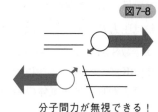

図7-8

分子間力が無視できる！

　結局，**高温にするということは，理想気体の「①分子間力がない気体」に近づく**ということです。

■ 低圧にするということは…

2つ目の条件は,「**低圧にする**」ということです。

図7-9 を見てください。分子が2つ入っています。低圧とは圧力を下げるということですから,簡単に言えば箱の大きさ(体積)を大きくするということです(P と V は反比例)。ここで気体の量は同じままに,箱を大きくします。

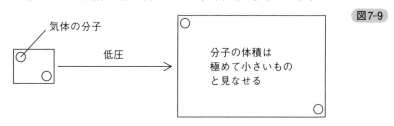

図7-9

気体の分子

低圧

分子の体積は
極めて小さいもの
と見なせる

そうするとこれも,理想気体の「**①分子間力がない気体**」に**近づきます**。分子と分子は近いところにあるから引っ張る力がはたらくのですが,遠いところにあるとなかなかはたらかない。分子間力はかなり弱まります。

さらにこれはもう1つ,「**②分子自身の体積がない気体**」にも**近づきます**。

図7-9 を再び見てください。気体の体積が小さいと,それだけ分子自身の体積が占める割合も大きく,影響もあるでしょう(**図7-9** の左)。しかし,箱(体積)を大きく大きくして低圧にした場合,分子自身がもっている体積は,気体の体積に比べて,極めて小さいものになります(**図7-9** の右)。分子の大きさは変わっていませんから,影響も小さいでしょう。

このように,低圧にするということは,理想気体の①と②の2つの条件を満たすようになっていくわけです。

■ 理想気体からのずれ

図7-10 を見てください。0°C,1mol の実在気体(H_2, CH_4, CO_2)と理想気体について話を進めます。縦軸は,$\dfrac{PV}{RT}$ すなわち n であり,横軸は圧力 P です。$\dfrac{PV}{RT}$ において,R は定数 8.31×10^3,さらに T も 0°C(273K)で変わらない値です。

ですから,理想気体の場合,PV は一定(温度一定=ボイルの法則)です。圧力がどんなに上がっていこうが,

図7-10

$$\frac{PV}{RT}$$

1.50

1.00

0.50

0

CH₄

H₂

理想気体

CO₂

0　200　400　600　〔×10⁵Pa〕

圧　力 P

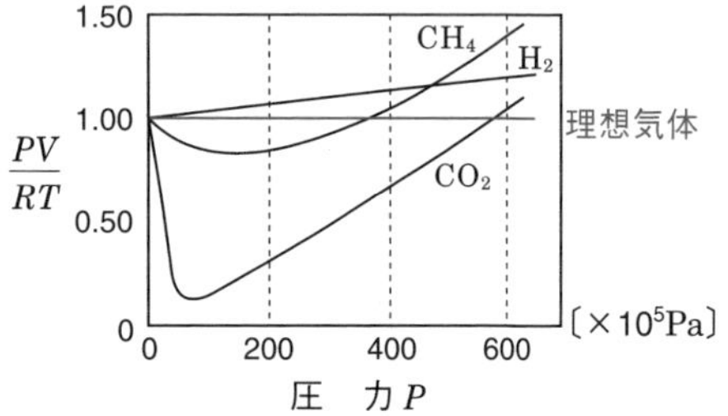

0°C における 1.00 mol の H_2, CH_4, CO_2 の理想気体からのずれ

どこまでいっても気体の状態で過ぎていきますので,$\dfrac{PV}{RT}$ の値は1molのままです。

　ところが，CO_2, CH_4の場合，圧力をかけると$\dfrac{PV}{RT}$の値が，ガクンと下がっています。これは，**圧力をかけることで，CO_2 CH_4の分子間の距離が短くなり，分子間力がはたらくことで，理想気体のときに比べて極端に体積Vが小さくなる**からです。

　さらに**圧力を増すと分子自身の体積によって全体の体積は小さくなりにくくなり，$\dfrac{PV}{RT}$の値は大きくなって**いきます。

　H_2は分子量が小さいので**分子間力の影響は少なく**，$\dfrac{PV}{RT}$の値が1.00より小さくなることはなく，むしろ**分子自身の体積の影響により$\dfrac{PV}{RT}$の値が1.00より大きく**なっています。

　したがって，CO_2, CH_4, H_2の$\dfrac{PV}{RT}$の値（1.00）が一定にならないのです。

　では，まとめておきましょう。

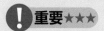 要点のまとめ②

● **実在気体を理想気体に近づけるにはどのような条件にすればよいか**

！重要★★★

①**高温にする**

　分子の運動エネルギーが大きいため，分子間力が無視できる。

②**低圧にする**

　分子どうしの距離が遠くなり，分子間力は小さくなる。分子自身の体積は，気体の体積に比べて極めて小さいものと見なせる。

　では，演習問題にいきましょう。

演習問題で力をつける⑰
実在気体と理想気体を理解しよう！

問　次の 図7-11 ，図7-12 を用いて，下の問に答えよ。なお，図7-11 は
0℃における4種の実在気体1molの PV/RT の値が，圧力 P とともに変
化する様子を示したものである。図7-12 は，1molのメタンの PV/RT の値が，
圧力 P とともに変化する様子を，3つの異なる温度で示したものである。こ
こで，V は気体の体積，R は気体定数，T は絶対温度を表す。

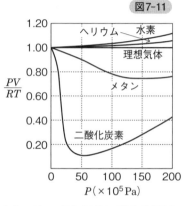

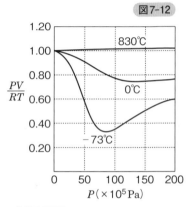

(1)　次の実在気体に関する記述の中で，□□□□にあてはまる気体を，化学
式で記せ。

　(a) 最も理想気体に近い挙動を示すものは □ ア □ である。

　(b) $150 \times 10^5\,Pa$ で，体積の最も小さいものは □ イ □ である。

　(c) $150 \times 10^5\,Pa$ で，体積の最も大きいものは □ ウ □ である。

(2)　次の文中の□□□□にあてはまる適当な語句を記せ。

　メタンは，温度が □ エ □ なるにつれて，また圧力が，□ オ □ なるにつ
れて理想気体に近い挙動を示すようになる。このような条件では，メタ
ンの分子間力が □ カ □ なることが，主な原因である。

(3)　図7-11 で二酸化炭素の圧力が0から $50 \times 10^5\,Pa$ に増加すると $\dfrac{PV}{RT}$ の値
が1から減少する。この理由を簡潔に説明せよ。

😀 **さて，解いてみましょう。**

問(1)の解説 (a) 図7-11 を見ていただくと，理想気体のすぐそばにはヘリウムがあります。**ヘリウムが理想気体に一番近い気体であることは覚えておいてください。**

$$\therefore \quad \text{He} \cdots\cdots \boxed{問(1) \quad ア} \text{ の【答え】}$$

(b) $\dfrac{PV}{RT}$ の P，R，T は**定数**なので，V が小さいものほど $\dfrac{PV}{RT}$ の値も小さくなります。したがって，一番体積が小さいのは 150×10^5Pa の時に**一番下**にある二酸化炭素が解答です。

$$\therefore \quad \text{CO}_2 \cdots\cdots \boxed{問(1) \quad イ} \text{ の【答え】}$$

(c) 逆に一番体積が大きいのは 150×10^5Pa の時に**一番上**にある水素ですね。

$$\therefore \quad \text{H}_2 \cdots\cdots \boxed{問(1) \quad ウ} \text{ の【答え】}$$

問(2)の解説 図7-12 を見ると，**温度が高いほど**理想気体に近いです。また，**圧力が0になるほど**，どの温度でも理想気体に近づいています。それはメタンの**分子間力が小さくなるから**ですね。

$$\text{高く} \cdots\cdots \boxed{問(2) \quad エ} \text{ の【答え】}$$
$$\text{低く} \cdots\cdots \boxed{問(2) \quad オ} \text{ の【答え】}$$
$$\text{小さく} \cdots\cdots \boxed{問(2) \quad カ} \text{ の【答え】}$$

「単元2 要点のまとめ②」の「実在気体を理想気体に近づける条件」①，②のところです。

問(3)の解説

二酸化炭素は，分子間力がはたらくため，理想気体よりも体積が減少するから。

$$\cdots\cdots \boxed{問(3)} \text{ の【答え】}$$

これは分子間力が影響します。分子と分子がグ～ッと引っ張って近付きますから，そのときの体積が理想気体の体積 V よりも小さい値になっちゃうんです。二酸化炭素の分子量は44ですから分子間力が働きやすいっていうことですね。

これから，**物質の三態**について説明いたします。

3-1 三態とは何か？

「**三態**」とは，物質の「**固体**」「**液体**」「**気体**」の**三つの状態**をいいます。

これら三つの状態は，温度や圧力によって変化します。その三態変化の関係と名称は，**図7-13** のとおりです。

これらの変化の名称は必ず覚えましょう！

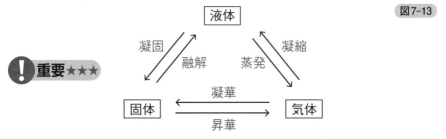

図7-13

重要★★★

■ 固体と液体の変化

「固体」から「液体」になる変化を「**融解**」といいます。「液体」から「固体」になる変化を「**凝固**」といいます。どちらも漢字で書けるようにして下さいね。

■ 固体と気体の変化

「固体」から「気体」の変化を「**昇華**」，「気体」から「固体」の変化を「**凝華**」といいます。「中華」の「華」。「華やか」って字ね。「化ける」の「化」じゃないですよ。よく間違えますから，注意してください。

■ 気体と液体の変化

「気体」から「液体」になることを「**凝縮**」といいます。

逆に，「液体」から「気体」になることは「**蒸発**」です。「気体に化ける」だから，昔は「気化」って言ってたんですよ。そうすると「液体」から「気体」も，「固体」から「気体」も「気化」になっちゃいます。

それじゃあまずい，ということで「気化」という言葉は使わなくなりました。

単元3 要点のまとめ①

● 物質の三態

　物質は一般に温度や圧力により固体，液体，気体のいずれかの状態になる。これらの三つの状態を三態という。三態変化を右に示す。これらの変化の名称は覚えておこう。

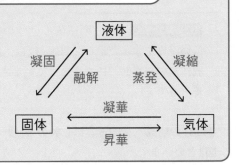

演習問題で力をつける⑱

物質の三態変化を理解しよう！

問 一般に物質は，温度と圧力の変化により，固体，液体，気体の3つの状態に変化する。**図7-14**は水の3つの状態の変化を示したものである。

(1) （ア），（イ），（ウ）の各領域の状態を示せ。

(2) AT，BT，CTの各曲線は，この曲線を境にしてある状態から別の状態に変化することを表している。そのような状態の変化は，それぞれ何と呼ばれるか。

(3) 圧力が1.0×10^5Paのもとで温度を上昇させていったときに，固体の水がたどる経路を定性的に図中に示せ。

図7-14

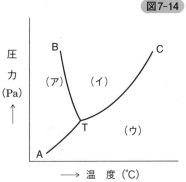

😀 **さて，解いてみましょう。**

> **岡野のこう解く**　（ア）の領域と（ウ）の領域は，Aに近いところが両方とも低い温度です。だから，問題（1）は，図を見ただけでは，どちらの領域が固体なのか判断しにくくなっています。そこで，まず**(3)からやるのがポイント**です。

問 (3) の解説　**図7-15** は「**水の状態図**」といいます。

水の状態図　　連続 図7-15

1.0×10^5 Pa のもとでは，温度の変化にともない水は必ず**固体，液体，気体という3つの状態**になります。

連続 **図7-15①** では 1.0×10^5 Pa がどこだかわかりませんが，固体，液体，気体3つの状態すべてを含むのは，**Tよりも上**のところです。だから，Tより上ならどこでもいいので**好きなところに横線を引いて**ください。

連続 **図7-15②** では，赤い横線上に（ア），（イ），（ウ）3つの状態が全部入っていますね。そして，赤い横線に沿って温度の一番低い領域の**(ア)が固体**，**(イ)が液体**，**(ウ)が気体**となります。(3)の解答はこの赤い横線です。

連続 **図7-15②** の赤線
…… **問(3)** の【答え】

問 (1) の解説　(3)がわかったので，全部答えられます。

固体 …… **問(1)（ア）** の【答え】
液体 …… **問(1)（イ）** の【答え】
気体 …… **問(1)（ウ）** の【答え】

　(3)から考えると，横線を引くだけで状態がわかるので，丸暗記しないですみますね。

問 (2) の解説　**ATとTAは同じです。** 要するにATの曲線を境にした**(ア) 固体**と**(ウ) 気体**の変化の関係が答えです。

$$
\text{AT} \begin{cases} \text{固} \longrightarrow \text{気} \quad \text{昇華} \\ \text{気} \longrightarrow \text{固} \quad \text{凝華} \end{cases} \cdots \cdots \boxed{\text{問 (2) AT }} \text{の【答え】}
$$

同じようにBTは**(ア) 固体**と**(イ) 液体**の関係，CTは**(イ) 液体**と**(ウ) 気体**の関係なので，以下が解答です。

$$
\text{BT} \begin{cases} \text{固} \longrightarrow \text{液} \quad \text{融解} \\ \text{液} \longrightarrow \text{固} \quad \text{凝固} \end{cases} \cdots \cdots \boxed{\text{問 (2) BT }} \text{の【答え】}
$$

$$
\text{CT} \begin{cases} \text{液} \longrightarrow \text{気} \quad \text{蒸発} \\ \text{気} \longrightarrow \text{液} \quad \text{凝縮} \end{cases} \cdots \cdots \boxed{\text{問 (2) CT }} \text{の【答え】}
$$

3つの状態変化は覚えてくださいね。

3-2 水の状態図と特徴

水には**水にしかない特徴**があります。**水は圧力をかけると，温度を上げずに固体の状態から液体の状態に変えることができる**んです。

アドバイス　ちなみに水と同じような状態図を示すものとして，SbとBiがあります。これは覚える必要はありません。

■ **圧力で氷が溶ける**

連続 図7-16① の「**水の特徴**」を見てください。下の**赤点**は**(ア)** の領域ですから**固体 (氷)** です。何℃でもよいのですが，－10℃とします。ここから**圧力をグ〜ッと上げて，(イ)** の領域に入ると，**液体になる**んですよ（**連続 図7-16②**）。

最近はあまりないかもしれませんが，昔のアイススケート場は1〜2時間に1回必ず休憩があって，モップ付きの車が掃除していました。

なぜかといいますと，シューズのエッジがすごい圧力で氷を押して溶かすからです。

これは水の特徴なので，例えば机に圧力をグーッとかけたからって液体にはなりませんよ。

水の状態図　　　連続 図7-16

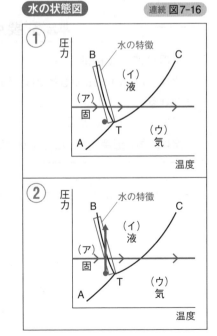

■ 水以外の物質

では，**水以外の物質**はどうか？　それが 図7-17 です。

水と違って，右に傾いています。ということは，左上が全部（ア）の領域で，いくら**圧力をかけても最後まで固体**です。

一方，水は左に傾いています。これが「水の特徴」なんです。

次のような論述問題で出てきますよ。

「氷の特徴として，同じ温度の状態で液体にする方法があります。それはどうしますか？」

その場合には「**圧力を加える**」と答えてください。

入試では「その他の物質」よりも「水」の問題のほうが多く出ます。「その他の物質」も出るかもしれませんが，今の理論を知っておいていただけますと，原理がよく見えてくると思います。

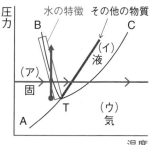

水以外の物質　　　　　　　図7-17

■ 三重点

図7-17 のTの部分を**三重点**といいます。固体，液体，気体が全部共存している点です。三重点は，名称だけ覚えておいてください。

単元 3 　要点のまとめ②

● **水の状態図と特徴 1**

　水は，$1.0 \times 10^5 Pa$ のもとでは，固体，液体，気体となるので3つの状態が含まれる。

● **水の状態図と特徴 2**

　水は，同じ温度でも，圧力をかけると，固体から液体の状態に変化する。

それでは，第7講はここまでです。次回またお会いしましょう。

蒸気圧・気体の溶解度

第 8 講のポイント

　今日は第 8 講「蒸気圧・気体の溶解度」についてやってまいります。液体が残っているときには蒸気圧は飽和蒸気圧と常に同じであるということを理解しましょう。またヘンリーの法則を正しく理解して下さいね。

単元 **1** 蒸気圧

「**蒸気圧**」というのは，"液体が蒸気になるときの圧力"のことです。入試では難しい方の問題としてよく出題されますが，詳しく説明するので大丈夫です。

1-1 飽和蒸気圧

では，「蒸気圧（または**飽和蒸気圧**）」というものを理解していただくために，今からある実験をしてみます。

■ 箱の中で何が起きている？

連続 **図8-1①** を見てください。今，真空の箱の中に液体の水だけを入れます。そしてこのときの温度を，例えば**27℃**にセットします。

27℃の状態にずっと保っていると，液体の水が蒸発していき，圧力が上がっていきます。そしてあるところまでいくと，**もうそれ以上圧力が上がらない状態になります**。この，目

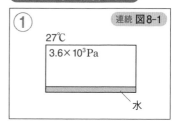

箱の中の水に注目せよ！

連続 **図8-1**

① 27℃

3.6×10³Pa

水

いっぱいの値になった圧力を「飽和蒸気圧（水の場合は飽和水蒸気圧）」といいます。ここで図のように，**水は一部液体のまま残っていることに注意してください**。あとで説明しますが，ここがポイントになります。

そして，27℃において蒸発するときの一番大きな圧力を測ってみると，3.6 × 10³Paという値が出てきます。**この値は測定値，実験値であり，計算で出す理論値ではありません**。

容器中の圧力は3.6 × 10³Paまで上がっていき，そこで一定に保たれます。

■ 洗濯物は夏も冬も乾く

ここで，「おかしいな，水は100℃にならないと蒸発しないんじゃないか？」と思う人がいらっしゃるかもしれません。しかし，何℃であっても，ちゃんとその温度において決まった圧力で水蒸気になっていきます。

不思議に思う人は，洗濯物を思い出してください。

本当に100℃にならないと蒸気にならないと思っている人，洗濯物を取り込んでいる最中も「アチッ，アチッ！」とか言って常にやけどしているような状態になりますよ（笑）。そんなことないですよね。夏の暑い日も，冬の寒い日も，ちゃんとそのときの温度で乾いているでしょう。ということは，そのときの温度で水は，液体から気体へと蒸発しているんです。

1-2 液体が残っているかどうか

■ 体積を２倍にすると……

次に，連続 **図8-1②** をご覧ください。連続 **図8-1①** の状態から，27℃のまま体積を２倍にしたものです。

連続 **図8-1** の続き

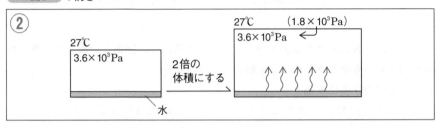

27℃で，２倍の大きさの真空の箱に移しかえると思ってもらってもいいです。そうすると，移しかえた瞬間は気体の量は同じですから，$\boxed{PV = P'V'}$（温度一定，ボイルの法則）より，**体積を２倍にしてやると，圧力は$\frac{1}{2}$になります。**

すなわち，移しかえた瞬間は3.6×10^3Paの半分の1.8×10^3Paなんです。だけど，そのままで止まってしまうかというと，そうじゃありません！　箱に水が残っている限り，かならずその温度で決まった圧力までは上げていこうとします。それが飽和蒸気圧です。

すなわち，水は徐々に蒸発していって1.8×10^3Paから3.6×10^3Paまで上がります。 この飽和水蒸気圧に達したところで，それ以上圧力は上がりません。

■ 体積を半分にすると……

では，体積を半分にしてやるとどうなるか？　連続 **図8-1③** を見てください。

連続 **図8-1** の続き

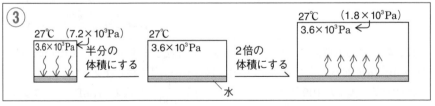

これもやっぱり27℃，真空の，半分の大きさの箱に移しかえると思ってください。移しかえた瞬間は，気体の量は同じなので，$\boxed{PV = P'V'}$の関係から，**体積が$\frac{1}{2}$になれば，圧力は2倍になります。** すなわち，3.6×10^3Paの2倍だから，7.2×10^3Paです。

しかし，**27℃における飽和水蒸気圧というのは，絶対に3.6×10^3Paなんです！これを超えることは絶対にありません。**

　瞬間的には7.2×10^3Paという，3.6×10^3Paを超えた状態になりますが，しばらくすると，気体の水蒸気が液体の水に戻っていき，最終的に3.6×10^3Paになります。結局，どういう結論が出たのかというと，

！重要★★★ 　液体の水が残っているときには水蒸気圧は飽和水蒸気圧と常に同じである。

これがポイントになります！

　つまり，容器の大きさが大きかろうが小さかろうが，関係ないんです。**液体の水が残っているかどうかだけで判断できるわけです。**

■ 体積を100倍にすると…

　次に体積を100倍にしてやるとどうなるか。連続 **図8-1④** をみて下さい。

連続 **図8-1** の続き

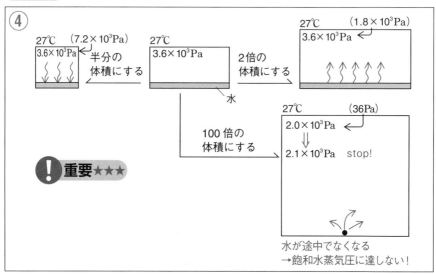

　27℃の状態で100倍の体積の真空の容器を用意します。そしてこの箱の中に，3.6×10^3Paであった水を含んでいたものを「せーの」で移しかえます。

　その瞬間，体積が100倍ということは圧力が$\dfrac{1}{100}$，すなわち36Paになります。しかし，飽和水蒸気圧の3.6×10^3Paになろうとして，どんどん水が蒸発するわけです。

　ところが100倍も大きい体積にすると，水が途中でなくなってしまうんです。

　例えば，最後の水一滴が蒸発する直前が，3.6×10^3Paよりもかなり手前の段階の2.0×10^3Pa（これは単に私が今思いついた数字です）だったとしましょう。

　そして最後の一滴が蒸発してしまい，$2.1 \times 10^3 \text{Pa}$ に上がったところで止まってしまいました。液体の水が残っている限りは，かならず飽和蒸気圧まで上がるんですが，途中でなくなってしまったら，飽和蒸気圧よりも小さい圧力で止まってしまいます。すなわち液体の水がなくなり，全て気体になったときの水蒸気圧は飽和蒸気圧より小さいのです。

1-3 蒸気圧曲線

　飽和蒸気圧は物質の種類と温度によって決まります。右図のように温度と飽和蒸気圧の関係を示すグラフを**蒸気圧曲線**といいます。温度が一定なら，分子間力の小さな物質ほど蒸発しやすく，飽和蒸気圧は大きくなります。

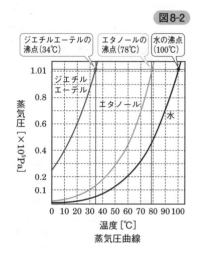

図8-2

蒸気圧曲線

1-4 蒸気圧と沸点

　液体を加熱していった場合，はじめは液体の表面からだけ蒸発が起こっています。しかし，ある温度で**蒸気圧と大気圧（外圧）が等しくなると**，液体の内部に気泡が生成し，液体の内部からも激しく蒸発が起こるようになります。この現象を**沸騰**といい，沸騰が起こる温度を**沸点**といいます。

単元1 要点のまとめ①

● **飽和蒸気圧**

　液体を密閉容器に入れて放置すると，液体の一部が蒸発してある圧力（蒸気圧）をもつ。**この蒸気圧は一定温度において，液体が残っている限り**，たとえ容器の大きさが大きくなろうが小さくなろうが，無関係に**常に一定値を示す**。この蒸気圧のことを**飽和蒸気圧**とよぶ。

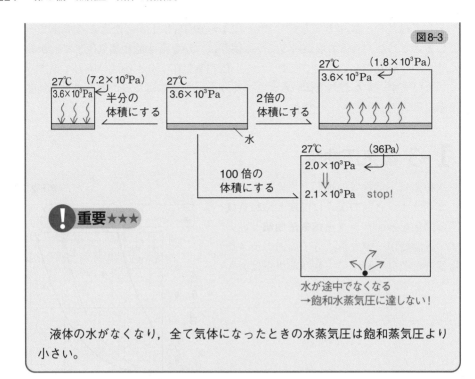

図8-3

液体の水がなくなり，全て気体になったときの水蒸気圧は飽和蒸気圧より小さい。

単元 **1** 要点のまとめ②

● 蒸気圧曲線

飽和蒸気圧は物質の種類と温度によって決まる。右図のように温度と飽和蒸気圧の関係を示すグラフを**蒸気圧曲線**という。温度が一定なら，分子間力の小さな物質ほど蒸発しやすく，飽和蒸気圧は大きくなる。

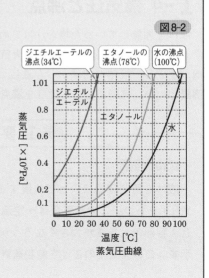

図8-2

蒸気圧曲線

●蒸気圧と沸点

　液体を加熱していった場合，はじめは液体の表面からだけ蒸発が起こっている。しかし，ある温度で**蒸気圧と大気圧（外圧）が等しくなる**と，液体の内部に気泡が生成し，液体の内部からも激しく蒸発が起こるようになる。この現象を**沸騰**といい，沸騰が起こる温度を**沸点**という。

演習問題で力をつける⑲
蒸気圧と沸点の関係をグラフから読み取ろう！

問　図は，物質A〜Cの飽和蒸気圧と温度の関係を示したものである。物質A〜Cに関する記述として誤りを含むものを，下の①〜⑤のうちから一つ選べ。

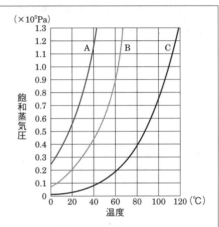

① 　外圧が1.0×10^5Paのとき，Cの沸点が最も高い。

② 　40℃では，Cの飽和蒸気圧が最も低い。

③ 　外圧が2.0×10^4PaのときのBの沸点は，外圧が1.0×10^5PaのときのAの沸点より低い。

④ 　20℃の密閉容器にあらかじめ5.0×10^3Paの窒素が入っているとき，その中でのBの飽和蒸気圧は1.5×10^4Paである。

⑤ 　80℃におけるCの飽和蒸気圧は，20℃におけるAの飽和蒸気圧より低い。

👤さて，解いてみましょう。

問①の解説　正　「単元1要点のまとめ②」より蒸気圧と外圧が等しくなったとき沸騰が起こり，そのときの温度を沸点といいました。ここでの外圧は1.0×10^5Paなのでグラフの1.0×10^5Paのところで横に線を引くとCの曲線との交点が沸点となり110℃を示します。

また同様にするとAは約36℃，Bは約62℃です。よってCが最も高い沸点になります。

問②の解説　**正**　グラフの40℃の所で縦に線を引くと初めにCの曲線と交わります。この交点がCの飽和蒸気圧になります。

同様にすると飽和蒸気圧の大小はA＞B＞Cです。

よってCが最も低い飽和蒸気圧になります。

問③の解説　**正**　外圧が2.0×10^4PaのときのBの沸点は20℃，外圧が1.0×10^5PaのときのAの沸点は約36℃です。

よって正しい。

問④の解説　**誤**　飽和蒸気圧は液体が一部残っているときに示す蒸気圧なので，20℃のBの飽和蒸気圧は$0.2 \times 10^5 (= 2.0 \times 10^4)$Paで一定です。

他の気体が共存しても変わりません。したがって誤りです。

問⑤の解説　**正**　80℃におけるCの飽和蒸気圧は，グラフより約0.39×10^5Pa，20℃におけるAの飽和蒸気圧は約0.56×10^5Paです。よって正しい。

$\therefore$　④ ……　**問**　の【答え】

演習問題で力をつける⑳
蒸気圧は液体の存在を意識せよ！

> **問**　2.0Lの容器に0.010molのメタンと0.040molの酸素を入れ，27℃に保ち，これに点火して完全燃焼させた。ただし，水の飽和蒸気圧は27℃で3.60×10^3Pa，127℃で2.48×10^5Paであり，気体の水（液体）への溶解および水（液体）の体積は無視できるものとする。H = 1.0，O = 16.0，気体定数$R = 8.3 \times 10^3$Pa·L/(K·mol)，数値は有効数字2桁で求めよ。
>
> (1)　燃焼前の27℃における全圧は何Paか。
> (2)　燃焼後，27℃まで冷えたときの全圧は何Paか。
> (3)　燃焼後，27℃まで冷えたときに凝縮している水の量は何gか。
> (4)　燃焼後，127℃まで加熱した。このとき，容器内に水滴（液体の水）が残存するか否かを判定せよ。

😊 さて，解いてみましょう。

問 (1) の解説 ☆ $\boxed{PV = nRT}$ ── [公式14] に代入します。

混合気体 混合気体 混合気体の
の全圧 の体積 全モル数

ここでは P, V, n には混合気体に関連した量を代入します。すなわち $\boxed{PV = nRT}$ ── [公式14] は単一な気体でも，混合気体でも成り立つわけです。

∴ P(全圧) $\times 2.0 = (0.010 + 0.040) \times 8.3 \times 10^3 \times (273 + 27)$

∴ P(全圧) $= \dfrac{0.050 \times 8.3 \times 10^3 \times 300}{2.0} = 6.22 \times 10^4 \fallingdotseq 6.2 \times 10^4 \mathrm{Pa}$

∴ $6.2 \times 10^4 \mathrm{Pa}$ … **問 (1)** の【答え】
(有効数字2桁)

問 (2) の解説 メタン (CH_4) を完全燃焼させたときの反応式は次のようになります。

$CH_4 + 2O_2 \longrightarrow CO_2 + 2H_2O$

この反応式について数量的に考えてみましょう。

初めに CH_4 0.010mol と O_2 0.040mol を加えました。それを「初」に書き込みましょう。加えただけなのでまだ反応は起きていません。だから右辺は0です。

反応後の mol 数の求め方

①		CH_4	+	$2O_2$	$\longrightarrow$	CO_2	+	$2H_2O$	連続 図8-3
	初	0.010mol		0.040mol		0		0	
	変化量								
	反応後								

なお「初」の下には「**変化量**」，さらにその下には「**反応後**」って書きましょう。

点火して「完全燃焼」させます。このとき完全燃焼と書かれているので CH_4 は反応後全て消費され0になることが読み取れます。

反応すると**左辺は消費（－）**されていき，0だった**右辺は増えていきます（＋）**。**－は消費，＋は生成**です。

連続 図8-3 の続き

②
$$CH_4 \ + \ 2O_2 \ \longrightarrow \ CO_2 \ + \ 2H_2O$$

初	0.010mol	0.040mol	0	0
変化量	−	−	+	+
反応後				

$\left(\begin{array}{l}-は消費\\+は生成\end{array}\right)$

今回は完全燃焼しているのでCH_4は0.010mol全てを消費します。

岡野の着目ポイント　ここで反応物質の係数に着目してください。CH_4とCO_2は**1**，$2O_2$と$2H_2O$は**2**です。

$$1CH_4 + 2O_2 \ \longrightarrow \ 1CO_2 + 2H_2O$$

連続 図8-3 の続き

③
$$\boxed{1}CH_4 \ + \ \boxed{2}O_2 \ \longrightarrow \ \boxed{1}CO_2 \ + \ \boxed{2}H_2O$$

初	0.010mol	0.040mol	0	0
変化量	−0.010mol	−0.010×2mol	+0.010mol	+0.010×2mol
反応後				

反応後の量的関係は 連続 図8-3④ で求められます。

連続 図8-3 の続き

④
$$\boxed{1}CH_4 \ + \ \boxed{2}O_2 \ \longrightarrow \ \boxed{1}CO_2 \ + \ \boxed{2}H_2O$$

初	0.010mol	0.040mol	0	0
変化量	−0.010mol	−0.010×2mol	+0.010mol	+0.010×2mol
◎ 反応後	0	0.020mol	0.010mol	0.020mol

　燃焼後の気体はO_2とCO_2です。H_2Oはまだ液体が残っているか，全て気体になっているのかはこの段階ではわかりません。

　まずO_2とCO_2の混合気体の圧力を求めます。☆ $\boxed{PV=nRT}$ **[公式14]** に代入。

∴　$P_{(O_2 + CO_2)} \times 2.0 = (0.020 + 0.010) \times 8.3 \times 10^3 \times (273 + 27)$

∴　$P_{(O_2 + CO_2)} = 3.73 \times 10^4 \, Pa$

次にH_2Oを調べていきます。

27℃で0.020molのH_2Oが全て気体になっていると仮定して圧力を求めます。

$P_{\mathrm{H_2O}} \times 2.0 = 0.020 \times 8.3 \times 10^3 \times 300$

$P_{\mathrm{H_2O}} = 2.49 \times 10^4 \mathrm{Pa}$

$2.49 \times 10^4 \mathrm{Pa} > 3.60 \times 10^3 \mathrm{Pa}$

仮定した圧力 ($2.49 \times 10^4 \mathrm{Pa}$) が飽和蒸気圧の $3.60 \times 10^3 \mathrm{Pa}$ より大きいので，水は一部液体で残っていることがわかります。

221 ～ 222ページでも説明しましたが，仮定した圧力 ($2.49 \times 10^4 \mathrm{Pa}$) が飽和蒸気圧の $3.60 \times 10^3 \mathrm{Pa}$ を超えていますが，実際には超えた分の水蒸気が液体の水に戻っていき，最終的には $3.60 \times 10^3 \mathrm{Pa}$ になります。

よって $P'_{\mathrm{H_2O}} = 3.60 \times 10^3 \mathrm{Pa}$

☆ $\boxed{P_{(全圧)} = P_A + P_B + P_C \cdots}$ —— **[公式15]** ドルトン分圧の法則

より

$P_{(全圧)} = P_{(\mathrm{O_2 + CO_2})} + P'_{\mathrm{H_2O}}$

$\qquad = 3.73 \times 10^4 + 3.60 \times 10^3 = 3.73 \times 10^4 + 0.360 \times 10^4$

$\qquad = 4.09 \times 10^4 ≒ 4.1 \times 10^4 \mathrm{Pa}$

∴　**$4.1 \times 10^4 \mathrm{Pa}$** …… **問(2)** の【答え】
（有効数字2桁）

問(3)の解説　燃焼後，水蒸気になっている水の質量を求めます。

☆ $\boxed{PV = \dfrac{w}{M}RT}$ —— **[公式14]** に代入。($\mathrm{H_2O} = 18$)

$3.60 \times 10^3 \times 2.0 = \dfrac{x}{18} \times 8.3 \times 10^3 \times (273 + 27)$

∴　$x = 0.0520\mathrm{g}$（気体）

燃焼後，生じた水は $0.020\mathrm{mol}$ なのでその質量は $0.020 \times 18 = 0.360\mathrm{g}$

よって液体の水は

$0.360 - 0.052 = 0.308 ≒ 0.31\mathrm{g}$（液体）

∴　**$0.31\mathrm{g}$** …… **問(3)** の【答え】
（有効数字2桁）

問(4)の解説　燃焼後127℃にしたとき，$0.020\mathrm{mol}$ の $\mathrm{H_2O}$ が全て気体になっていると仮定して圧力を求めます。

$P_{\mathrm{H_2O}} \times 2.0 = 0.020 \times 8.3 \times 10^3 \times (273 + 127)$

∴　$P_{\mathrm{H_2O}} = 3.32 \times 10^4 \mathrm{Pa}$

$3.32 \times 10^4 \mathrm{Pa} < 2.48 \times 10^5 \mathrm{Pa}$

仮定した圧力 ($3.32 \times 10^4 \mathrm{Pa}$) が飽和蒸気圧の $2.48 \times 10^5 \mathrm{Pa}$ より小さいので水は全て気体になっていることがわかります（→222 ～ 223ページ参照）。

∴　**水滴は残存しない** …… **問(4)** の【答え】

単元 2 気体の溶解度

気体の溶解度は，なかなかイメージがわきにくいところです。でも「岡野流」で，ていねいに説明しますので，安心してください。

2-1 温度による変化

気体が液体に溶けるときの，温度による変化を考えてみます。

高温になるほど，気体の溶解度は小さくなる。

つまり気体というのは，温度が低いほど溶けやすく，温度が高いほど溶けにくいという性質があります。それは，こんな経験からわかると思います。

■ 夏の缶コーラ

例えば夏の暑い日に，太陽の光がよく当たるところに缶のコーラが置かれていたとします。温まっているものをよく振って，ふたを開けるとどうなるかわかりますよね？　すごい勢いで炭酸のコーラが飛び出していきます。

炭酸というのは，二酸化炭素が水に溶けたものをいいます。しかし，温まると二酸化炭素が溶けきれなくなり，缶の上にへばりつく

イメージで記憶しよう！

ような感じで充満するんです。しかも高い圧力で密封されていたものが，ふたが開いた途端に急に圧力が下がる。だから余計に溶けきれなくなった二酸化炭素がいっきに飛び出していくんですよ。

ところがこれを，よく冷えているコーラでやってみると，ちょっと振ったぐらいでは，ふたを開けても飛び出していきません。チョロチョロと出るぐらいです。理由は，温度が低いため，二酸化炭素が水によく溶けているからなんです。

■ アイスコーヒーとホットコーヒー

一方，固体はその逆なんです。固体の溶解度は，温度が低くなると小さくなります。例えばアイスコーヒーに固体の砂糖を入れてもあまり溶けないでしょう。でもホットコーヒーには砂糖はよく溶けます。

2-2 圧力による変化

　次に，気体が液体に溶けるときの，圧力による変化を考えてみます。これには「**ヘンリーの法則**」という有名な法則があります。

■ **ヘンリーの法則を理解しよう！**

　例えば今，一定温度の部屋で，ある気体を風呂桶1杯ぐらいの水の中に溶かします。このとき，1.0×10^5 Paで1g溶けたとします。さらに同じ気体を2.0×10^5Pa，3.0×10^5Paという**2倍，3倍の圧力**でそれぞれ溶かしました。いったいどれぐらい溶けるのでしょうか？　ここでまず「ヘンリーの法則①」の登場です！

■ **ヘンリーの法則①**

一定温度，一定量の液体に溶ける気体の質量（または物質量）はその気体の分圧に比例する。

　一定温度，一定量の水に1.0×10^5Paで1g溶けました。同じ気体を2倍の2.0×10^5Paの圧力でグーッと押さえつけながら溶かすんです。そうしたら，圧力と溶ける質量は比例するということだから，2.0×10^5Paでは2g溶けます。**圧力が2倍になったならば，質量も2倍だけ溶けますよ**，ということです。

　では，同じ気体を今度はもっと大きい3.0×10^5Paで溶かします。**3倍の圧力になったので**，当然3gの気体が溶けます 連続 **図8-4①** 。同

ヘンリーの法則を「岡野流」で理解せよ			連続 図8-4
① 分圧	1.0×10^5 Pa	2.0×10^5 Pa	3.0×10^5 Pa
溶ける量	1g	2g	3g

時に物質量も比例します。例えば分子量32の酸素を考えると$\frac{1}{32}$ mol，$\frac{2}{32}$ mol，$\frac{3}{32}$ molとなり，圧力が2倍，3倍になると物質量も2倍，3倍になります。

　ただ，この法則が成り立つのは溶解度の小さい気体についてのみです。

　それで，話を簡単にするために（こんな気体があるかどうかわかりませんが），1.0×10^5Paの状態で1g溶けて，そのとき溶けた気体の体積を測ったら1Lだったとします 連続 **図8-4②** 。

連続 **図8-4** の続き

②
分圧	$1.0×10^5$Pa	$2.0×10^5$Pa	$3.0×10^5$Pa
溶ける量	1L (1g)	2g	3g

◯ の大きさは体積を表す

ここで,「ヘンリーの法則②」に移ります。

■ **ヘンリーの法則②**

一定温度,一定量の液体に溶ける気体の体積は,加わっている分圧の下で測るとその気体の分圧に無関係に一定。

これは不思議な感じがするんですが,「岡野流」で説明するので,大丈夫です。じっくりと理解していきましょう。

　まず,$1.0×10^5$Paで溶かしたときには,1L,1gのものが1個分溶けています。次に$2.0×10^5$Paで溶かすと2倍の2gが溶けます。これはすなわち,$1.0×10^5$Paで1L,1gのものが2つ溶けているのと同じことでしょう 連続 **図8-4③**。溶けている気体の質量(または物質量)は,圧力に比例するんだから2倍になります。

連続 **図8-4** の続き

③
分圧	$1.0×10^5$Pa	$2.0×10^5$Pa	$3.0×10^5$Pa
溶ける量	1L (1g)	2g	3g

$1.0×10^5$Pa　$1.0×10^5$Pa
(1g)　(1g)
1L　1L

◯ の大きさは体積を表す

■ **$2.0×10^5$Pa という条件下で**

　ここで,$1.0×10^5$Paという条件下で,1L,1gのものが2つ,つまり2L溶けているわけですが,実際は$2.0×10^5$Paで溶かしています。溶けた量と同じ気体を$1.0×10^5$Paから$2.0×10^5$Paの条件に直したら何Lになるかを考えてみます。

　そうすると,温度一定で,条件変化の**前後で気体の量は同じ**ですから,**ボイルの法則 $PV=P'V'$** が使えます。今,圧力$1.0×10^5$Paで体積2Lでした($1.0×10^5×2$)。ところが,今回は実際には$2.0×10^5$Paの条件で溶かしているわけだから,実際の体積はいくらになるかというと,

$$PV = P'V'$$
$$1.0 \times 10^5 \times 2 = 2.0 \times 10^5 \times V'$$
$$\therefore \quad V' = 1\text{L}$$

つまり，2.0×10^5Paの条件にしてやると，1Lになるわけです。ですから，本当は2L分溶けているんだけれども，**2.0×10^5Paという圧力で圧縮されて1Lになっているということです** 連続 図8-4④。これがポイントです！

連続 図8-4 の続き

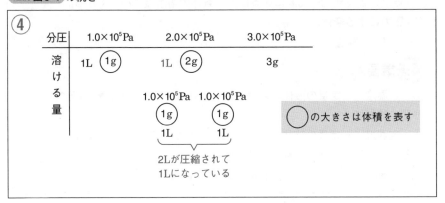

3.0×10^5Paの場合も同様です。今度は1.0×10^5Paで1L，1gのものが3つ分溶けている。しかし，3.0×10^5Paの圧力でぐーっと押さえつけられているから，**3Lが圧縮されて1Lになっているわけです**。詳しくは，連続 図8-4⑤ を見てください。

連続 図8-4 の続き

⑤

分圧	1.0×10^5Pa	2.0×10^5Pa	3.0×10^5Pa

溶ける量

1L （1g）　　　1L （2g）　　　1L （3g）

1.0×10^5Pa　1.0×10^5Pa　　1.0×10^5Pa　1.0×10^5Pa　1.0×10^5Pa

（1g）（1g）　　（1g）（1g）（1g）

1L　　1L　　　1L　　1L　　1L

2Lが圧縮されて　　3Lが圧縮されて
1Lになっている　　1Lになっている

◯の大きさは体積を表す

ですから，**溶ける気体の体積は，圧力に無関係で常に1Lになります**。でも，同じ量しか溶けないのか？　というとそうじゃない。2.0×10^5Paでは，ちゃん

と2倍の質量（または物質量）が溶けているし，3.0×10^5Paでは3倍溶けています。ただ，体積だけ見ると同じ1Lになっているという話なんです。

　では，第8講 **2-1**，**2-2** でやったことをまとめておきます。

単元 **2** 要点のまとめ①

● **気体の溶解度**

(1) 温度による変化…高温になるほど，気体の溶解度は小さくなる。

(2) 圧力による変化

● **ヘンリーの法則**

！重要★★★

①一定温度，一定量の液体に**溶ける気体の質量**（または**物質量**）はその気体の分圧に比例する。

②一定温度，一定量の液体に**溶ける気体の体積**は加わっている分圧の下で測ると，その気体の分圧に**無関係に一定**である。

＊ただし溶解度の大きい気体（NH_3, HClなど）には当てはまらない。

　「ヘンリーの法則」は「①②」両方そろって，はじめて効果的です。では，問題を解いていきましょう。

演習問題で力をつける㉑

ヘンリーの法則①・②を使って解いてみよう！

問 酸素は0℃，1.01×10^5Paにおいて，水1mLには0.049mL溶ける。原子量は$O = 16$，気体定数$R = 8.31 \times 10^5$Pa·L（k·mol）とし，数値は有効数字2桁で求めよ。

(1)　0℃，1.01×10^5Pa（標準状態）の下で，水1Lに溶ける酸素の体積（mL）と質量（g）を求めよ。

(2)　0℃，2.02×10^5Paの下で，水1Lに溶ける酸素の体積（mL）と質量（g）を求めよ。

(3)　0℃，2.02×10^5Paの下で水1Lに溶ける酸素を標準状態で換算したときの体積（mL）を求めよ。

(4)　0℃，2.02×10^5Paの空気を水1Lに溶解するとき，酸素の体積（mL）および質量（g）を求めよ。ただし，空気の体積比は$O_2 : N_2 = 1 : 4$とする。

さて，解いてみましょう。

問(1)の解説 問題文より，水1mLに溶ける酸素の体積は0.049mLですね。では，水1L（1000mL）では，何mLの酸素が溶けるのでしょうか？　というのが，まず問題です。

> **岡野の着目ポイント**　比例関係が成り立つことは経験的にわかりますね。これは「ヘンリーの法則」ではありませんよ。

求める酸素の体積をxmLとおくと，

1mL : 0.049mL = 1000mL : xmL

∴　$x = 0.049 \times 1000 = 49$mL

∴　**49mL** …… **問(1) 体積** の【答え】
（有効数字2桁）

次に，質量を求めましょう。

本問では標準状態（0℃，1.01×10^5Pa）で49mLの酸素が溶けているとわかりました。標準状態で1molの気体は22.4Lを占めるので，**[公式3]** $n = \dfrac{V}{22.4}$ より，この酸素のmol数を求めます。

$n_{O_2} = \dfrac{49 \times 10^{-3}}{22.4}$ mol

次に質量は**[公式3]** $n = \dfrac{w}{M} \Rightarrow w = nM$ より　（$O_2 = 32$）

$w_{O_2} = \underbrace{\dfrac{49 \times 10^{-3}}{22.4}}_{O_2 \text{のmol数}} \underbrace{\times 32}_{O_2 \text{の質量(g)}} = 0.070$g

∴　**0.070g** …… **問(1) 質量** の【答え】
（有効数字2桁）

問(2)の解説 「ヘンリーの法則②」より，**溶ける気体の体積は，加わっている分圧の下では，その気体の分圧に無関係に一定だから，(1)の体積と同体積の49mL（0℃，2.02×10^5Pa）が溶けます。** この体積は，2.02×10^5Paのもとで測った体積だということに注意しましょう。

∴　**49mL** …… **問(2) 体積** の【答え】
（有効数字2桁）

次に，この質量（w'_{O_2}とおく）を求めます。「ヘンリーの法則①」より，**溶ける気体の質量は，その気体の分圧に比例します。** よって，

$$1.01 \times 10^5 \text{Pa} : 0.070\text{g} = 2.02 \times 10^5 \text{Pa} : w'_{O_2}\text{g}$$

$$\therefore \quad w'_{O_2} = 0.14\text{g}$$

$$\therefore \quad \textbf{0.14g} \cdots\cdots \boxed{\textbf{問 (2) 質量}} \text{ の【答え】}$$
（有効数字2桁）

▌別解：ヘンリーの法則②を知らない場合

「ヘンリーの法則②」を知らないときは，まず溶けている気体の質量0.14gを求めてから体積（V'_{O_2}mL とおく）を求めます。

[公式14] $\boxed{PV = \dfrac{w}{M}RT}$ より，

$$2.02 \times 10^5 \times \frac{V'_{O_2}}{1000} = \frac{0.14}{32} \times 8.31 \times 10^3 \times 273$$

$$\therefore \quad V'_{O_2} = \frac{0.14 \times 8.31 \times 10^3 \times 273 \times 1000}{32 \times 2.02 \times 10^5} = 49.1 \fallingdotseq 49\text{mL}$$

$$\therefore \quad \textbf{49mL} \cdots\cdots \boxed{\textbf{問 (2) 体積}} \text{ の【答え】}$$
（有効数字2桁）

これだと時間がかかりますね。「ヘンリーの法則②」を覚えておいて，一発で答えを出すほうがオススメです。

$\boxed{\textbf{問 (3) の解説}}$ ヘンリーの法則は気体が液体に溶けるときの法則です。溶けたあとの気体の体積を換算するときは $\boxed{\dfrac{PV}{T} = \dfrac{P'V'}{T'}}$ [公式13] に代入します。

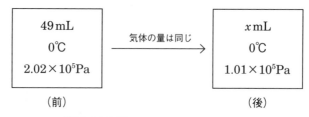

温度が一定なので $\boxed{PV = P'V'}$ より

$$\therefore \quad 2.02 \times 10^5 \times 49 = 1.01 \times 10^5 \times x$$

$$\therefore \quad x = 98\text{mL}$$

$$\therefore \quad \textbf{98mL} \cdots\cdots \boxed{\textbf{問 (3)}} \text{ の【答え】}$$
（有効数字2桁）

問 (4) の解説 混合気体の空気が関係した問題です。単一な気体の解法とは違うので注意してください。空気中の酸素は酸素がもつ圧力によって水に溶け込んでいきます。

まず酸素の分圧を求めます。**[公式16]** と **[公式17]** に代入します。

☆ | **分圧＝全圧×モル分率** |———————————————**[公式16]**

☆ | $\dfrac{\text{成分気体の体積}}{\text{混合気体の体積}}$（ただし同温同圧のとき）|—**[公式17]**

$$\therefore \quad P_{O_2} = 2.02 \times 10^5 \times \frac{1}{1+4} = 4.04 \times 10^4 \text{Pa}$$

酸素の体積は「ヘンリーの法則②」より，溶ける気体の体積は加わっている分圧の下ではその気体の分圧に無関係に一定だから (1) の体積と同体積の49mL（0℃，4.04×10^4Pa）が溶けます。

$$\therefore \quad \textbf{49mL} \cdots\cdots \boxed{\text{問 (4) 体積}} \text{の【答え】}$$
(有効数字2桁)

酸素の質量は「ヘンリーの法則①」より，溶ける気体の質量はその気体の分圧に比例するので (1) で求めた質量 (0.070g) から考えると次の比例式が成り立ちます。

$$1.01 \times 10^5 \text{Pa} : 0.070\text{g} = 4.04 \times 10^4 \text{Pa} : y\text{g}$$

$$\therefore \quad y = \frac{0.070 \times \overset{2}{\cancel{4.04 \times 10^4}}}{\underset{5}{\cancel{1.01 \times 10^5}}} = 0.028\text{g}$$

$$\therefore \quad \textbf{0.028g} \cdots\cdots \boxed{\text{問 (4) 質量}} \text{【答え】}$$
(有効数字2桁)

今回の問題は溶け込む気体を標準状態での体積 (mL) で出題されていましたが，問題によっては溶け込む気体を物質量 (mol) で出題してくるものもあります。物質量で初めから出題されていれば物質量を求める手間が省け，楽になります。その例題を示しておきますので参考にして下さい。

【例題7】

　酸素は40℃，1.0×10^5Pa で，水1.0Lに1.03×10^{-3}mol溶ける。40℃で2.0×10^5Paの酸素が水に接しているとき，10Lの水に溶けている酸素の物質量 (mol) と質量 (g) を求めよ。

　原子量は O = 16，数値は有効数字2桁で求めよ。

😀**さて，解いてみましょう。**

例題7の解説　まず溶解する酸素の物質量を求めてみましょう。

2.0×10^5Pa は 1.0×10^5Pa の2倍。

水10Lは水1.0Lの10倍。

溶ける酸素の物質量は圧力に比例し，溶媒の体積に比例します。

$$\therefore \quad \underset{\substack{\text{40℃，} 1.0 \times 10^5\text{Pa} \\ \text{で水1.0Lに溶ける} \\ \text{O}_2\text{のmol数}}}{\boxed{1.03 \times 10^{-3}}} \quad \underset{\substack{\text{2倍の圧力で} \\ \text{溶ける O}_2\text{の} \\ \text{mol数}}}{\boxed{\times 2}} \quad \underset{\substack{\text{10倍の水に} \\ \text{溶ける O}_2\text{の} \\ \text{mol数}}}{\boxed{\times 10}} = 2.06 \times 10^{-2} \fallingdotseq 2.1 \times 10^{-2}\text{mol}$$

$$\therefore \quad \underset{\text{(有効数字2桁)}}{2.1 \times 10^{-2}\text{mol}} \cdots\cdots \boxed{\text{例題7物質量}} \text{の【答え】}$$

次に溶解する酸素の質量を求めます。

[公式3] $\boxed{n = \dfrac{w}{M} \Rightarrow w = nM}$ より　　$(O_2 = 32)$

$w = 2.06 \times 10^{-2} \times 32 = 0.6592 \fallingdotseq 0.66$g

$$\therefore \quad \underset{\text{(有効数字2桁)}}{0.66\text{g}} \cdots\cdots \boxed{\text{例題7質量}} \text{の【答え】}$$

　ヘンリーの法則はこれで色々なタイプの問題に対応できるようになりました。それでは第8講はここまでです。次回またお会いしましょう。

溶液（2）・コロイド

第 9 講のポイント

蒸気圧降下，沸点上昇，凝固点降下，浸透圧などの現象を理解しましょう。
コロイド粒子は用語を覚えることが大切です。

単元 1 蒸気圧降下と沸点上昇

化学

ここでは，希薄（濃度の薄い）溶液のいろいろな性質について詳しく説明します。

1-1 溶質が蒸発を妨げる

まずは **図9-1** を見てください。

真空な容器に純水を入れたものと，もう1つ何か水溶液を入れたものとがあります。

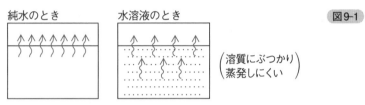

純水のとき　　水溶液のとき　　　　　　　　　　　　　図9-1

（溶質にぶつかり蒸発しにくい）

前講で学んだように，両方とも同じ温度でしばらく放置しておくと，飽和蒸気圧になるところまで，水が蒸発していきます。純水のほうはどんどん蒸発していくのに対し，水溶液のほうは蒸発しにくい。

これはどうしてかというと，蒸気になろうとして水は出ていくのだけれど，溶質がたくさん溶け込んでいると，そこにぶつかってしまうから，とここでは簡略したイメージで考えます。よって蒸気になりにくい。だから，純水に比べ，水溶液のほうが蒸気圧が低いのです。

アドバイス 実際は少し難しいのですが，軽めで大丈夫です。純溶媒に比べて溶液の方が液全体（溶質粒子＋溶媒分子）の粒子数（又はmol数）に対する溶媒分子の数（又はmol数）の割合（**溶媒のモル分率**）が少なくなります。そのため同じ温度では液体表面から蒸発する溶媒分子の数が純溶媒に比べて少なくなり蒸発が起こりにくくなるのです。このことをラウール（1830～1901）は実験によって発見しました。これをもとにラウールの法則が導かれています。簡単にいうと溶液の蒸気圧（P）は純溶媒の蒸気圧（P_0）に**溶媒のモル分率**（x）をかけた値になるということです。$P=xP_0$

1-2 蒸気圧降下と沸点上昇

ではもっと詳しく，純水，薄い水溶液，濃い水溶液の3種類を用意し，温度と飽和蒸気圧の関係を調べてみようと思います　連続 **図9-2①** 。

そうすると，どれも同じようなカーブはもつのだけれど，**一番左側に来るのが純水で，濃い液になるほどだんだん右にずれていきます。**

この図の位置関係がポイントになるので，意識的に覚えておいてください。

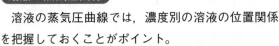

溶液の蒸気圧曲線では，濃度別の溶液の位置関係を把握しておくことがポイント。

■ 蒸気圧降下

　ある温度t_0における蒸気圧を見ると，純水が最も高く，薄い水溶液，濃い水溶液の順に低くなります 連続 図9-2②。

　すなわち，濃度が濃ければ濃いほど，その液体の蒸気圧が下がります。これを「**蒸気圧降下**」といい，図9-1 と関係があります。同じ温度で，純水は気持ちよく蒸気になっていくのに，水溶液では溶質があるから，ぶつかって出ていきにくいわけです。濃くすればするほど，もっとぶつかるから，出ていきにくい。だから，蒸気圧も下がるわけです。

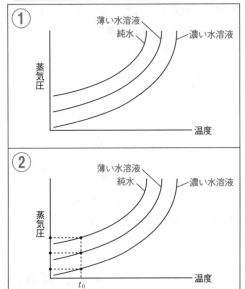

濃度別の位置関係がポイント！　連続 図9-2

水溶液の蒸気圧は純水の蒸気圧より低い(これを蒸気圧降下という)。

■ 沸点上昇

　では，今度は沸点を考えてみましょう。

　液体を加熱していった場合，はじめは液体の表面だけから蒸発が起こっています。しかし，**ある温度で蒸気圧が外気圧の1.0×10^5Paと同じ圧力になると，液体の内部からも蒸発が激しく起こるようになります。この現象を「沸騰」といい，沸騰が起こる温度を「沸点」といいます。**

　今，それぞれの液体について，蒸気圧が1.0×10^5Paになるときの温度，すなわち沸点を見てみます 連続 図9-2③。

　まず，純水の沸点は100℃です。薄い水溶液の沸点は，純水より高くなりますね。

増加分を$\triangle t_1$としておきます。そうすると，薄い水溶液の沸点は，$100 + \triangle t_1$℃となります。

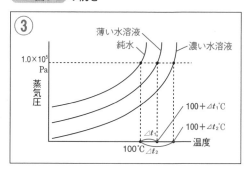

連続 図9-2 の続き

では，もっと濃くするとどうなるか。濃い水溶液はさらに沸点が高くなります。100℃からの増加分を$\triangle t_2$とすると，濃い水溶液の沸点は，$100 + \triangle t_2$℃です。このような現象を，「**沸点上昇**」といいます。溶媒に何か溶けていると蒸気になりにくい。だから，温度がもう少し上がらないと，同じ1.0×10^5Paという圧力にならないのです。

> ## 水溶液の沸点は純水の沸点
> ## より高い（これを沸点上昇という）。
> ## 沸点上昇度は溶質粒子合計の質量モル濃度に比例する。

$\triangle t_1$や$\triangle t_2$などを「**沸点上昇度**」（沸点より高くなった分の温度のこと）といい，**溶質粒子合計の質量モル濃度に比例**します。

では，まとめておきましょう。

単元 1 要点のまとめ①

● **溶液の蒸気圧**

　不揮発性（蒸発しにくい）の物質を溶かした溶液の蒸気圧は，純溶媒の蒸気圧より低くなる。

● **沸点上昇**

❗ **重要★★★**

　不揮発性の物質を溶かした溶液の沸点は，純溶媒の沸点より高くなる。**沸点上昇度は溶質粒子合計の質量モル濃度に比例する。**

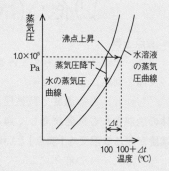

次に演習問題にいきましょう。

演習問題で力をつける㉒
質量モル濃度と沸点の関係に注意しよう！

問
次に示す濃度0.05mol/kgの水溶液A〜Cを，沸点の高いものから順に並べるとどうなるか。下の表の①〜⑥のうちから正しいものを一つ選べ。

A　NaCl水溶液　　　　B　MgCl₂水溶液　　　　C　ショ糖水溶液

	高沸点	⟶	低沸点
①	A	B	C
②	A	C	B
③	B	A	C
④	B	C	A
⑤	C	A	B
⑥	C	B	A

(センター)

👨 さて，解いてみましょう。

岡野のこう解く　NaClとMgCl₂は電解質なので，AとBではイオンとなって存在しています。金属と非金属の結合からできたイオン結晶のものは，たいてい電離すると思って構いません。Cのショ糖は非電解質です。それを踏まえてやっていきましょう。

はい，まずAについて見てみます。ここでは完全に電離します。

A（電解質）　$\underset{1mol}{NaCl}$ ⟶ $\underset{2mol}{Na^+ + Cl^-}$ （2倍）

つまり，イオンに分かれたため，

溶質粒子合計 は はじめのNaClのモル数の 2倍になる。

ですから，溶媒1kgに最初0.05molあったNaClが，電離して何倍になったかと考えるわけです。

$$\frac{0.05 \times 2 \, mol}{1kg} = 0.1mol/kg$$

> 岡野の着目ポイント　溶質のモル数は，はじめの溶質NaClだけだったら
> 0.05molなのだけれども，電離してNa$^+$とCl$^-$という2つのイオンが溶質
> になるわけです。**イオンも立派な溶質の1つと見なしていいのです。**

同様にBとCについてやります。Bは完全に電離します。

B（電解質）　$\underbrace{\text{MgCl}_2}_{1\text{mol}} \longrightarrow \underbrace{\text{Mg}^{2+} + 2\text{Cl}^-}_{3\text{mol}}$ （3倍）

$\therefore \quad \dfrac{0.05 \times 3\text{mol}}{1\text{kg}} = 0.15\text{mol/kg}$

C（非電解質）　$\therefore$　0.05mol/kg

以上から，Aが0.1mol/kg，Bが0.15mol/kg，Cが0.05mol/kgとわかります。

　ここで，**沸点上昇は，溶質粒子合計の質量モル濃度〔mol/kg〕に比例する**
ということでした。つまり，濃い溶液ほど沸点は高くなるのです。

$\therefore$　B＞A＞C

$\therefore$　③ …… 問 の【答え】

単元2 凝固点降下

物質が冷やされ，液体から固体へ変化することを「**凝固**」といいます。例えば水は普通0℃で凍りますが，水に砂糖を溶かして冷やしたりすると，凝固する温度（凝固点）はもっと低くなります。この現象を「**凝固点降下**」といいます。また，凝固点より低くなった分の温度を凝固点降下度といいます。

2-1 何かを溶かすと凍りにくい

凝固点降下のポイントは，

凝固点降下度は溶質粒子合計の質量モル濃度に比例する。

わかりやすくするために，ここで，ある実験をしてみます。

本来0℃で水は凍りますが，ある物質を濃度1mol/kgになるまで溶かすと−2℃で凍りました。このときの温度差（ここでは2℃）のことを「**凝固点降下度**」といいます。**凝固点降下度に符号はつきません** 図9-3 。何度下がって凍ったか，という絶対値だからです。**この凝固点降下度が，溶質粒子合計の質量モル濃度に比例します。**

例えば，濃さを2倍の2mol/kgにします。すると，比例ですから，凝固点降下度も2倍の4℃になります。濃さを3倍にすると，凝固点降下度も3倍になるから6℃になります。

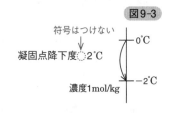

図9-3

符号はつけない

0℃

凝固点降下度 2℃

濃度1mol/kg

−2℃

単元2 要点のまとめ①

● 凝固点降下

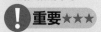 **重要★★★**

溶液の凝固点は，純溶媒の凝固点より低くなる。凝固点降下度は，溶質粒子合計の質量モル濃度に比例する。

演習問題で力をつける㉓
「モル凝固点降下」と「モル沸点上昇」の言葉に注意しよう！

問 次の問いに答えよ。

(1) 水100gに，ある非電解質を2.14g溶かしたところ，凝固点が0.66℃下がった。この物質の分子量を求めよ。ただし，水のモル凝固点降下は1.85K·kg/molとする。数値は整数で求めよ。

(2) 水500gに食塩0.050molを含む水溶液の沸点を求めよ。ただし，水のモル沸点上昇は0.52K·kg/molとし，食塩は完全に電離しているものとする。数値は小数第2位まで求めよ。

さて，解いてみましょう。

問 (1) の解説 凝固点降下度から分子量を求めます。

岡野の着目ポイント 質量モル濃度と凝固点降下度は比例します。これさえわかれば公式を使わなくても解けます！

岡野のこう解く ここで「モル凝固点降下」という言葉を知っておきましょう。すなわち，質量モル濃度が1mol/kgの濃さのときに示す凝固点降下度のことです。この濃度1mol/kgを覚えておきましょう。

さて，求める物質の分子量をxとおくと，質量モル濃度と凝固点降下度の比例関係から，

[公式3] $n = \dfrac{w}{M}$

$$1\text{mol/kg} : 1.85\text{K} = \dfrac{\frac{2.14}{x}\text{mol}}{0.10\text{kg}} : 0.66\text{K}$$

このときのKは温度差を表しているので，Kでも℃でも度でも構いません。

$$\therefore \quad 1 \times 0.66 = 1.85 \times \dfrac{2.14}{0.10x}$$

$$\therefore \quad x = 59.9 \fallingdotseq 60$$

$\therefore$ **60** …… 問(1) の【答え】

別解：公式を使う解法

[公式18]を使って解いてみましょう。

! 重要★★★ $\boxed{\Delta t = k \cdot m}$ —— [公式18]

$$\left(\begin{array}{l} \Delta t：沸点上昇度または凝固点降下度 \\ k ：モル沸点上昇またはモル凝固点降下 \\ m ：溶質粒子合計の質量モル濃度 \end{array} \right)$$

この公式の意味することはkが定数ですからΔtとmが比例していることを表わしています。

[公式18]に代入。分子量をxとおくと

$$\therefore \quad 0.66 = 1.85 \times \frac{\dfrac{2.14}{x}\text{mol}}{0.10\text{kg}}$$

$$\therefore \quad x = \frac{1.85 \times 2.14}{0.66 \times 0.10} = 59.9 \fallingdotseq 60$$

$$\therefore \quad 60 \cdots\cdots \boxed{問(1)} \text{ の【答え】}$$

(注意) 沸点上昇度をΔt_b(b：boiling)，凝固点降下度をΔt_f(f：freezing)，モル沸点上昇をk_b，モル凝固点降下をk_fと表記してある参考書や教科書がありますが，結局のところ同じ公式なので1つにまとめた方がスッキリします。

問(2)の解説 今度は，電解質溶液の沸点を求める問題です。

岡野の着目ポイント 電解質だと**溶質粒子合計の質量モル濃度と沸点上昇度は比例**します。

そこで，

$$\underbrace{NaCl}_{1mol} \longrightarrow \underbrace{Na^+ + Cl^-}_{2mol} \quad (2倍)$$

mol数が**2倍**になると，溶質粒子合計の質量モル濃度も**2倍**になります。ここで「モル沸点上昇」とは，**質量モル濃度が1mol/kg**の濃さのときに示す沸点上昇度をいいます。

この実験の沸点上昇度をxKとおくと，

$$1mol/kg：0.52K = \frac{0.050 \times 2mol}{0.50kg} : x\text{K}$$

$$\therefore \quad x = \frac{0.52 \times 0.050 \times 2}{0.50} = 0.104\text{K}$$

よって沸点は,

$$100 + 0.104 = 100.104$$
$$\fallingdotseq 100.10℃$$

∴　**100.10℃** … 問(2) の【答え】

┃別解：公式を使う解法

[公式18] $\boxed{\Delta t = k \cdot m}$ に代入。

沸点上昇度をxKとおくと

$$\therefore\quad x = 0.52 \times \frac{0.050 \times 2\text{mol}}{0.50\text{kg}}$$

$$= 0.104\text{K}$$

$$\therefore\quad 100 + 0.104 = 100.104$$

$$= 100.10℃$$

∴　**100.10℃** … 問(2) の【答え】

単元 2 要点のまとめ②

● **沸点上昇と凝固点降下の公式**

❗重要★★★ ☆ $\boxed{\Delta t = k \cdot m}$ —— [公式18]

Δt：沸点上昇度または凝固点降下度

k ：モル沸点上昇またはモル凝固点降下

m ：溶質粒子合計の質量モル濃度

次です。ここでは濃度の違う2つの液体を,「半透膜」という膜で仕切ったときに起こる現象について学びます。

<u>3</u>-1 浸透圧ってどんな圧力？

純水とショ糖溶液を <u>連続 図9-4①</u> のようにセロハン膜で仕切ります。そうすると,純水がセロハン膜を通してショ糖溶液のほうへ広がっていきます <u>連続 図9-4②</u>。このような現象を「浸透」といいます。やがて,Aの液面は下がり,Bの液面は上がって,あるところまでいくと止まります。

浸透は,**セロハンが小さな溶媒粒子(水)は通すけれども,大きな溶質粒子(ショ糖)は通さない「半透膜」という膜だから起こります。**

■ **より均一な状態を目指して**

自然界にあるものは,より無秩序な状態,乱雑な状態になろうとする傾向があります。もし,ショ糖溶液の水分子が,純水のほうに入り込

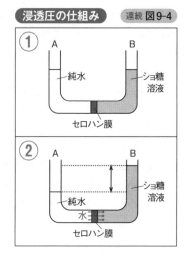

浸透圧の仕組み　　連続 図9-4

んでいくと,ショ糖溶液はさらに濃くなり,純水とショ糖溶液の濃度差はより大きくなります。差が,さらにハッキリしてしまい,無秩序な状態からはずれることになるので,こういう現象は起こりません。

そうではなく,逆に**純水の水分子が,ショ糖溶液に入り込んでいき,より均一な濃度になろうとする**のです。このときの,水が入り込んでくる圧力のことを「**浸透圧**」といいます。

ですから,浸透をおさえ,AとBの液面を同じ高さに保つためには,Bの液面に一定の圧力を加える必要があります。この圧力は浸透圧と同じ値を示します 図9-5。

図9-5

■ **ナメクジに塩**

似たような関係をお話ししましょう。苦手な方も多いかもしれませんが,梅雨時になるとナメクジが出たりしますね。で,退治するためによく塩をかけますが,そうすると

ナメクジが，同じ形のまま小さく縮むんですね。

　なぜ縮むのかというと，ナメクジの皮膚が半透膜だからなんですよ。ナメクジの体の中には，普通の水よりは多少濃い液体が入っている。だけど外側に食塩をふりかけると，食塩水の方が濃いのでそれを薄めてより均一な濃度になろうとして，ナメクジの体の中から水だけが通り抜けてくるのです。皮膚は食塩を通しません。**薄いほうの液から濃いほうの液に水が入り込んでくる**。これはちょうど，浸透圧の考え方なんですね。

イメージで記憶しよう！

単元 3　要点のまとめ①

● 浸透圧

　溶媒分子は通すが，溶質粒子は通さないような**半透膜**を境に，純溶媒と溶液とを接触させると，溶媒が半透膜を通って溶液側に**浸透**しようとする。このときの，溶媒が入り込んでくる圧力のことを**浸透圧**という。また，溶液側に，ある圧力をかけると溶媒の浸透をおさえることができる。この圧力は**浸透圧**と等しい大きさを示す。

3-2 浸透圧の公式

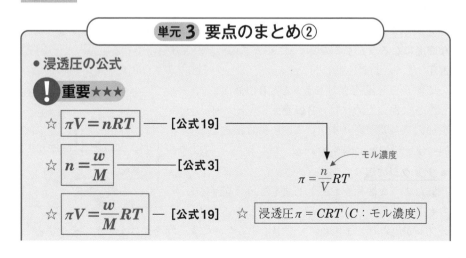

単元 3　要点のまとめ②

● 浸透圧の公式

！重要★★★

☆ $\boxed{\pi V = nRT}$ ── ［公式19］

☆ $\boxed{n = \dfrac{w}{M}}$ ── ［公式3］

モル濃度

$$\pi = \dfrac{n}{V}RT$$

☆ $\boxed{\pi V = \dfrac{w}{M}RT}$ ── ［公式19］　☆ $\boxed{浸透圧 \, \pi = CRT \,（C：モル濃度）}$

> π：浸透圧（Pa）（単位は指定されている）
>
> V：溶液の体積（L）（単位は指定されている）
>
> n：溶質粒子合計の物質量（mol）
>
> R：気体定数 8.31×10^3 Pa·L/（K·mol）
>
> T：絶対温度（$273 + t$℃）K
>
> M：溶質の分子量
>
> w：溶質の質量（g）

　上の「単元3　要点のまとめ②」を見て，浸透圧の公式もおさえておきましょう。$\boxed{\pi V = nRT}$，これはよく見ると，$\boxed{\text{気体の状態方程式} PV = nRT}$ と同じ形なんですよ。「ファントホッフ（1852 ～ 1911）」という人が，長年浸透圧の研究をして，気体の状態方程式と同じ形になることを発見したのです。

　π は浸透圧で，単位は（Pa）で指定されています。違うところはきっちりと覚えてください。**V は溶液の体積，〔L〕**の単位指定です。単位が指定されているのは，気体の状態方程式と同じですね。

　それから**n は溶質粒子合計の物質量〔mol〕**になります。**R は気体定数 $8.31 \times$ 10^3**，やはり同じ数字を使います。**T は絶対温度（$273 + t$℃）〔K〕**です。**M は溶質の分子量，w は溶質の質量〔g〕**ですね。

　ここで[**公式19**] $\boxed{\pi V = nRT}$ をちょっと変形して，$\pi = \dfrac{n}{V} RT$ としてみます。式をじっと見てみると，$\dfrac{n}{V}$ は $\dfrac{\text{溶質の物質量〔mol〕}}{\text{溶液の体積　　〔L〕}}$ なので，これはすなわちモル濃度を表しています。そこで，$\dfrac{n}{V}$ を新たに C とおくと，

$$\text{浸透圧 } \pi = CRT \quad (C：\text{モル濃度})$$

という式がつくれます。この式まで頭に入れておけば，計算問題は万全です。

演習問題で力をつける㉔
浸透圧の根本を理解しよう！

問 次の問いに答えよ。

（1）　ショ糖（$C_{12}H_{22}O_{11}$）10g に水を加えて 100mL とした溶液は，ヒトの正常な血液の浸透圧に等しい。ヒトの血液の浸透圧（Pa）はどのくらいか。数値は有効数字2桁まで求めよ。ただし原子量は C = 12，H = 1，

O = 16 とし，気体定数は8.3×10^3Pa·L/（K·mol），体温は37℃とする。

（2）　次の（ア）～（エ）の化合物を0.1mol含む水溶液がそれぞれ1Lある。この中で浸透圧が25℃で最も大きいものはどの化合物を含む水溶液か。（ア）～（エ）のうちから1つ選べ。

（ア）K_2SO_4（硫酸カリウム）　　　（イ）$C_6H_{12}O_6$（ブドウ糖）
（ウ）$NaCl$（塩化ナトリウム）　　　（エ）$C_{12}H_{22}O_{11}$（ショ糖）

😊 さて，解いてみましょう。

問（1）の解説　これはもう素直に **公式19** $\boxed{\pi V = \dfrac{w}{M}RT}$ に代入すればいいですね。求める浸透圧をπPaとおけば$C_{12}H_{22}O_{11} = 342$より，

$$\pi \times \frac{100}{1000} = \frac{10}{342} \times 8.3 \times 10^3 \times (273 + 37)$$

ショ糖は非電解質ですから，水に溶けても溶質のmol数は変化しません。

$$\therefore\ \pi = 7.52 \times 10^5 \fallingdotseq 7.5 \times 10^5 \text{Pa}$$

$$\therefore\ \mathbf{7.5 \times 10^5 \text{Pa}} \cdots\cdots \boxed{問（1）} \text{ の【答え】}$$
（有効数字2桁）

ヒトの血液の浸透圧は，かなり大きな値なんですね。

問（2）の解説　（ア）～（エ）の化合物を0.1mol含む水溶液がそれぞれ1Lずつあります。4つのサンプルがあって，浸透圧が一番大きな値を示すのはどれでしょうか？　という問題です。

> **岡野の着目ポイント**　今回は溶液の体積が全部1Lで，温度は25℃です。だから，VとTは一定値なんですね。さらに，Rも8.3×10^3で定数です。唯一mol数nだけが，電解質か非電解質かで変化する変数です。

岡野のこう解く　そこで，**公式19** $\boxed{\pi V = nRT}$ を次のように変形して，定数のかたまりと変数のかたまりに分けてみます。

$$\pi V = nRT \implies \underset{\text{変数}}{\boxed{\pi}} = \underset{\text{定数}}{\left(\frac{RT}{V}\right)} \times \underset{\text{変数}}{\boxed{n}}$$

この式は要するに $\boxed{y = ax}$ というのと同じ，比例関係ですね。**浸透圧**π

と溶質の**mol**数*n*が比例します。

　そこで今，問題は，浸透圧が最も大きなものを選びなさい，ということ
ですから，変数部分が最も大きなものを選べばいいですね。他の値は変化
しないので，**溶質粒子合計のmol数が最も大きなものを選べばいいのです。**

（ア）〜（エ）のmol数を見ていきます。

　　　（ア）（電解質）　$\underbrace{K_2SO_4}_{1mol}$　⟶　$\underbrace{2K^+ + SO_4{}^{2-}}_{3mol}$ **（3倍）**　∴　0.3mol

　K_2SO_4が0.1molあったので，電離すると溶質粒子合計は0.3molになるとい
うことです。以下，同様に，

　　　（イ）（非電解質）$C_6H_{12}O_6$　∴　0.1mol

　　　（ウ）（電解質）　$\underbrace{NaCl}_{1mol}$　⟶　$\underbrace{Na^+ + Cl^-}_{2mol}$ **（2倍）**　∴　0.2mol

　　　（エ）（非電解質）$C_{12}H_{22}O_{11}$　∴　0.1mol

　よって，最も浸透圧が大きいものは，

（ア） …… 問(2) の【答え】

$\boxed{πV = nRT}$ にいちいち数値を入れて，*π*を求めていては大変です。今みたい
に比較していけば，サクッと解けますね。

3-3 水銀柱と液柱の高さ

　この内容は浸透圧でもやや難しいところです。理解しにくいときは次の単元に
進んで下さい。十分力がついてきてからまた戻って来れば大丈夫です。ただし入
試には出題されるのでどこかで理解して下さいね。

■ 圧力と高さの関係

　1mmの高さの水銀が面を押す圧力を，**1mmHg**という単位で表わそうと約束
されています。2mmの高さならば2mmHg，3mmの高さなら3mmHgです。
　一方，水が水銀と同じ1mmHgの圧力で面を押す場合，水銀と同じ重さが必要
になります。

　水銀の密度は13.6g/cm³ですから，

　　　　13.6g/1cm³

と考え，1cm³あたり13.6gです。

1mmHgとは　図9-6

Hg

1mm

1mmHg

一方，水の密度は1.0g/cm³ですから，1cm³あたり1.0gなので，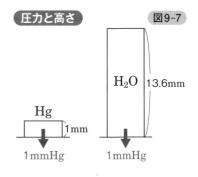図9-7のように，水の高さを13.6倍にして体積を増やせば，水の重さは水銀と同じになります。HgとH₂Oの底面積をそろえておき，底面積×高さ＝体積なので，H₂Oを13.6倍の高さ（13.6mm）にすると，H₂Oの体積はHgの13.6倍になり，重さが同じになる。したがって水の高さも，1mmHgで面を押すことになります。

■ 圧力と底面積の関係

圧力は，単位面積（1cm²とか1m²）あたりを押す力です。これは圧力の定義です。**圧力は，底面積が広くても狭くても，押す圧力の大きさに違いはありません。圧力に関係するのは高さだけです。**図9-7では，わかりやすくするため底面積をそろえて考えましたが，実は圧力のときには，例えば1cm²あたりを押している力としますとその1cm²あたりを押す力はどれも同じです（図9-8）。したがって底面積の広い狭いは関係しないのです。

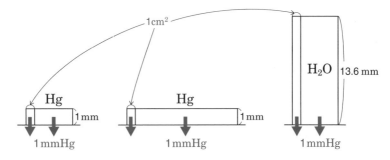

問題で，底面積が狭いときと広いとき，どっちの圧力が大きいかと問われたら，解答は「同じ圧力」なんだということに注意してください。

重要★★★

Hg 1mm と H₂O(水溶液) 13.6mm の
液柱がもつ圧力は同じである。

単元 **3** 要点のまとめ③

● 水銀柱と液柱の高さ

圧力…単位面積あたりを押す力。

図9-9

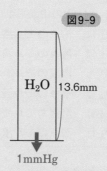

1mmHg

1mmの高さのHgが面
を押す圧力を1mmHg
という。

1mmHg

同体積あたりのHgは
H₂Oの13.6倍の重さを
もつので水は13.6mm
でHgの圧力とおなじに
なる。

よって，**Hg 1mmとH₂O（水溶液）13.6mmの液柱がもつ圧力は同じである。**

演習問題で力をつける㉕

浸透圧の問題を攻略しよう！

問 半透膜によって仕切られた左右対称で断面図が$1.0cm^2$のU字管の一方に分子量Mの非電解質0.20gを含む水溶液10.0mLを，他方に純水10.0mLを入れた。このU字管を30℃で放置したところ，液面の差が5.0cmで一定になった。以下の各問いに答えよ。

(1) 液面の差が5.0cmで一定になったときの水溶液の浸透圧は何Paか。次の中から最も近いものを1つ選べ。ただし，水溶液の密度および純水の密度はいずれも$1.0g/cm^3$とし，水銀の密度は$13.6g/cm^3$，$1.0 \times 10^5 Pa = 760mmHg$とする。

（ア）　$5.0 \times 10^4 Pa$　　（イ）　$6.5 \times 10^3 Pa$

（ウ）　$4.8 \times 10^2 Pa$　　（エ）　$6.5 \times 10^2 Pa$　　（オ）　$4.8 \times 10 Pa$

(2) この水溶液に含まれる非電解質の分子量Mはいくらか。次の中から最も近いものを1つ選べ。ただし，気体定数は，$R = 8.3 \times 10^3 (Pa \cdot L/(K \cdot mol))$とする。

（ア）　0.3 × 10⁴　　（イ）　1.8 × 10⁴　　（ウ）　4.6 × 10⁴

（エ）　8.3 × 10⁴　　（オ）　10.4 × 10⁴

（3）浸透圧に対する溶液のモル濃度と温度の一般的な関係に関する記述で正しいのはどれか。次の中から1つ選べ。

（ア）　浸透圧は，溶液のモル濃度と絶対温度に比例する。

（イ）　浸透圧は，溶液のモル濃度と絶対温度に反比例する。

（ウ）　浸透圧は，溶液のモル濃度に比例し，絶対温度に反比例する。

（エ）　浸透圧は，溶液のモル濃度に反比例し，絶対温度に比例する。

（オ）　浸透圧は，溶液のモル濃度に比例するが，絶対温度には関係しない。

（カ）　浸透圧は，溶液のモル濃度には関係しないが，絶対温度に比例する。

😊 さて，解いてみましょう。

図9-10

問（1）の解説　水が入り込んできて，液面差が5.0cm（= 50mm）ついたときの圧力を求めます。液面差50mmの水溶液の高さがもつ圧力と入り込む水の圧力（浸透圧）が等しいのです。

水溶液50mmと同じ圧力となる水銀の高さを x mmとして計算します。

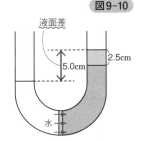

岡野のこう解く　水銀1mmと水13.6mmの高さが同じ圧力なので，次のような比例式で求めます。

　　　Hg　：H₂O（水溶液）

　　　1mm：13.6mm = x mm：50mm

　　　∴　$x = \dfrac{50}{13.6} = 3.676\text{mm}$

水銀3.676mmの高さがもつ圧力は同じ値の3.676mmHgです。解答はPaなので，単位を直します。圧力 $1.0 × 10^5$Pa は760mmHgですから，求める圧力を y Pa とすると

　　　∴　$1.0 × 10^5$Pa：760mmHg = y Pa：3.676mmHg

　　　∴　$y = \dfrac{1.0 × 10^5 × 3.676}{760} = 483 ≒ 4.8 × 10^2$Pa

となり，解答は（ウ）となります。

（ウ）……**問（1）** の【答え】

ここで **! 重要★★★** $1.0 \times 10^5 \text{Pa} = 760\text{mmHg}$ は覚えておきましょう。

問(2)の解説 分子量 M は，[**公式19**] $\pi V = \dfrac{w}{M}RT$ に代入して求めます。

溶液の体積 V は，薄まった後の体積という点に注意してください。

岡野の着目ポイント 薄まった後の体積というのは，水が水溶液に入り込んできて2.5cm分盛り上がった後の体積ということです。初めの体積ではありませんよ。ここが最大のポイントです。

岡野のこう解く はい。後はもう式に代入していきます。まず πV のところ，π は**浸透圧**を表し，単位は Pa，V は**溶液の体積**で単位は L でしたね。

$$\underset{\pi}{4.83 \times 10^2} \times \underset{V}{\dfrac{\boxed{10.0 + 1.0 \times 2.5}}{1000}} = \underset{\frac{w}{M}}{\dfrac{0.20}{x}} \times \underset{R}{8.3 \times 10^3} \times \underset{T}{(273 + 30)}$$

赤の囲みの部分は溶液の体積（mL）です。液面差としては5cmですが，新たに入り込んだ分の高さは半分の2.5cmです。断面積は 1.0cm^2 なので，底面積×高さで $2.5\text{cm}^3 \Rightarrow 2.5\text{mL}$。元の溶液は10.0mLだから12.5mLが溶液全体の体積となります。

分子量 M が未知数なので x。質量 w は0.20gですね。計算すると，次のようになります。

　∴ $x = 83309 \doteqdot 8.3 \times 10^4$

（エ）…… **問(2)** の【答え】

問(3)の解説 **岡野のこう解く** これは式変形を使います。

$$\pi V = nRT \longrightarrow \pi = \overset{\text{モル濃度}}{\left(\dfrac{n \text{ mol}}{V \text{ L}}\right)}RT \longrightarrow \pi = CRT$$

◯のところは $\dfrac{\text{溶質のmol数}}{\text{溶液のL数}}$ になりますからモル濃度を表しています。

これをもう1回式変形して，$\pi = CRT$ とします。C はモル濃度です。

すると結論は，**浸透圧 π は C にも T にも比例する**，ということがわかります。だから，解答は（ア）です。

（ア）…… 問 (3) の【答え】

変数＝定数×変数の関係に注目

> **岡野の着目ポイント**　$y = ax$ を思い出してください。y と x が変数と考えると，a は定数ですよね。変数＝定数×変数の関係だと変数同士は**比例関係**なんですよ。

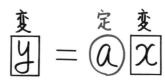

　$\pi = RT \times C$ と考えると，浸透圧 π と C が変数です。そのとき温度 T を一定（R は一定値）にすると，π と C は比例の関係になります。

　$\pi = CR \times T$ とやってもいいです。そうすると，π と T が変数，R は一定値で，モル濃度 C を一定とすると π と T は比例関係になります。

　こう考えていただければ，解答群のように他のものが反比例するってことは絶対考えられないです。

単元4 コロイド

化学

「**コロイド**」とはどんなものか？　最初にまとめておきます。

! **重要★★★** 下線を引いてあるところが入試では出題されます。

単元4 要点のまとめ①

● **コロイド**

コロイド溶液は普通の溶液に比べて溶質粒子の大きさが大きい（**直径10^{-7} ～10^{-5}cm**）ので，特別な性質を示す。

① **疎水コロイド**…**少量の電解質**を加えると沈殿するコロイド粒子のこと。「$Fe(OH)_3$，$Al(OH)_3$，Au，Ag，硫黄」

② **親水コロイド**…**多量の電解質**を加えないと沈殿しないコロイド粒子のこと。「**タンパク質，デンプン，ゼラチン，セッケン，にかわ，寒天**」

③ **保護コロイド**…すぐに沈殿してしまう不安定な疎水コロイドの溶液に親水コロイドの溶液を混ぜると，疎水コロイド粒子は親水コロイド粒子に包まれる。このような親水コロイドを**保護コロイド**という。保護コロイドを含むコロイド溶液中では，少量の電解質では沈殿しにくくなる。「**墨汁のにかわ**」

④ **凝析**…疎水コロイドに**少量の電解質**を加えるとコロイド粒子の電荷と反対符号のイオンが吸着し，電気的に中性となり，粒子どうしは反発力を失い，お互いに集合して沈殿する。この現象を**凝析**という。

⑤ **塩析**…親水コロイドに**多量の電解質**を加えると，粒子の回りの水分子を電解質のイオンが奪い取り，コロイドが沈殿する。この現象を**塩析**という。

⑥ **チンダル現象**…コロイド粒子に横から光束を当てると，コロイド粒子が光を散乱し，光の通路が明るく見える。このように光が散乱する現象を，**チンダル現象**という。

⑦ **ブラウン運動**…水分子が，熱運動によってコロイド粒子にぶつかったとき，コロイド粒子は不規則な運動を示す。この運動を**ブラウン運動**といい，**限外顕微鏡**で観察できる。

⑧ **透析**…コロイド粒子に他の分子やイオンが少量混合しているとき，これを半透膜の中に入れて，流水中に放置し，コロイド粒子のみを残す操作を**透析**という 図9-11 。

⑨ **半透膜**…コロイド粒子のような大きな粒子は通さないが，小さな粒子を通す膜のことであり，**セロハン**などが代表例である。

⑩**電気泳動**…**直流電圧**をかけた場合，コロイド粒子がどちらかの極に向かって移動することを**電気泳動**という。例えば水酸化鉄（Ⅲ）のコロイド溶液中では水酸化鉄（Ⅲ）が正に帯電しているので，陰極に向かって移動する。「正コロイド…**金属水酸化物**，負コロイド…**金**，**粘土**」

⑪**凝析の効果**…コロイド粒子の電荷と<u>反対符号のイオンの価数が大きいもの</u>ほど，凝析の効果は大きい。

疎水コロイドと親水コロイドの模型　　　　連続 図9-11

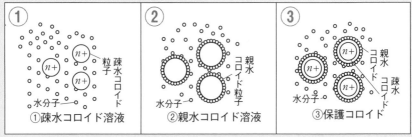

①疎水コロイド溶液　　②親水コロイド溶液　　③保護コロイド

①正の電荷をもったコロイド粒子が，水の中に分散している状態を表している。nは決まった数値ではなく，様々なものが考えられる。大きな粒子はコロイド粒子で，小さな粒子は水の分子を表している。

②親水コロイドの粒子は，多数の水分子と水和（水分子が溶質のイオンや分子と結合すること）している。

③疎水コロイドの粒子は，親水コロイドに包まれて，親水コロイド溶液のような性質を示すようになる。このような親水コロイドのことを保護コロイドという。

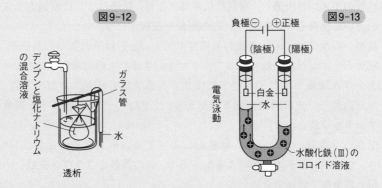

図9-12　　　　　　　　　　　　　　図9-13

図9-13 の水酸化鉄（Ⅲ）のコロイド溶液では，コロイド粒子が正の電荷をもっているので，直流電圧をかけてしばらく放置すると，赤褐色のコロイド溶液は陰極のほうへ移動していく。

　まず，コロイド溶液の溶質粒子の**直径10^{-7}〜10^{-5}cm**，この数値は入試によく出るので覚えましょう。普通，原子の直径は10^{-8}cm程なんですよ。それがコ

ロイド粒子は10^{-5}cmということは，1000倍の大きさでしょう。直径が1000倍だから，体積は1000^3倍，すなわち10^9倍という，すごく大きな粒子になるわけです。

■ **疎水コロイドと凝析**

①**疎水コロイド**…**少量の電解質**を加えると沈殿するコロイド粒子のこと。
「$Fe(OH)_3$，$Al(OH)_3$，**Au**，Ag，硫黄」

「そすいコロイド」と読みます。"疎水"というのは，"水と仲の悪い"という意味です。"疎遠になる"とかいいますね。$Fe(OH)_3$，Auなどが代表的な例です。

コロイド粒子は，普通の溶液の粒子よりも大きく重い粒なので，単純に考えると下に沈みます。しかし実際は，均一の状態で溶液中に分散しています。なぜ沈まないでいられるのでしょう？

その理由は，プラスとプラスで反発するからです 連続 図9-14①。マイナスとマイナスのコロイドもありますよ。つまり，同じ電荷を帯びたコロイド粒子どうしがあるところまで近づくと反発するから，ある一定の距離を保っていられるのです。

ところが，**疎水コロイドに少量の電解質を加えると沈殿します。**この現象を「**凝析**」といいます。

例えば 連続 図9-14② のように，コロイド溶液にNaClを加えると，Na^+とCl^-に電離しますが，プラスとプラスは反発するから，Na^+はコロイド粒子には近づいてこない。一方，Cl^-はプラスとマイナスで引き合います。そして，コロイド粒子のプラスの量と，Cl^-のマイナスの量が同じになったとき，電気的に0になり（単なる大きな粒になり），下に沈むのです。

少量の電解質で沈殿　連続 図9-14

④**凝析**…疎水コロイドに**少量の電解質**を加えるとコロイド粒子の電荷と反対符号のイオンが吸着し，電気的に中性となり，粒子どうしは反発力を失い，お互いに集合して沈殿する。この現象を**凝析**という。

凝析は疎水コロイドに対する言葉なので，①と④はセットで覚えましょう。

■ 親水コロイドと塩析

②**親水コロイド**…**多量の電解質**を加えないと沈殿しないコロイド粒子のこと。
「**タンパク質**，**デンプン**，**ゼラチン**，**セッケン**，**にかわ**，**寒天**」

岡野流　⑲　必須ポイント

親水コロイドの覚え方

田んぼでゼッケン乾かん。

……タンパク質

……デンプン

……ゼラチン

……セッケン

……にかわ

……寒天

！重要★★★

大雨で浸水（親水）した
田んぼでゼッケンを乾かし
ている様子を思い浮かべて
ください。この6つの親水
コロイドがすぐに思い出せ
ますね。

**イメージで
記憶しよう！**

　疎水コロイドは，少量の電解質で沈殿
しましたが，多量の電解質を加えないと
沈殿しないコロイドを，「**親水コロイド**」
といいます。「**多量の電解質**」がポイント
ですよ。

　タンパク質，デンプン，ゼラチン，セッ
ケン，にかわ，寒天などが親水コロイド
の代表例で，これらはすべてよく出題さ
れるので，覚えておきましょう。

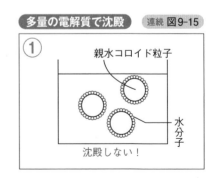

多量の電解質で沈殿　連続 図9-15

① 親水コロイド粒子

水分子

沈殿しない！

　親水コロイドは，文字どおり水と仲のよいコロイドです。コロイド粒子のまわ
りに水分子を引きつけて安定化し，沈殿しにくくなっています。水の中に少し大
きめの水の粒が入っていると考えるとわかるでしょう　連続 図9-15①　。

　しかし，**この親水コロイドも，多量の電解質を加えることによって沈殿します。**この現象を「**塩析**」といいます。

　水分子は，折れ線型で，極性分子です 連続 **図9-16①**。$\delta +$，$\delta -$ というように非常に弱い電荷のかたよりがあります。だけど，ここで多量の $NaCl$ を溶かすと，たくさんの Na^+，Cl^- が 連続 **図9-16②** のように取り囲み，弱い電荷を帯びた水分子がはずれます。

　ちょうど，弱い磁石と弱い磁石ではくっつきにくいけど，片方が強い磁石であれば，パチッとくっつくでしょう。これと似ているのです。

　だから，少量の電解質ではなかなか難しいけれども，多量の電解質をもってくると，回りの水分子がはずれ，沈殿するのです 連続 **図9-15②**。

水分子を取り囲む電解質

連続 **図9-16**

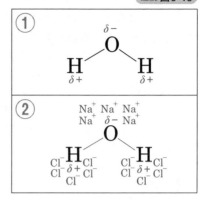

連続 **図9-15** の続き

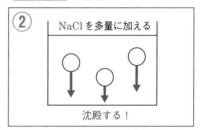

---

　⑤**塩析**…親水コロイドに**多量の電解質**を加えると粒子の回りの水分子を電解質のイオンが奪い取り，コロイドが沈殿する。この現象を**塩析**という。

　塩析は，親水コロイドにしか使わない言葉です。②と⑤をセットで覚えましょう。

■ **保護コロイド**

　革をグツグツ煮ると，中からゼラチンを主成分とする液が出てきます。その液を「にかわ」というのですが，これは「親水コロイド」です。

　で，墨の粒は「疎水コロイド」なんですよ。磨った墨に，にかわを入れると墨の粒のまわりをにかわが包みます 連続 **図9-17①**。

　親水コロイドであるにかわが，疎水コロイドである墨の粒を包み込むと，もうこれは

親水コロイドが保護！

連続 **図9-17**

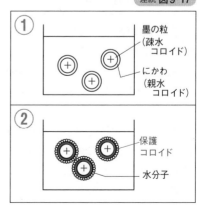

親水コロイドの性質になります。コロイド粒子に水分子が引き寄せられ，安定した状態になるんですね　連続 図9-17②。よって，少量の電解質では沈殿しにくくなります。

　そして，**このような親水コロイドのことを，「保護コロイド」といいます。気をつけてくださいね。全部を保護コロイドというんじゃないですよ。**親水コロイド，すなわち図の赤い部分だけが保護コロイドなんです。

---

③**保護コロイド**…すぐに沈殿してしまう不安定な疎水コロイドの溶液に親水コロイドの溶液を混ぜると，疎水コロイド粒子は親水コロイド粒子に包まれる。このような親水コロイドを保護コロイドという。**保護コロイド**を含むコロイド溶液中では，少量の電解質では沈殿しにくくなる。「**墨汁のにかわ**」

■ チンダル現象

---

⑥**チンダル現象**…コロイド粒子に横から光束を当てると，コロイド粒子が光を散乱し，光の通路が明るく見える。このように光が散乱する現象を，**チンダル現象**という。

　「**散乱**」という言葉をチェックしてください。入試でも書かされることがあります。

　例えば，夜，雨や霧のときに，自動車のヘッドライトをつけると，パーッと光の通路が見えます。晴れて何もないときには，ただ「明るいな」というだけです。しかし，雨や霧のときは，水滴がちょうどコロイド粒子の大きさになっているので，光が散乱して，光の通路が見えます。これが，チンダル現象なんですよ。

■ ブラウン運動

---

⑦**ブラウン運動**…水分子が，熱運動によってコロイド粒子にぶつかったとき，コロイド粒子は不規則な運動を示す。この運動を**ブラウン運動**といい，**限外顕微鏡**で観察できる。

　「**限外顕微鏡**」はよく書かされます。光の屈折率を利用し，横から強い光束を当てて観る顕微鏡です。

　1827年，「ブラウン（1773 〜 1858）」という生物学者が，花粉を顕微鏡で観ていて，不規則なジグザグ運動をすることを発見しました。

　研究の結果，熱運動によって水分子がぶつかっていて，強くぶつかった反対側にコロイド粒子が動かされていることがわかったんです 図9-18。

図9-18

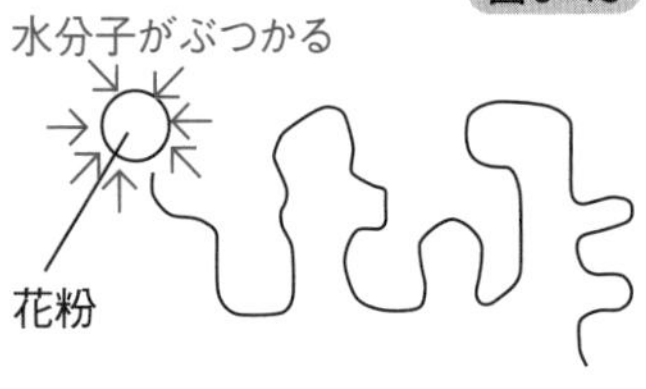

水分子がぶつかる

花粉

「**動かされている**」というのがポイントです。

■ 透析

　半透膜であるセロハンを袋状にして，中にデンプンとNaClを入れます。使用するセロハンは，デンプン（コロイド粒子）は通さないけれども，NaClは通す目の粗いものです。

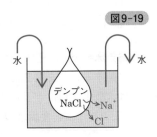

図9-19

　これを**流水状態の中**に，6，7時間くらい放置しておきます 図9-19 。

　すると，Na^+やCl^-がセロハンから抜け出て，水で流されていきます。

　浸透圧のことを考えると，濃い液であるセロハンの中に水分子は入っていきます。しかし，ここでは浸透圧のことは考えないようにしましょう。

　やがて長い時間の中では，NaClが全部流されて，デンプン（コロイド粒子）だけが残ります。このような操作を「**透析**」といいます。

---

⑧**透析**…コロイド粒子に他の分子やイオンが少量混合しているとき，これを半透膜の中に入れて，流水中に放置し，コロイド粒子のみを残す操作を**透析**という。

■ 電気泳動

　2本の電極を用意し，直流電圧をかけた場合，陽極と陰極になり，コロイド粒子がどちらかの極に向かって移動します。

　例えば水酸化鉄（Ⅲ）のコロイド溶液を，最初は 連続 図9-20① のように，同じ高さでセットします。ここで直流電圧をかけると，水酸化鉄（Ⅲ）のコロイド粒子は正の電荷をもっているので，陰極の方へ移動していきます 連続 図9-20② 。結果，陰極側にコロイド溶液が引っ張られた状態になります。このような現象を「**電気泳動**」といいます。

　第5講で習いましたが，「電池」の場合は「正極」，「負極」という言い方をします。そして，正極とつながった電極のことを「**陽極**」，負極とつながった電極のことを「**陰極**」というのです。言葉が完全に分けられています。

コロイド粒子が引っ張られる！

連続 図9-20

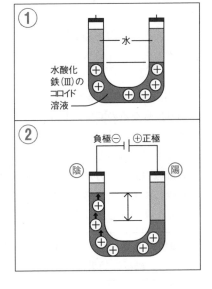

　　正コロイドの例は，金属の水酸化物，例えば$Fe(OH)_3$のようなものです。負のコロイドは，金と粘土が代表例です。プラスとマイナス，どちらに帯電しているか知らないと解けない問題もあるので，要チェックですよ。

> ⑩**電気泳動**…直流電圧をかけた場合，コロイド粒子がどちらかの極に向かって移動することを**電気泳動**という。例えば水酸化鉄（Ⅲ）のコロイド溶液中では水酸化鉄（Ⅲ）が正に帯電しているので，陰極に向かって移動する。
> 「正コロイド…**金属水酸化物**，負コロイド…**金，粘土**」

■ 凝析の効果

　　さきほど，凝析について，$NaCl$でやりました。Cl^-がプラスのコロイド粒子にくっついて，それで沈殿させましたね。コロイド粒子を球状だと考えると，その表面にCl^-がくっついていくわけです。

　　ここで，1個のコロイド粒子が，500のプラスの電荷をもっていたとしましょう 図9-21。

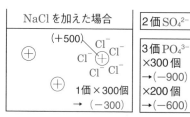

図9-21

　　そしてもし，表面に300個までしかCl^-が乗れなかったとすると，+500に対して-300だから，+200だけ，まだ残っているわけです。これでは，このコロイド粒子を沈殿させることはできません。

　　ところが，硫酸の$SO_4{}^{2-}$とかリン酸の$PO_4{}^{3-}$とか，2価や3価の電解質を加えれば，もっと楽に沈殿させられるのです。

　　いいですか？　$PO_4{}^{3-}$は，1個でCl^-3つ分の効果があるわけです。例えば今，Cl^-が300個乗りました。これでは-300だけど，$PO_4{}^{3-}$が300個乗るならば，-900にもなるのです。じゅうぶんに500のプラスを0にできます。

　　多少イオンの大きさが違うから，300個は乗らなくて200個しか乗らなかったとしても，-600となり，じゅうぶんです。ということで考えると，絶対に**イオンの価数の大きい方が，効果が大きい**のです。

　　実際にはもっと大きな効果があるのですが，以上のようにイメージしておくとわかりやすいでしょう。

> ⑪**凝析の効果**…コロイド粒子の電荷と**反対符号のイオンの価数が大きいもの**ほど，凝析の効果は大きい。

　これで以上です。**下線部分の意味をしっかり理解し，言葉をじゅうぶん覚えて**ください。

　では演習問題にいきましょう。

演習問題で力をつける㉖

コロイド溶液の性質を理解しよう！

問　（1）空欄　ア　～　キ　に適当な語句あるいは化学反応式を入れよ。

　沸騰している純水中に塩化鉄（Ⅲ）の水溶液を加えて赤褐色のコロイド溶液をつくった。この反応の化学反応式は　ア　で示される。このようにしてつくったコロイド溶液は，コロイド粒子以外のイオンを含んでいるので精製が必要である。精製の方法としては　イ　が一般に用いられる。

　精製したコロイド溶液に側面から光束を当てると光の通路が光って見えた。この現象を　ウ　という。このコロイド溶液をU字管に入れて電気泳動を行うと，コロイド粒子は陰極方向に移動した。このことから，このコロイド粒子は　エ　に　オ　していることがわかる。精製したコロイド溶液に少量の電解質を加えると沈殿が生じた。この性質を示すコロイドは一般に　カ　といわれ，この現象を　キ　という。

(2) 次の文章を読み，最も適当と思われるものを①～④のうちから選び，記号で答えよ。

　（ア）　デンプン水溶液に多量の電解質を加えると沈殿が起こる。この現象をなんというか。

　　　①　透析　　②　塩析　　③　吸着　　④　乳化

　（イ）　次の物質の水溶液をセロハンの袋に入れて流水に長時間浸しておくと袋の中に残るものはどれか。

　　　①　硫酸銅　　②　メチルアルコール　　③　グルコース

　　　④　ゼラチン

　（ウ）　金のコロイド水溶液（負電荷）に対して凝析の効果の一番大きいイオンはどれか。

　　　①　Na^+　　②　K^+　　③　Mg^{2+}　　④　Al^{3+}

　（エ）　コロイド粒子が溶液中でブラウン運動している原因は何か。

　　　①　溶媒分子がコロイド分子に対して前後左右上下からたえず衝突していることによる。

② コロイド粒子自身の分子運動による。

③ コロイド粒子は帯電しているのでその静電気的反発による。

④ 照射した光のエネルギーによる。

さて，解いてみましょう。

問 (1) の解説　　ア　熱水中に塩化鉄 (Ⅲ) 水溶液を加えると次の反応が起きます。この化学反応式は是非覚えておいて下さい。

重要★★★ $FeCl_3 + 3H_2O \longrightarrow Fe(OH)_3 + 3HCl$
　　　　　　　　　　熱水　　　　　　コロイド粒子
　　　　　　　　　　　　　　　　　　（赤褐色）

…… **問 (1)　ア**　の【答え】

　イ　〜　キ　「単元4　要点のまとめ①」を参照して下さい。

イ		∴	透析 ……	**問 (1)　イ**	の【答え】
ウ		∴	チンダル現象 ……	**問 (1)　ウ**	の【答え】
エ		∴	正 ……	**問 (1)　エ**	の【答え】
オ		∴	帯電 ……	**問 (1)　オ**	の【答え】
カ		∴	疎水コロイド ……	**問 (1)　カ**	の【答え】
キ		∴	凝析 ……	**問 (1)　キ**	の【答え】

問 (2) の解説　（ア）デンプンは親水コロイドなので多量の電解質で沈殿する。これを塩析という。

∴　② …… **問 (2) (ア)**　【答え】

（イ）ゼラチンは親水コロイドなのでセロハンの袋に残る。

∴　④ …… **問 (2) (イ)**　の【答え】

（ウ）コロイド粒子の電荷（ここでは負）と反対符号のイオンの価数の大きいものほど凝析の効果は大きいので正の電荷の価数の大きいイオンを選べば良い。よって Al^{3+} である。

∴　④ …… **問 (2) (ウ)**　の【答え】

（エ）溶媒分子が熱運動によってコロイド粒子にぶつかるため，コロイド粒子は不規則な運動を示す。

∴　① …… **問 (2) (エ)**　の【答え】

それでは第9講はここまでです。次回またお会いしましょう。

第 **10** 講

化学平衡, 活性化エネルギー, 反応速度を大きくする要因

単元 **1**　化学平衡　化学

単元 **2**　活性化エネルギー,
　　　　　反応速度を大きくする要因　化学

第 10 講のポイント

　第 10 講は「化学平衡, 活性化エネルギー, 反応速度を大きくする要因」です。化学平衡ではルシャトリエの原理, 平衡移動の意味を理解しましょう。活性化エネルギーでは 6 つの☆がポイントとなります。

$A + B \rightleftarrows C$

単元1 化学平衡

1-1 化学平衡とは

化学平衡は、**かがくへいこう**と読みます。ミクロの世界の現象なので、初めて勉強する方にはちょっとわかりづらいところですが、これからていねいにご説明します。

■ 化学平衡の状態とは

化学平衡の状態を、図で見てみましょう。水の入ったコップに砂糖（正式名はショ糖です）をたくさん加えます 連続 **図10-1①** 。

最初はどんどん溶けますが、スプーン10杯ぐらい加えると、もうこれ以上溶けない状態になって、コップの下に砂糖がたまっていきます。このとき「もう溶ける反応は終わったんだ」と思うかもしれませんが、実は違います。見かけ上、終わっているように見えても**ミクロの世界では反応が起きているん**です。

■ 見かけ上、停止して見える

連続 **図10-1②** を見てください。どんな反応なのかというと、10個のショ糖分子が水に溶けて、同時に水の中の10個のショ糖分子が、溶けてないほうのショ糖分子のほうに戻っています。そういうことが、例えば**1秒間のあいだにセーノで同時に行われているん**です（実際は、ものすごい数で行われています）。

このように残っているショ糖の量が変わらないので**見かけ上、反応が停止したかのように見える状態**を化学平衡の状態または単に**平衡状態**といいます。

■ 可逆反応の反応式

可逆反応の反応式は次のように表します。

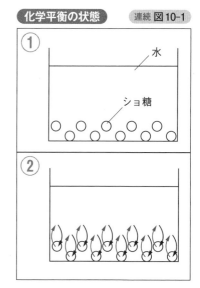

化学平衡の状態 連続 **図10-1**

① 水 / ショ糖

②

重要★★★

可逆反応

$$N_2 + 3H_2 \underset{\text{逆反応}}{\overset{\text{正反応}}{\rightleftarrows}} 2NH_3$$

　これはアンモニアの合成です。**往復矢印** ⇄ はそれぞれ**正反応**と**逆反応**を表しています。先ほどのショ糖の例でいうと，ショ糖分子が溶け出す反応を**正反応**とすると，溶けたショ糖が戻ってくる反応が**逆反応**です。逆にショ糖が戻ってくる反応を正反応とすると，溶け出す反応は逆反応になるんです。

　この反応では，**正反応と逆反応が同時に起こっています**。これを**可逆反応**といいます。

　また，**化学平衡の状態**では**正反応と逆反応が同じ時間内**（例えば1秒間）**に同じ数ずつ反応**（ショ糖分子10個と10個）**しています**。そのとき正反応と逆反応の**反応速度が等しい**といいます。

　だから，ショ糖分子が20個溶け出して10個戻る場合は，まだショ糖が水に溶ける反応速度が大きい状態です。**正・逆の反応速度が等しくないため，平衡状態とはいいません**。つまり，

！重要★★★

可逆反応の正・逆のそれぞれの反応速度が等しくなると，見かけ上，反応が停止したかのように見える

このような状態を**化学平衡の状態**または単に**平衡状態**といいます。

　ここは試験に問われるので，シッカリ覚えておいてください。「反応が停止した」と書くと，バツになりますよ！

　なお，反応速度につきましては，第11講（→298ページ）でもっと詳しくご説明します。

■ 化学平衡が成り立たない反応

$$2H_2 + O_2 \longrightarrow 2H_2O$$

　この式は，水素 H_2 が酸素 O_2 と結び付いて水 H_2O になる反応です。例えば，水素が入っている試験管をひっくり返して，マッチで火を付けると，かん高い音がします。ピョコーとかね。もし水素が多量だと，大変な爆発が起こります。

　で，この反応は，**一方通行**なんです。爆発のあと，水が水素と酸素に分解していく，という逆反応は起こりません。これを，**不可逆反応**といいます。

単元1 要点のまとめ①

● **化学平衡**

　可逆反応の**正反応**と**逆反応**のそれぞれの反応速度が等しくなると，見かけ上，反応が停止したかのように見える。このような状態を**化学平衡の状態**または単に**平衡状態**という。

1-2 ルシャトリエの原理

■ ルシャトリエの原理とは

　次は，**ルシャトリエ**（1850 〜 1936）という人が発見した，**ルシャトリエの原理**をご説明します。この原理は，化学平衡の状態のとき，

!重要★★★ 温度，圧力，濃度

のいずれかを変えると，**それらの変化を妨げる方向に平衡は移動する**という現象です。例えば，**温度を上げると温度が下がる方向に反応が起きる**んです。

■ 別名「あまのじゃくの原理」

　ルシャトリエの原理は，**逆へ逆へ，反対に反対に反応が起ころうとする原理**と覚えてください。わたしは別名「**あまのじゃくの原理**」と言ってます。例えば文化祭で，クラスみんなが盛り上がってるときに，逆にこっちやろうって，みんなと違う方向に持っていこうとする人っていますよね。ちょっと「あまのじゃく」的なね。今日はそういう人が主役になるんですね。

イメージで記憶しよう！

岡野流 ⑳ 必須ポイント

ルシャトリエの原理とは
　逆へ逆へ，反対に反対に反応が起ころうとする原理。別名「**あまのじゃくの原理**」

　それでは，ルシャトリエの原理について，**温度，圧力，濃度**それぞれの条件で具体的に見ていきましょう。

1-3 ルシャトリエの原理「温度」

　まずは，**温度の関係**からご説明します。

■ 平衡状態の容器を用意する

　ピストン付きの容器を用意して，その中に窒素 N_2，水素 H_2，アンモニア NH_3 を入れて，しばらく放っておきます。すると，例えば1秒間に N_2 と H_2 から10個

のNH$_3$が生じて，同時に同じ1秒間に別のNH$_3$が10個分解して，N$_2$とH$_2$に戻る反応が起きたとしましょう。この状態が平衡状態です 連続 図10-2①。

■ 発熱と吸熱反応

アンモニアの合成は 連続 図10-2② の化学反応式で表されます。

右辺は$\Delta H = -92\text{kJ}$で，発熱反応を示しています。

連続 図10-2③ のように，$\Delta H = -92\text{kJ}$を左辺に移項すると左辺では吸熱反応（ΔHがプラスは吸熱を示す），右辺では発熱反応（ΔHがマイナスは発熱を示す）になっています。

もし，問題に片方しか

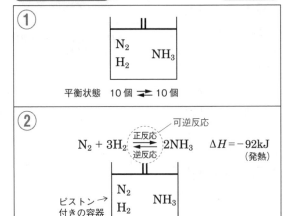

アンモニアの合成　連続 図10-2

① 平衡状態　10個 $\rightleftarrows$ 10個

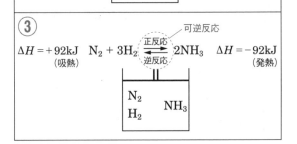

② 可逆反応
$$N_2 + 3H_2 \underset{逆反応}{\overset{正反応}{\rightleftarrows}} 2NH_3 \qquad \Delta H = -92\text{kJ}（発熱）$$
ピストン付きの容器→

③ 可逆反応
$$\Delta H = +92\text{kJ}（吸熱）\quad N_2 + 3H_2 \underset{逆反応}{\overset{正反応}{\rightleftarrows}} 2NH_3 \qquad \Delta H = -92\text{kJ}（発熱）$$

書かれていなくても，1つしかないと思わないでください。**発熱と吸熱が両辺で同時に起きています**。温度に関する問題の注意したいポイントですよ。

岡野流 ㉑ 必須ポイント

温度の問題の注意点
発熱・吸熱どちらか片方しか書かれていなくても，両辺で同時に起きていることに注意する。

■ 容器の温度を上げる

平衡状態の容器を加熱してみましょう 連続 図10-3①。すると，ルシャトリエの原理が働きます。「加熱する前と同じ温度でいようとして，**今度は温度を下げる（吸熱する）方向（ΔHが＋の方向）に移動しよう**」という自然界のつりあいが起こります。

吸熱方向に向かう反応，つまり**右から左に起こる反応を逆反応**といいます。

逆反応の反応速度のほうが大きくなるので，アンモニアNH$_3$の一部（例えば

100mol中，1molくらい）が分解し，窒素N_2と水素H_2に分かれていきます。

　逆反応がある程度までいくと，やがて正反応と逆反応の反応速度が一致して，新しい平衡状態となります。

■ 平衡が移動する

　このように右から左へ逆反応がごく一部起こり，逆反応の反応速度が正反応より大きくなることを，

! 重要★★★ 左へ平衡は移動した

という言い方をします。移動する，といっても電車に乗って動くのとは違います。

■ 容器の温度を下げる

　今度は容器を冷水か氷水の中に浸けて**温度を下げる**とどうなるか。ルシャトリエの原理で逆に温度が上がる方向，つまり**発熱方向（ΔHが－の方向）に移動**します

連続 図10-3②。

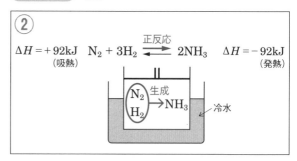

容器を加熱　　　連続 図10-3

① $\Delta H = +92kJ$（吸熱）　$N_2 + 3H_2 \rightleftarrows 2NH_3$　逆反応　$\Delta H = -92kJ$（発熱）

連続 図10-3 の続き

② $\Delta H = +92kJ$（吸熱）　$N_2 + 3H_2 \rightleftarrows 2NH_3$　正反応　$\Delta H = -92kJ$（発熱）　冷水

　発熱方向ですから，反応式の左から右側へ，つまり正反応が一部起きて，正反応の反応速度が増加します。容器内の窒素N_2と水素H_2のごく一部（全部ではない）が反応を起こして，アンモニアNH_3が出来ます。

　この**左から右へ起きる正反応**を

! 重要★★★ 右へ 平衡は移動した

という言い方をします。

　ルシャトリエの原理の温度に関しては以上です。

1-4 圧力の関係

ルシャトリエの原理の**圧力の関係**をご説明します。

■ 圧力を上げる

連続 **図10-2①** の容器のピストンを押して半分の体積にすると，圧力は2倍になります。これは「ボイルの法則」です（**図10-4**（→199ページ））。

平衡状態の容器の圧力が上がると，ルシャトリエの原理で，逆に圧力が下がる方向に移動します。圧力が下がる方向がどちらなのかというと，**容器内の気体の物質量 (mol数)** が関係してきます。N_2，H_2，NH_3は全て気体です。

ボイルの法則　　**図10-4**

圧力が上がる

$$N_2 + 3H_2 \underset{逆反応}{\overset{正反応}{\rightleftarrows}} 2NH_3$$

4mol　　　2mol

反応式を見ると，気体分子の物質量は，左辺は$1 + 3$で**4mol**，右辺は**2mol**です。

この4molと2molの気体をそれぞれ同じ体積の箱に入れると，どちらの箱の圧力が大きいでしょう
連続 **図10-5①** 。

例えば，大きなごみ袋を4袋用意して空気で満たし，箱の中にグーッと抑えつけながら入れます。もうひとつの箱には同じく空気で満たしたごみ袋2つ分を入れます。どちらの箱の圧力が大きいかというと，4袋のほうが大きい。

1袋分の空気を1molと考えてください。すなわち，物質量が多いほうが圧力が大きいことがわかるわけです
連続 **図10-5②** 。

箱に気体を入れる　　連続 **図10-5**

①
| 4mol 圧力 | 2mol 圧力 |

②
| 4mol 圧力 大 | 2mol 圧力 小 |

そうしますと，圧力が下がる方向とは，**気体分子の物質量が少なくなる方向**（4mol → 2mol）となります。つまり**左から右に平衡は移動する。正反応**が一部起きるということです。

$$N_2 + 3H_2 \overset{正反応}{\rightleftarrows} 2NH_3$$

4mol　　　　2mol

■ **圧力を下げる**

反対にピストンを引っ張って圧力を下げた場合，逆に圧力を上げようとする方向にいきます。

つまり，圧力が上がる方向とは，**右側から左側**，アンモニア分子NH_3が窒素N_2と水素H_2に分解していく方向です。分解するのは全部ではなくて一部です。**逆反応**が一部起きるということです。

ポイントは**気体の物質量と圧力の関係**です。これがわかれば，理解できるでしょう。

1-5 濃度

ルシャトリエの原理の**濃度の関係**をご説明します。

■ **濃度が増える**

濃度が増えるというのは，例えば 連続 図10-2① の容器にアンモニアNH_3を加えて増やすということです（ 図10-6 ）。

そうするとルシャトリエの原理で，逆にアンモニアを減らす方向に平衡は移動します。アンモニアが減る方向は**右から左**，つまり**逆反応**です。

図10-6

NH_3の濃度を増やす

$$N_2 + 3H_2 \underset{逆反応}{\rightleftarrows} 2NH_3$$

アンモニアの濃度が増えると，**左側へ平衡は移動する**ということです。

■ **濃度が減る**

今度は，逆にアンモニアNH_3の濃度を減らした場合です。すると，ルシャトリエの原理で，逆にアンモニアが増える方向，**正反応**が起きて，**左側から右側へ平衡は移動**します。

$$N_2 + 3H_2 \xrightarrow{正反応} 2NH_3$$

もし，窒素N_2や水素H_2が増えた場合は，どうなるでしょう。例えば，容器に**水素を加えると**，逆に**水素を減らす方向なので**，水素と窒素が反応して，アンモニアが増えます。ですから**正反応が一部起きる方向に平衡は移動**します。

$$N_2 + 3H_2 \xrightarrow{正反応} 2NH_3$$

つまり，**濃度が増えれば減らす方向**に，**濃度が減れば増やす方向に平衡は移動する**ということです。

単元1 要点のまとめ②

● ルシャトリエの原理

可逆反応が平衡状態にあるとき，平衡の条件（温度，圧力，濃度）を変えるとそれらの変化を妨げる方向に平衡は移動する。

！重要★★★

①温度 ┌ 上げる……吸熱方向に移動する（ΔHの＋（プラス）の方向）。
　　　└ 下げる……発熱方向に移動する（ΔHの－（マイナス）の方向）。

②圧力 ┌ 加圧する…**気体分子の物質量（分子数）の少なくなる方向に移動する。**
　　　└ 減圧する…**気体分子の物質量（分子数）の多くなる方向に移動する。**

③濃度 ┌ 増加する…その濃度を減少させる方向に移動する。
　　　└ 減少する…その濃度を増加させる方向に移動する。

1-6 触媒

触媒を加えると，**反応速度が大きくなり，速く平衡状態になります**。正反応・逆反応ともに反応速度は大きくなります。ただし，触媒を加えなくても，時間が経てば平衡状態になります。

つまり，**触媒は反応の速さを大きくするだけで**，それぞれの物質の**物質量（mol数）の割合は変えません。**

！重要★★★ 触媒は，平衡の移動には関係ない

というところがポイントです。

単元1 要点のまとめ③

● 触媒

触媒は平衡の移動には関係ない。
（触媒自身は反応の前後で変化しないが，反応の速度を大きくする働きがある）

よく触媒を加える，というタイプの問題があります。触媒は平衡の移動には関係ありませんので，ご注意ください。

1-7 平衡状態での気体の関係

化学平衡の理解を深めるため，連続 図10-2① （→273ページ）の混合気体を使って，**気体の割合**と**係数**，**物質量**の関係についてご説明します。

■ 気体の割合と係数の関係

連続 図10-2① （→273ページ）のピストン容器にはアンモニアNH_3，窒素N_2，水素H_2の3つの気体が混じっていて，**平衡状態**になっています。

ここで，この混合気体中の**3つの気体の物質量の比**が

$$N_2 : H_2 : NH_3 = 1 : 3 : 2$$

だと思われる方が多いんですが，それはほとんどの場合，違います。

混合気体が係数の割合で混じっていると，誤解されている方が多いんです。

混合気体の割合　　　　　　　　　図10-7

$$N_2 + 3H_2 \rightleftharpoons 2NH_3$$

この混合気体中では
$\left(N_2 : H_2 : NH_3 \fallingdotseq 1 : 3 : 2\right)$

■ 平衡状態では3つの気体が残っている

例えば，容器に窒素100mol，水素3mol，アンモニア2molを入れたとします。このときの容器内の物質量の割合は$N_2 : H_2 : NH_3 = 100 : 3 : 2$です。

すると，**窒素の量が極端に多い**から，減らそうとして，**反応が左から右側**に起きて，やがて平衡状態になります。

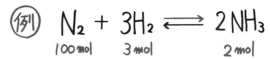

窒素N_2と水素H_2が減って，アンモニアNH_3の量が増えますが，どれか一つの気体が全部反応してなくなることはありません。**平衡状態では3つの気体がどれも残っているからです。**

■ 平衡移動と係数の関係

窒素100molのうち0.5molが使われた場合，水素3molがどのくらい減るかを計算するときには，先ほどの$N_2 : H_2 : NH_3 = 1 : 3 : 2$という係数を用います。

すると，例えば窒素0.5mol消費したと考えた場合，水素は3倍ですから$0.5 \times 3 = 1.5$mol使われます。アンモニアは2倍の$0.5 \times 2 = 1$mol増えます。

つまり係数の1:3:2は，反応する物質のmol数に関係している割合なんですね。

■ **気体の割合を計算する**

$$\text{例}\quad N_2 \quad + \quad 3H_2 \quad \rightleftharpoons \quad 2NH_3$$

初　　　100mol　　　　3mol　　　　　　2mol

変化量　−0.5mol　　−0.5×3mol　　+0.5×2mol

平衡時　99.5mol　　　1.5mol　　　　　3mol

注：変化量は−が消費，+が生成を表します。

このように平衡時には N_2：H_2：NH_3 = 99.5mol：1.5mol：3molになり，決して N_2：H_2：NH_3 = 1：3：2にはなりません。100molという極端に大きな数字を出せば1になることはないだろう，となんとなくわかりますね。

どういう割合で混ぜたとしても，必ず平衡状態は成り立つのですが，**気体の割合が係数のようになってるわけではありません。誤解しないようにここはぜひ注意してください。**

はい，では演習問題を解いてみましょう。

演習問題で力をつける㉗

平衡が移動する場合を理解しよう！

問　次の可逆反応が平衡にあるとき，他の条件を一定にして〔　　〕内の変化をわずかに加えるとき，平衡はどのようになるか。平衡が移動しない場合はN，平衡が右辺に移動する場合はR，平衡が左辺に移動する場合はLを記せ。ただし反応式中の物質は全て気体であるものとする。

(1)　$2SO_2 + O_2 \rightleftharpoons 2SO_3$　　$\Delta H = -198kJ$　〔減圧する〕

(2)　$N_2 + O_2 \rightleftharpoons 2NO$　　$\Delta H = 180.6kJ$　〔加圧する〕

(3)　$2HI \rightleftharpoons H_2 + I_2$　　$\Delta H = 16.7kJ$　〔H_2を加える〕

(4)　$N_2 + 3H_2 \rightleftharpoons 2NH_3$　　$\Delta H = -92.2kJ$　〔H_2SO_4を加える〕

(5)　$2NO_2 \rightleftharpoons N_2O_4$　　$\Delta H = -57.2kJ$　〔加熱する〕

(6)　$2CO + O_2 \rightleftharpoons 2CO_2$　　$\Delta H = -566kJ$　〔冷却する〕

(7)　$2NH_3 \rightleftharpoons N_2 + 3H_2$　　$\Delta H = 92.2kJ$　〔触媒を加える〕

(8)　$N_2O_4 \rightleftharpoons 2NO_2$　　$\Delta H = 57.2kJ$　〔体積一定でArを加える〕

(9)　$N_2O_4 \rightleftharpoons 2NO_2$　　$\Delta H = 57.2kJ$　〔全圧一定でArを加える〕

さて，解いてみましょう。

　平衡が移動しない場合はN，平衡が右に移動する場合はR，左に移動する場合はLを記しなさい，という問題です。

> **岡野の着目ポイント**　平衡が右に移動するのは正反応が一部起こること，左に移動するのは逆反応が一部起こることをいいます。

問 (1) の解説

> **岡野の着目ポイント**　式の横に〔減圧する〕と書いてあります。これは275ページのピストン付き容器のフタをぐっと引っ張って体積を大きくするということです。

　答えは，結論から言いますとLです。

∴　**L** …… **問(1)** の【答え】

ではなぜLになるか確認しましょう。

$2SO_2 + O_2$は共に気体で3molです。$2SO_3$（三酸化硫黄）も気体で2molですね。

> **岡野のこう解く**　ΔHは温度に関係ないからカットしています。減圧すると，あまのじゃくの原理（ルシャトリエの原理）で圧力が増加する。圧力を下げると逆に圧力が上がる方向に，逆へ逆へとバランスを取る方向に移動します。増加する方向，つまり物質量が多くなる方向は左です。左へ左へ移動しますから，解答はLとなります。
>
> $$2SO_2 + O_2 \rightleftharpoons 2SO_3$$
>
> 　　　　3mol　　　　　2mol
>
> 減圧すると圧力が増加する方向すなわち
> 物質量が多くなる左へ移動。

問 (2) の解説　今度は (2) です。$N_2 + O_2$で，2倍のNO（一酸化窒素）。圧力による変化なので，温度には関係ありません。で，加圧ということはピストンを押し下げて，圧力を上げます。答えは結論から言いますとNです。

∴　**N** …… **問(2)** の【答え】

では説明しましょう。

> **岡野のこう解く** ΔH は温度に関係ないからカットしています。ここで N_2，O_2，NO は全て気体です。$N_2 + O_2$ の係数の合計が 2mol。2NO も 2mol。両辺とも物質量が同じなので，圧力を上げても下げても，同じ 2mol と 2mol です。
>
> 　圧力を上げても，下がる方向がないわけです。つまり，平衡の移動は起こりません。

$$N_2 + O_2 \rightleftarrows 2NO$$

$$\underbrace{}_{2\,mol} \qquad \underbrace{}_{2\,mol}$$

両辺で同じ物質量なので圧力には無関係である。

問 (3) の解説　2HI はヨウ化水素です。なお，(1) (2) (8) (9) は圧力，(3) (4) は濃度，(5) (6) は温度に関係があります。「単元 1　要点のまとめ②」で温度・圧力・濃度を変えると平衡は移動すると勉強しました。(3) は濃度に関係し，解答は L になります。なぜかを見ていきましょう。

$$\therefore \quad \text{L} \cdots\cdots \text{問 (3)} \text{ の【答え】}$$

> **岡野のこう解く**　ΔH は温度に関係ないからカットしています。H_2 を加えると，H_2 の濃度が増えます。増えると，バランス的に元の状態に戻そうとしますから，H_2 を減らそうとするんですね。
>
> 　減らす方向というのは，右辺から左辺，H_2 と I_2 が反応を起こして，HI という物質が一部出来上がってくる。逆反応が一部起こり，左へ平衡は移動します。

$$2HI \rightleftarrows H_2 + I_2$$

H_2 を加えると H_2 が減少する方向すなわち左へ平衡は移動する。

問 (4) の解説　(4) は式が平衡状態にあって，硫酸 H_2SO_4 を加えた。式の中に硫酸は入っていませんね。では，どうすればよいのでしょう？　中の物質が，何か影響を受けるんです。

　先に言いますと解答はRで，右に平衡は移動します。なぜか，何が起きているのかを説明しましょう。

∴　**R** …… 問(4)　の【答え】

> **岡野の着目ポイント**　$N_2 + 3H_2$のところ，アンモニアは塩基で硫酸は酸です。酸と塩基の中和反応が起きるんです。

> **岡野のこう解く**　ΔHは温度に関係ないからカットしています。硫酸を加えると，アンモニアが中和反応を起こして消費されます。するとそれを補おうとして，アンモニアが増える方向，左辺から右辺に平衡は移動していく。
>
> $$N_2 + 3H_2 \rightleftharpoons 2NH_3$$
>
> H_2SO_4はNH_3と中和反応を起こし，NH_3が減少するので，それを増加させる方向すなわち右へ移動。

　今回硫酸が出てきましたが，結局，化学平衡の式の何かが変化を起こしている，ということを知っておきましょう。

問(5)の解説▶　(5)は温度に関係します。解答はLです。逆反応が一部起きるんです。

∴　**L** …… 問(5)　の【答え】

> **岡野のこう解く**　(5)は右辺では$\Delta H = -57.2kJ$なので発熱反応とわかります。左辺では吸熱反応が起こっています。
>
> 　加熱すると温度が下がる方向，すなわち吸熱方向（ΔHの＋（プラス）の方向）の左へ平衡は移動する，ということですね。すなわち逆反応が一部起こるということです。
>
> $$\Delta H = +57.2kJ \quad 2NO_2 \rightleftharpoons N_2O_4 \quad \Delta H = -57.2kJ$$
> $$（吸熱）\qquad\qquad\qquad\qquad （発熱）$$
>
> 加熱すると吸熱方向に平衡は移動するので左へ移動。

問 (6) の解説 解答はRです。

∴ R …… **問(6)** の【答え】

「冷却する」と書いてありますね。冷却するということは，温度を下げるわけです。

岡野のこう解く 冷却すると発熱方向（ΔHの－（マイナス）の方向）の右へ平衡は移動します。正反応が一部起こるのでRが解答になります。

$$\Delta H = +566kJ \quad 2CO + O_2 \rightleftharpoons 2CO_2 \quad \Delta H = -566kJ$$
（吸熱） （発熱）

冷却すると発熱方向に平衡は移動するので
右へ移動。

問 (7) の解説 触媒は平衡の移動には関係ありません。
したがって解答はNです。

∴ N …… **問(7)** の【答え】

問 (8) の解説 体積一定でArを加えると圧力が増加するので圧力が減少する左へ移動すると一瞬思ってしまいますがこれは間違いです。答えは結論から言いますとNです。

∴ N …… **問(8)** の【答え】

では説明しましょう。

岡野のこう解く ΔHは温度に関係ないからカットしています。

図10-8

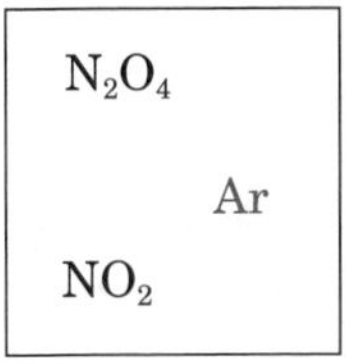

$$N_2O_4 \rightleftharpoons 2NO_2$$
1mol 2mol

N₂O₄
Ar
NO₂

図のように体積が一定なのでN_2O_4とNO_2のそれぞれの分圧は変化しないので平衡は移動しません。Arの分圧が加わって全圧は大きくなるので，平衡は左へ移動するのではないかという疑問がでてきますが，Arの分圧は全く関係ないのです。ルシャトリエの原理で圧力が高くなるとか低くなるとかは**平衡の式に関係のある気体（ここではN_2O_4とNO_2）の分圧が高くな**

るか低くなるかの話です。 Arは平衡の式に入ってないのでArの分圧がいくら大きくなっても関係ありません。

問(9)の解説　全圧一定でArを加えても圧力には変化しないので平衡は移動しないと一瞬思ってしまいますがこれは間違いです。答えは結論から言いますとRです。

$$\therefore \quad R \cdots\cdots \quad 問(9) \quad の【答え】$$

では説明しましょう。

岡野のこう解く　ΔHは温度に関係ないのでカットしています。

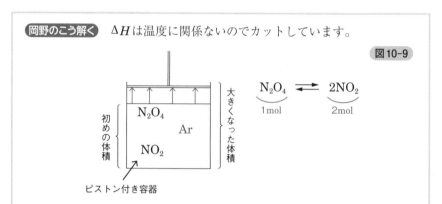

図10-9

図のように全圧が一定になるにはArを加えたときに体積が大きくなります。するとN_2O_4とNO_2のそれぞれの分圧は小さくなります。なぜなら$PV=P'V'=$一定よりV'が大きくなるとP'は小さくなるからです。したがって圧力が上がる方向すなわち物質量が多くなる右辺へと平衡は移動するのです。(8)でも説明した通り，**ここでいう圧力とは平衡の式に関係のある気体の分圧のことです。**

　化学平衡は以上です。だいたいこのような問題が出てきます。今日のところが基本になって，おわかりいただければ，あとはいろんな問題に対応できると思います。

2-1 活性化エネルギーと反応エンタルピー

活性化エネルギーをやっていきます。まず，言葉から見ていきましょう。下の「単元2 要点のまとめ①」の一番上「活性化エネルギー」を読んでください。

単元 **2** 要点のまとめ①

● **活性化エネルギー**

　分子同士が，ある一定のエネルギーよりも大きなエネルギーをもったとき，初めてこの反応は起こる。この反応が起こるのに必要なエネルギーのことを活性化エネルギーという。

● **触媒のはたらきと活性化エネルギー**

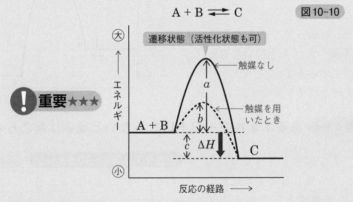

$A + B \rightleftarrows C$　　図10-10

重要★★★

☆　正反応で触媒を用いないときの活性化エネルギー …… a
☆　正反応で触媒を用いたときの活性化エネルギー …… b
☆　逆反応で触媒を用いないときの活性化エネルギー …… $a + c$
☆　逆反応で触媒を用いたときの活性化エネルギー …… $b + c$
☆　正反応の反応エンタルピーは発熱反応である。…… $\Delta H = -c$
☆　逆反応の反応エンタルピーは吸熱反応である。…… $\Delta H = +c$

　活性化エネルギーという言葉をどうぞ覚えておいてください。次に 図10-10 を見てください。縦軸が**エネルギー**，横軸が**反応の経路**です。

そして重要なのは

！重要★★★ 「単元2　要点のまとめ①」（→285ページ）の6つの☆印

です。これら6つが理解できれば，この単元は大丈夫です。それでは説明していきましょう。

2-2 正反応の活性化エネルギー

■ 活性化エネルギーとはどんなエネルギー？

$$A + B \rightleftarrows C$$

　これはAとBが反応してCになるときの反応式です。

　図10-11は，エネルギーと反応の経路の関係を表したグラフです。この反応は可逆反応とします。

　A＋Bから始まって，ある大きさのエネルギーを持つと，山を描いてCという物質に反応していきます。

　ここで大切なポイントです。

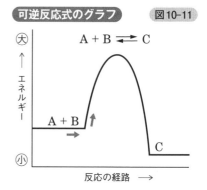

可逆反応式のグラフ　図10-11

！重要★★★ あるエネルギー以上にならないと反応は起こらない

　例えば，人が荷物を持って山に登りました。でも登りきらずに疲れて荷物から手を放すと，そのままズルッと元の位置に戻ってしまいます。ところが，山の頂上まで荷物を持って行けば，あとはちょこんと押すと，Cのほうに，荷物は降りて行く（反応が成立する）わけです。

　つまり，「あるエネルギー以上」とは図10-12のaのことで

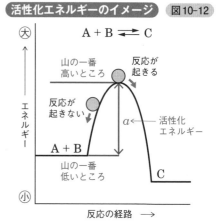

活性化エネルギーのイメージ　図10-12

！重要★★★ 山の一番低いところから一番高いところまでのエネルギー

のことなんです。

この**反応に必要なエネルギー**を**活性化エネルギー**と呼びます。

活性化エネルギーを理解するポイント
　活性化エネルギーは**山の一番低いところから**
一番高いところまでのエネルギー。

■ **触媒を加えた場合の活性化エネルギー**

触媒を加えると，活性化エネルギーが下がります。

山の高さを低くする働きをするんです
（ 図10-13 ）。

　それが，新しい活性化エネルギーbで
す。aでは山が高くて反応しなかった反
応も，触媒を加えると反応が起こります。

　つまり，**触媒を加えると反応が起こり**
やすくなり，反応速度が大きくなるので
す。

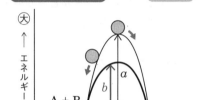

触媒を加えた場合　　　図10-13

反応の経路 →

単元2 要点のまとめ②

● **触媒**

　触媒は，反応速度を大きくするが，触媒自身は化学変化しない。活性化エ
ネルギーを小さくすることで反応速度を大きくする。

■ **どちらも正反応の活性化エネルギー**

　今出てきた2つの活性化エネルギーのケースはどちらも$A+B$がCになる反応
なので，**正反応**です。つまり，

☆　**正反応で触媒を用いないときの活性化エネルギー …… a**
☆　**正反応で触媒を用いたときの活性化エネルギー …… b**

です。これは，「単元2　要点のまとめ①」の「1，2番目の☆印」です。

2-3 反応エンタルピー

　次は，逆反応の活性化エネルギーをやる前に，「単元2　要点のまとめ①」の「5，6番目の☆印」，反応エンタルピーをご説明します。

■ 正反応の反応エンタルピー

　まずは「5番目の☆印」，

☆　**正反応の反応エンタルピーは発熱反応である。**…… $\Delta H = -c$

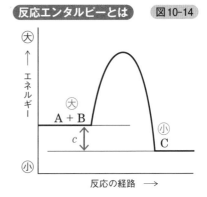

反応エンタルピーとは　図10-14

　図10-14 の「A＋B」と「C」のエネルギーを比べると，Cが c だけ小さいことがわかります。このエネルギー差を**反応エンタルピー**といいます。

　では**この反応エンタルピーが発熱反応（－）なのか，吸熱反応（＋）なのか**，まず正反応の式を書いて，調べてみます。

　図10-14 でA＋Bの方がCより高い位置にありますね。したがって，

Ⓐ＋ⒷがⓈの関係になっているのです。

$$A + B \rightleftarrows C$$

　正反応は高いエネルギー状態から低いエネルギー状態になるのでエネルギーを放出します。つまり発熱反応が起こります。

$$A + B \rightarrow C \quad \Delta H = -c$$
（発熱）

■ 逆反応の反応エンタルピー

　次に「6番目の☆印」，

☆　**逆反応の反応エンタルピーは吸熱反応である。**…… $\Delta H = +c$

　今度は**逆反応**です。逆反応はⓈがⒶ＋Ⓑになります。低いエネルギー状態から高いエネルギー状態になるのでエネルギーを吸収します。つまり吸熱反応が起こります。

$$\overset{\text{小}}{C} \longrightarrow \overset{\text{大}}{A} + B \quad \Delta H = +c$$
（吸熱）

2-4 逆反応の活性化エネルギー

今度は「単元2　要点のまとめ①」の「3，4番目の☆印」，逆反応の活性化エネルギーを考えていきます。逆反応のことが書いてある教科書はおそらくあまりないと思いますよ。でも，入試には出てきますよね。では，これからしっかりご説明します。

■ 逆反応で触媒を用いないとき

「3番目の☆印」，

> ☆　逆反応で触媒を用いないときの活性化エネルギー … $a+c$

逆反応ですから，**C**から始まって**A＋B**に移っていきます（ 図10-15 ）。そして，**活性化エネルギーは，山の一番低いところから高いところまで**です。これだけを覚えておくのが岡野流です。

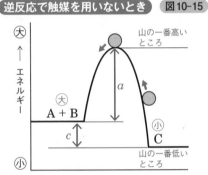

逆反応で触媒を用いないとき　図10-15

今回は$a+c$が**山の一番低いところから高いところまでのエネルギー**というわけです。

■ 逆反応で触媒を用いたとき

「4番目の☆印」，

> ☆　**逆反応で触媒を用いたときの活性化エネルギー …… $b+c$**

触媒を用いると山の高さが低くなります。

つまり，右図（ 図10-16 ）のように$b+c$が，**活性化エネルギー**となるわけです。

■ 遷移状態

あとは， 図10-10 の山の一番上のところ，**遷移状態**（活性化状態も可）（「単元2　要点のまとめ①」→285ページ）という言葉を覚えてくださ

逆反応で触媒を用いたとき　図10-16

い。この言葉は問題として出てきます。

以上です。それでは演習問題をやってみましょう。

演習問題で力をつける㉘

活性化エネルギーを理解しよう！

> 問 下の図はA_2とB_2からABを生成する反応で，触媒を用いたとき，および触媒を用いないときのエネルギーの変化を表す図である。次の各問いに答えよ。
>
>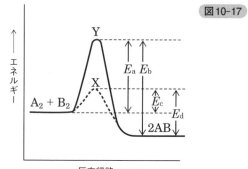
>
> 図10-17
>
> (1)　XやYのような中間状態を何というか。
>
> (2)　E_aやE_cのエネルギーを何というか。
>
> (3)　$A_2 + B_2 \longrightarrow 2AB$の反応が起こるときの反応エンタルピーを求めよ。
>
> (4)　触媒を用いたときは，X，Yどちらの中間状態を経て生成物を生じるか。

😊 **さて，解いてみましょう。**

問(1)の解説 XとYは山の上の部分です。ここを**遷移状態**といいます。

∴　**遷移状態（活性化状態も可）** …… **問(1)** の【答え】

問(2)の解説 E_aとE_cの**山の一番低いところ**を見ると，$A_2 + B_2$のところなので，**どちらも正反応の活性化エネルギー**ですね。触媒は，山の低いE_cが触媒を用いたとき，山の高いE_aが用いないときです。

∴　**触媒を用いないときの正反応の活性化エネルギー** …… **問(2)E_a** の【答え】
∴　**触媒を用いたときの正反応の活性化エネルギー** …… **問(2)E_c** の【答え】

問(3)の解説 まず，反応エンタルピーはどこか考えます。

岡野のこう解く 問題の図に㊅と㊈を書き込んで見ましょう（図10-18）。

反応エンタルピーでは山の高さは関係ありません。A_2+B_2と2ABの**エネルギーの差が反応エンタルピー**なんです。それはつまり，$\boldsymbol{E_b-E_a}$または$\boldsymbol{E_d-E_c}$です。この反応は発熱反応なので**反応エンタルピーは負にならなくてはいけません。**したがって$\Delta H=E_a-E_b$または$\Delta H=E_c-E_d$となります。

反応エンタルピーの問題 図10-18

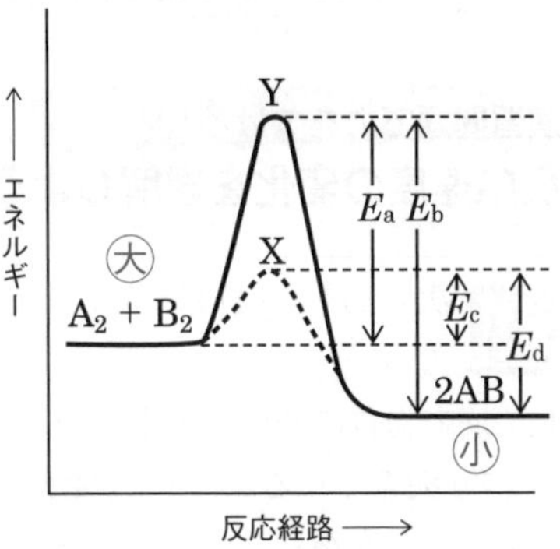

解答はどちらか一方書けば正解です。

∴ $\boldsymbol{\Delta H=E_a-E_b}$ **または** $\boldsymbol{\Delta H=E_c-E_d}$ …… 問(3) の【答え】

問(4)の解説 図10-17を見ると**Xのほうが山の高さが低い**ので，解答はXになります。

∴ **X** …… 問(4) の【答え】

はい。そんなところでよろしいでしょうか。入試問題によっては**縦軸に何kJという数値が出てくる問題もあります。**そうした場合でも，今までのことがおわかりいただいていれば応用がききますので，対応できるようにしてください。

逆のタイプの問題

今回の演習問題とは，逆のタイプの問題をご紹介します。

図10-19のグラフは，今までとは逆で，「D + E」が㊈，Fが㊅になっています。この場合でも，**触媒**を用いると山の高さは図のように低くなります。

「活性化エネルギーは何ですか」，と問われた場合，正反応は「D + E」から始まって，山の一番高いところまで(a)となります（触媒を用いたときは低いほうの山(b)）。

逆反応の活性化エネルギーは「F」から山の一番高いところまで($a-c$)です（触媒を用いたときは，低い方の山の一番高いところまで($b-c$)となります）。

大小が反対のケース 図10-19

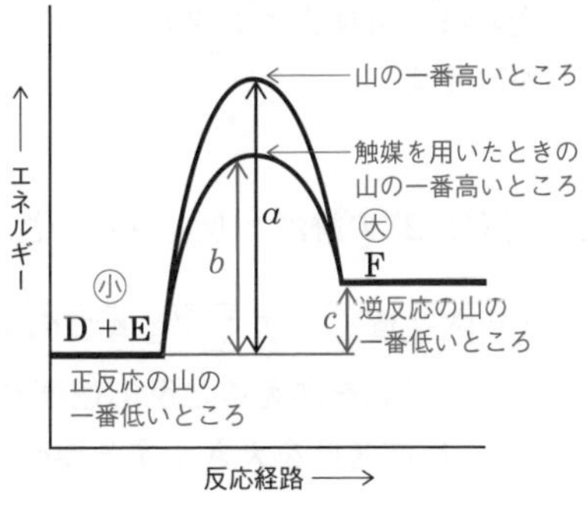

　この場合，正反応の反応エンタルピーは吸熱反応で，逆反応の反応エンタルピーは発熱反応になります。

演習問題で力をつける㉙
反応速度の変化を理解しよう！

> 問　次の (1) ～ (4) について，(ア) ～ (ウ) の中から正しいものを選べ。
>
> (1) 反応物質の濃度が大きくなった場合，一般に反応速度は
> 　(ア) 大きくなる。　(イ) 変わらない。　(ウ) 小さくなる。
> (2) 反応温度が高くなった場合，一般に反応速度は
> 　(ア) 大きくなる。　(イ) 変わらない。　(ウ) 小さくなる。
> (3) 活性化エネルギーが大きくなった場合，一般に反応速度は
> 　(ア) 大きくなる。　(イ) 変わらない。　(ウ) 小さくなる。
> (4) 触媒を用いると，一般に反応エンタルピーは
> 　(ア) 大きくなる。　(イ) 変わらない。　(ウ) 小さくなる。

さて，解いてみましょう。

　反応速度の問題です。まず最初に (3) と (4) からやっていきます。

> **問 (3) の解説**　**岡野の着目ポイント**　**活性化エネルギーは山の高さです。山が高くなったら，反応速度は小さくなります。**

　だから，解答は (ウ) です。

　　　　　　　　　　　　∴　**(ウ)** …… **問(3)** の【答え】

問 (4) の解説　**反応エンタルピーは触媒に関係ありません**。触媒で山の高さが変わっても反応エンタルピーには一切影響しないんです。だから解答は (イ) になります。

　　　　　　　　　　　　∴　**(イ)** …… **問(4)** の【答え】

問 (1) (2) の解説　反応速度の性質を説明しながら，解答を考えていきましょう。

反応速度を大きくする4つの要因

　前に**触媒を加えると反応速度が大きくなる**とお話しました（→277，287ページ）。**反応速度を大きくする要因**は

！重要★★★ 温度，濃度，触媒，表面積

の4つがあります。

ルシャトリエの原理では**温度，濃度，圧力**の3つが変わると平衡が移動する，と学習しました（→277ページ）。

これと似てますが，

反応速度と平衡の移動は全く違う

ので注意してください。

温度を高くした場合

図10-20 では○と△という物質が反応を起こしています。

低い温度では，分子が**ゆっくり飛んでいます**。ところが**温度を上げる**と，いっきに**分子運動が活発**になり，速いスピードで飛び回ります。**そうすると，ぶつかる回数が増える**んです。

例えば，机も椅子もない小さな教室に20人くらい生徒がいたとします。ゆっくり歩けば，ぶつからないように歩けると思います。ところが，真正面だけを見て思いきり走ると，おそらくバンバンぶつかりますよね。

温度を高くする　　　　　　　　図10-20

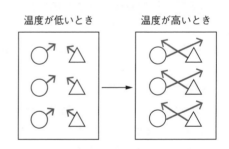

温度が低いとき　　　　　　温度が高いとき

分子がぶつかったときに反応が起こるのですが，**気を付けたいのは，ぶつかったとしても反応が起こらない場合がある**んですね。

岡野の着目ポイント　ポイントは，活性化エネルギーです。この温度を高くしたとき

活性化エネルギー以上のエネルギーを持った分子の割合が増加し，
分子同士がぶつかると，反応速度が大きくなる

んです。

つまり，**温度が高くなると反応が起きやすくなり，反応速度が大きくなる。** これがまず一つですね。

濃度を大きくした場合

次は濃度。同じ容器に○と△が3つずつ入っています。そして，○と△を増やして**濃度を大きく**します（**図10-21**）。

例えば，先ほどの教室にいる20人がみんなゆっくり歩いています。そのあと100人ぐらいの人が入ってくると，ゆっくり歩いても，ぶつかりますよね。満員電車の中でぶつからないように歩けないのと同じです。

ぶつかったときに反応を起こします。

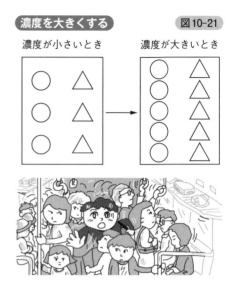

濃度を大きくする　　　　　図10-21

濃度が小さいとき　　　濃度が大きいとき

岡野の着目ポイント　分子が活性化エネルギー以上を持っていてかつぶつかったときに反応が起きるんです。ということで，**濃度が高いほどぶつかりやすい，**つまり**反応が起きやすい，反応速度が大きくなる**ということです。

触媒を加えた場合

すでに説明したとおり，**触媒を加えると反応速度が大きくなるのは，活性化エネルギーを小さくするため**です（→287ページ）。

それでは解答を見てみましょう。(1)は濃度が大きくなった場合ですから（ア）が解答になります。

∴　（ア）……　**問(1)**　の【答え】

(2)は温度が高くなった場合で，これも（ア）になります。

∴　（ア）……　**問(2)**　の【答え】

表面積を大きくした場合

例えば石灰石に塩酸を加えて二酸化炭素を発生させる実験を考えてみましょう。石灰石のかたまりに塩酸を加えるのと，同じ質量の石灰石をくだいて粉末にしたものに塩酸を加えたのでは粉末にしたものの方が反応速度が大きいとい

うことです。

　同じ質量のかたまりと粉末では粉末の方が表面積が大きくなるからです。

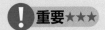

● 反応速度

！重要★★★

反応速度を大きくする要因は**温度，濃度，触媒，表面積**である。

　それでは第10講はここまでです。活性化エネルギーは山の一番低いところから一番高いところまでのエネルギーでした。次回またお会いしましょう。

Column

化学式とその名称のつけ方②

化学式とその名称のつけ方を色々な例で確認してみましょう。

> **問**　下の表の縦と横に書いてあるイオンを結合させたときの分子式または組成式と名称を例にならって完成させよ（イオンの名称は巻末の「イオンの価数の一覧表」を参考にして下さい）。
>
> | | | Cl^- | NO_3^- | SO_4^{2-} | CO_3^{2-} | PO_4^{3-} |
> |---|---|---|---|---|---|---|
> | 共有結合でできた物質 | H^+ | 例　HCl
塩化水素 | | | | |
> | イオン結合でできた物質 | NH_4^+ | | | | | |
> | | Ag^+ | | | | | |
> | | Ca^{2+} | | | | | |
> | | Mg^{2+} | | | | | |
> | | Al^{3+} | | | | | |

問の答え　H^+ との結合の時だけ非金属どうしなので共有結合です。その他は金属と非金属なのでイオン結合です。共有結合から成る化合物は基本的には暗記になってしまいますが，イオン結合から成る化合物は116ページのコラムの法則に従います。

	Cl^-	NO_3^-	SO_4^{2-}	CO_3^{2-}	PO_4^{3-}
H^+	HCl 塩化水素 または塩酸	HNO_3 硝酸	H_2SO_4 硫酸	H_2CO_3 炭酸	H_3PO_4 リン酸
NH_4^+	NH_4Cl 塩化アンモニウム	NH_4NO_3 硝酸アンモニウム	$(NH_4)_2SO_4$ 硫酸アンモニウム	$(NH_4)_2CO_3$ 炭酸アンモニウム	$(NH_4)_3PO_4$ リン酸アンモニウム
Ag^+	AgCl 塩化銀	$AgNO_3$ 硝酸銀	Ag_2SO_4 硫酸銀	Ag_2CO_3 炭酸銀	Ag_3PO_4 リン酸銀
Ca^{2+}	$CaCl_2$ 塩化カルシウム	$Ca(NO_3)_2$ 硝酸カルシウム	$CaSO_4$ 硫酸カルシウム	$CaCO_3$ 炭酸カルシウム	$Ca_3(PO_4)_2$ リン酸カルシウム
Mg^{2+}	$MgCl_2$ 塩化マグネシウム	$Mg(NO_3)_2$ 硝酸マグネシウム	$MgSO_4$ 硫酸マグネシウム	$MgCO_3$ 炭酸マグネシウム	$Mg_3(PO_4)_2$ リン酸マグネシウム
Al^{3+}	$AlCl_3$ 塩化アルミニウム	$Al(NO_3)_3$ 硝酸アルミニウム	$Al_2(SO_4)_3$ 硫酸アルミニウム	$Al_2(CO_3)_3$ 炭酸アルミニウム	$AlPO_4$ リン酸アルミニウム

反応速度，平衡定数・圧平衡定数

単元1 反応速度 化学
単元2 平衡定数・圧平衡定数 化学

第 11 講のポイント

　第 11 講は「反応速度，平衡定数・圧平衡定数」をやっていきます。反応速度では，化学反応式と係数，そして計算問題に必要な 3 つの公式を理解しましょう。平衡定数では「化学平衡の法則」を理解し，関係式を使った計算を学習します。

$$☆ \, v = \frac{|C_2 - C_1|}{t_2 - t_1}$$

前講では反応速度を変化させる性質的な要因(**温度・濃度・触媒・表面積**)を学習しました。本講では**数量的**なものを**具体的**に説明していきます。

1-1 反応速度を求める3つのパターン

反応速度を求めるには，**3つのパターン**があります。それらを**問題の内容に応じて使い分け**ていきます。

そのためには，まず，物質の化学式と係数を表す，次の化学反応式を知ってください。

!重要★★★

$$aA + bB \xrightarrow[\text{逆反応}]{\text{正反応}} cC + dD$$

$$\left(\begin{array}{l} \text{A, B, C, Dは物質の化学式} \\ \text{a. b. c. dは係数} \end{array} \right)$$

例えばNH_3の合成反応を例にして，A，B，C，Dやa, b, c, dの説明をしましょう。

$$N_2 + 3H_2 \rightleftharpoons 2NH_3$$

この化学反応式を対応させると，aが1でAがN_2です。bが3でBがH_2です。cが2でCがNH_3です。dは物質がないので0です。よろしいでしょうか。

これから，3つのパターンについて，1つずつ見ていきましょう。

1-2 反応速度を求めるパターン①の公式

まず，反応速度を求める公式，1番目のパターンからご説明しましょう。

■ 単位時間

反応速度とは，**単位時間に反応または生成した物質のモル濃度 (mol/L) の変化量**です。単位時間って難しい言葉ですね。単位とは1を表します。そして時間は日本語ではTimeとHour，2通りの意味があるのですが，ここでは**Time**を指します。つまり1秒とか1分，1時間，1日，1週間を表します。

■ 反応速度vを求める公式①

例えば，時間t_1からt_2の間に反応した**物質A**の濃度がC_1からC_2 (mol/L) になっ

たときの**物質Aの反応速度**vが，次の式です。

！重要★★★ $$v = \frac{|C_2 - C_1|}{t_2 - t_1}$$ ── **パターン①の公式**

数学や物理では，**変化量**が出るとΔtのように，Δ（デルタ）を用いますが，僕は，**変化量**といったときには

！重要★★★ 後から前を引く

としか覚えていません。だから，式の分母では$t_2 - t_1$のように，後から前を引きました。

反応速度の変化量

変化量とは，後から前を引いた値。

$C_2 - C_1$には，**絶対値**がついています。それはvが**常に正の値**だからです。物質Aが反応するときの濃度は，t_1の時間のときのほうがt_2の時間のときより大きく，$C_2 - C_1$は負の値になります。物質Aは初めが一番大きい濃度でだんだん小さくなるからです。

また物質Cが生成するときの濃度は初めが0でだんだん大きくなります。このときは$C_2 - C_1$は正の値になります。

物理の場合，マイナスが向きを表すので，-2m/sの速度で西へ向かうのは，東へ2m/sで進んでいるのと同じです。だから，符号のマイナスが非常に重要になります。

ところが**化学の場合，常に正**ですから，

！重要★★★ 絶対値を付けて正の値にして計算する

そういう考え方です。それでは例題で実際に計算してみましょう。

【例題8】物質Aの0秒と10秒のときのモル濃度を表に示す。このときの物質Aの平均の反応速度を求めよ。数値は有効数字2桁とする。

時間	0s	10s
濃度	10mol/L	2mol/L

表11-1

😀さて，解いてみましょう。

【例題8】の解説

（パターン①の公式に代入）

表の値を反応速度を求める**パターン①の公式**に代入してみましょう。

$$☆ \quad \boxed{v = \frac{|C_2 - C_1|}{t_2 - t_1}} \quad \text{パターン①の公式}$$

$$= \frac{|2 - 10|〔\text{mol/L}〕}{(10 - 0)〔\text{s}〕}$$

$$= 8 \div 10 = 0.80$$

時間の単位は秒，そして**後から前**なので10 − 0となり，分母は10秒ですね。

濃度の単位はmol/L。同じく**後から前**ですから，2 − 10でマイナス8になりますが，**絶対値を付ける**ので8mol/L。

これを計算すると，8 ÷ 10で0.80。

（単位の計算）

解答に付ける単位は，$\dfrac{\text{mol/L}}{\text{s}}$ です。だから次のように計算すると

$$\frac{\text{mol/L}}{\text{s}} = \frac{\frac{\text{mol}}{\text{L}}}{\text{s}} = \frac{\text{mol}}{\text{L} \cdot \text{s}}$$

あとは分数の棒を斜めにすれば，mol/（L·s）と単位らしくなるわけです。

$$∴ \quad \textbf{0.80mol/（L·s）} \cdots\cdots 【例題8】 \quad \text{の【答え】}$$

アドバイス　ここで**平均の反応速度**とありますが，0秒から10秒の間で常に同じ反応速度ではありません。初めは濃度が大きく，反応速度も大きいのですが，後になると濃度が小さくなり，反応速度も小さくなります。そこで**平均の反応速度**というわけです。

1-3 反応速度を求めるパターン②の公式

反応速度を求める**パターン②の公式**をご説明します。

$$a\text{A} + b\text{B} \rightleftarrows c\text{C} + d\text{D}$$

上の反応式の**正反応の反応速度**と**モル濃度の関係**を，次の公式で表すことができます。

❗重要★★★　$\boxed{v = k\,[\text{A}]^a\,[\text{B}]^b}$ ———— **パターン②の公式**

$[A]^a[B]^b$は，反応式の物質**A**のモル濃度を係数aで累乗，物質**B**のモル濃度も係数bで累乗，つまり**係数乗**しています。ここでは係数の累乗のことを係数乗ということにします。そして**[ ]はモル濃度を表す記号**です。

！ 重要★★★ *kは反応速度定数といい，温度一定では濃度に無関係に一定*

となります。**vは反応速度**です。

パターン①の公式と違い，データが何もなく，反応式だけが与えられて「反応速度は何ですか？」という問題を求める場合は，この**パターン②**を用います。

1-4 反応速度を求めるパターン③の公式

パターン②では，**実験データ（モル濃度と反応速度）が与えられている問題だと適応できない**ときがあります。**パターン②**で用いた**A**のモル濃度のa乗とすると危ないときです。**A**のモル濃度のx乗かもしれない。そういうとき，**累乗をx乗，y乗と未知数にする**んです。それが**パターン③**です。

！ 重要★★★ $$v = k[A]^x[B]^y$$ ——————— **パターン③の公式**

データから未知数のxとyを導く必要がある問題に対応するのが，**パターン③の公式**です。

■ 3つのパターンを使い分けるコツ

3つのパターンのうち，一番単純なのは**パターン②**です。反応式だけで，データがなくて「反応速度は何ですか」という問題だと，**パターン②の公式**を用いざるを得ない。ほかに何のスベもありません。

一方，問題に実験データ（モル濃度と反応速度）が与えられていて，xとyを導く問題。これは**パターン③**です。

また，例題のように，**時間ごとのモル濃度の変化がデータとしてある場合**，**パターン①**から反応速度を求めます。

つまり，**反応速度の問題は3タイプあって，3つのパターンのどれが当てはまるか判断すれば解ける**んだ，と知っておくと，試験会場ではずいぶん気が楽になります。

それでは実際に演習問題をやってみましょう。

単元 1 要点のまとめ①

● 反応速度を表す 3 つのパターン

$$aA + bB \underset{逆反応}{\overset{正反応}{\rightleftharpoons}} cC + dD$$

（A，B，C，D は物質の化学式，a，b，c，d は係数）
反応速度は 3 通りで表すことができる。

① **単位時間に反応した物質のモル濃度〔mol/L〕の変化量または単位時間に生成した物質のモル濃度の変化量を反応速度という。**例えば時間 t_1 から t_2 の間に A が C_1〔mol/L〕から C_2〔mol/L〕になったとき A の反応速度 v は次の式で表される。

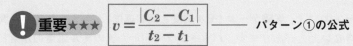 **重要★★★** $$v = \frac{|C_2 - C_1|}{t_2 - t_1}$$ ── パターン①の公式

※ v は常に正の値である。

② 正反応の反応速度 v とモル濃度〔mol/L〕は次の式で表すことができる。

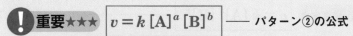 **重要★★★** $$v = k\,[A]^a\,[B]^b$$ ── パターン②の公式

・[ ] はモル濃度を表す記号。
・**k は反応速度定数（速度定数）といい，温度一定では濃度に無関係に一定である。**

③ ただし，**パターン②の式は，実験データが与えられている問題に適応できない場合がある。**そのときは次の式を用い，x と y を実験データ（モル濃度と反応速度）から導くことが必要になる。

 **重要★★★** $$v = k\,[A]^x\,[B]^y$$ ── パターン③の公式

演習問題で力をつける㉚
反応速度の問題で3つのパターンを使い分けよう！①

問 ある反応A＋B ⟶ Xにおいて，反応物A，Bの濃度[A]，[B]を変えて反応速度vを求める実験を行い，下表のような結果が得られた。次の(1)と(2)に答えよ。ただしv〔mol/(L·s)〕は毎秒v〔mol/L〕ずつ変化することを意味する。数値は有効数字2桁で求めよ。

表11-2

実験番号	[A]〔mol/L〕	[B]〔mol/L〕	v〔mol/(L·s)〕
1	0.30	0.40	0.036
2	0.10	0.40	0.012
3	0.30	0.20	0.0090

(1) この反応速度式は，次の(ア)～(オ)のどの式で表されるか。

(ア) $v = k[A]$ 　　(イ) $v = k[A][B]$ 　　(ウ) $v = k[A]^2[B]$

(エ) $v = k[A][B]^2$ 　　(オ) $v = k[A]^2[B]^2$

(2) この反応の反応速度定数kの値を求め，その単位とともに記せ。

さて，解いてみましょう。

どのパターンを当てはめるか判断する

問 (1) の解説 式を選ぶ問題です。A＋Bの係数は，1A＋1Bですから，それぞれ係数乗すると[A]^1，[B]^{1}ですね。すると**パターン②**に当てはめて，

　　　$v = k[A]^1[B]^1$

答えは(イ)。と，やりたいところですが，**実は間違い**です。こういうふうに引っ掛けてくるので注意しましょう。

岡野のこう解く 問題に具体的な実験データが載っている場合，**パターン②は成り立たないことがあります。** 今回の問題はまさにその例です。

　実験データ（モル濃度と反応速度）が与えられている場合，xとyとして未知数を自分で計算しなさい，という問題なのです。つまり，(1)は**パターン③**

☆ $\boxed{v = k[A]^x[B]^y}$ に代入してxとyを求める。

というケースです。では，代入していきましょう。

実験データを当てはめる

$$v = k\,[\mathrm{A}]^x\,[\mathrm{B}]^y$$

「実験番号1」　$0.036\ = k \times 0.30^x \times 0.40^y \cdots\cdots$ ①

「実験番号2」　$0.012\ = k \times 0.10^x \times 0.40^y \cdots\cdots$ ②

「実験番号3」　$0.0090 = k \times 0.30^x \times 0.20^y \cdots\cdots$ ③

実験番号1から3を**パターン③の公式**に代入しました。

kは**反応速度定数**で，**温度一定なら値は常に一定**です（→301ページ）。今回の問題は，**反応の温度に関して全く載ってない**ので温度一定で反応している，つまりkの値は全部一定です。

方程式からxを計算する

未知数はxとy，kの3つです。3本の式があれば，方程式は解けるはずです。

岡野のこう解く　では，どうやるかといいますと，**式を式で割る**んです。これよっぽど数学が得意な方は別として，一回やってないと，いきなりは思いつかないと思います。

大きい値にしたいので$\dfrac{①}{②}$とやってみようと思います。分母には②式の数値を代入し，分子には①式の数値を代入します。

$\dfrac{①}{②}$より　$\dfrac{0.036}{0.012} = \dfrac{k \times 0.30^x \times 0.40^y}{k \times 0.10^x \times 0.40^y}$

約分してkや0.40^yが消えます。

$\dfrac{①}{②}$より　$\dfrac{0.036}{0.012} = \dfrac{\cancel{k} \times 0.30^x \times \cancel{0.40^y}}{\cancel{k} \times 0.10^x \times \cancel{0.40^y}}$

$$3 = \dfrac{0.30^x}{0.10^x}$$

ここで，次の数学の公式を当てはめます。

$$\dfrac{b^n}{a^n} = \left(\dfrac{b}{a}\right)^n$$

$\dfrac{b^n}{a^n}$は，$\dfrac{b}{a}$全体のn乗としてかまわない。

$$3 = \boxed{\dfrac{0.30^x}{0.10^x} = \left(\dfrac{0.30}{0.10}\right)^x} = 3^x$$

$\dfrac{0.30}{0.10}$は3なので3のx乗となります。

$3 = 3^x$ は $3^x = 3^1$，ですから x は 1 と決まりました。よろしいですね。

$$\therefore \quad 3^x = 3^1 \qquad \therefore \quad \boldsymbol{x = 1}$$

方程式から y を計算する

今度は y を求めましょう。①〜③のうち，どの組み合わせにすると，何が消えるかを考えて選びます。すると①と③の 0.30^x に注目がいきます。

$$\frac{①}{③} \text{より} \quad \frac{0.036}{0.0090} = \frac{\cancel{k} \times \cancel{0.30^x} \times 0.40^y}{\cancel{k} \times \cancel{0.30^x} \times 0.20^y}$$

約分で k と 0.30^x は単純に消すことができますね。計算しますと，y が求まります。

$$\therefore \quad 4 = \left(\frac{0.40}{0.20}\right)^y = 2^y$$

$$\therefore \quad 2^2 = 2^y \qquad \therefore \quad \boldsymbol{y = 2}$$

以上で x と y が決まりました。**パターン③**に当てはめると，正解は(エ)だとわかります。

$$\therefore \quad v = k\,[\mathrm{A}]\,[\mathrm{B}]^2$$

$$\therefore \quad \text{(エ)} \cdots\cdots \boxed{問(1)} \text{ の【答え】}$$

(イ)のように見えましたが，実際のデータを入れるとこのような結果になります。

(1) の解答を用いて k を求める

問(2)の解説 ▶ **岡野のこう解く**　(1)で求めた反応式 $v = k\,[\mathrm{A}]\,[\mathrm{B}]^2$ に表の実験データを代入すれば k が求められます。どの実験番号の数値を代入してもかまいません。

今回は実験番号1を代入しましょう。

$$0.036 = k \times 0.30 \times 0.40^2$$

$$\therefore \quad k = \frac{0.036\,\mathrm{mol/(L \cdot s)}}{0.30\,\mathrm{mol/L} \times 0.40^2\,(\mathrm{mol/L})^2} = 0.75\,\mathrm{L^2/(mol^2 \cdot s)}$$

代入するとき，単位も入れて計算しますと，数値は 0.75 ぴったりになりました。

$$\therefore \quad \boldsymbol{0.75\,\mathrm{L^2/(mol^2 \cdot s)}} \cdots\cdots \boxed{問(2)} \text{ の【答え】}$$

(有効数字2桁)

なお，単位は次のように計算します。

$$\frac{\text{mol}/(\text{L·s})}{\left(\dfrac{\text{mol}}{\text{L}}\right)^3} = \frac{\dfrac{1}{\text{s}}}{\left(\dfrac{\text{mol}}{\text{L}}\right)^2} = \frac{\text{L}^2}{\text{mol}^2\text{·s}}$$

分母でmol/Lが3回かけられています。約分して，L^2は上の分子に上がり，秒 (s) は下の分母に降りてくる。結果，単位は$\text{L}^2/(\text{mol}^2\text{·s})$になります。

単位は文字式の計算と同じですから，ゆっくりと計算なさってみてください。

演習問題で力をつける㉛
反応速度の問題で３つのパターンを使い分けよう！②

> 問　化合物Xの溶液に触媒を導入しXの分解反応を行った。反応の開始直後および1分ごとのXの濃度[X]〔mol/L〕は下表のようであった。溶液の体積変化はないものとして以下の (1)，(2) に有効数字2桁で答えよ。
>
> 表11-3
>
> | 時間〔min〕 | 0 | 1.0 | 2.0 | 3.0 |
> |---|---|---|---|---|
> | [X]〔mol/L〕 | 0.930 | 0.740 | 0.590 | 0.470 |
>
> (1) 1分間ごと (すなわち$0 \sim 1.0$min，$1.0 \sim 2.0$min，$2.0 \sim 3.0$min)のXの平均濃度$[\overline{\text{X}}]$〔mol/L〕をそれぞれ求めよ。
>
> (2) $0 \sim 1.0$min，$1.0 \sim 2.0$min，$2.0 \sim 3.0$min間におけるXの反応速度v〔mol/(L·min)〕をそれぞれ求めよ。

😀 さて，解いてみましょう。

今度は**パターン①のタイプの問題**です。**[ ]はモル濃度を表す記号**です。

問 (1) の解説▶　$[\overline{\text{X}}]$は**Xの平均濃度**を表し，$\overline{\text{X}}$をエックスバーと読みます。**平均濃度**は，一回でも授業でやってないと，何だかわからないでしょう。これから示しますね。

反応速度の平均値はパターン①の公式に当てはめれば求められます。ところが**モル濃度の平均値を求める公式**はどこにも書いていません。このような問題を通して理解していくんですね。ではやってみましょう。

モル濃度の平均値を求める

まず最初に**$0 \sim 1.0$minの$[\overline{\text{X}}]$の平均値**を求めましょう。考え方として，例えば中間テストがすごく良くて90点とりました。ところが，期末テストはちょっと難しくて70点でした。すると平均点は$\dfrac{90+70}{2}$で80点です。

岡野のこう解く　今回のモル濃度もこれと同じことなんです。0minから1.0minのモル濃度の平均だから，それぞれの時間のモル濃度を足して2で割ります。

0 ～ 1.0min

$$[\overline{X}] = \frac{0.930 + 0.740}{2}$$

この式を計算すると

$= 0.835 \fallingdotseq 0.84mol/L$

∴　**0.84mol/L** …… 問**(1)** の【答え】$(0 ～ 1.0min)$
(有効数字2桁)

1.0 ～ 2.0minと2.0 ～ 3.0minの平均も同じように求めます。

1.0 ～ 2.0min

$$[\overline{X}] = \frac{0.740 + 0.590}{2} = 0.665 \fallingdotseq 0.67mol/L$$

∴　**0.67mol/L** …… 問**(1)** の【答え】$(1.0 ～ 2.0min)$
(有効数字2桁)

2.0 ～ 3.0min

$$[\overline{X}] = \frac{0.590 + 0.470}{2} = 0.530 \fallingdotseq 0.53mol/L$$

∴　**0.53mol/L** …… 問**(1)** の【答え】$(2.0 ～ 3.0min)$
(有効数字2桁)

こういうふうに，ただ平均値を求めればいいということなんですね。

問 (2) の解説　反応速度vを求めなさいという問題です。

パターン①に代入してvを求める

岡野のこう解く　**パターン①の公式**（→299，302ページ）に代入して反応速度を解いていきましょう。0 ～ 1.0minのときを当てはめると次の式になります。

0 ～ 1.0min

$$v = \frac{|\,0.740 - 0.930\,|\,mol/L}{1.0 - 0min} = 0.190 \fallingdotseq 0.19mol/(L \cdot min)$$

時間とモル濃度の変化量は**後から前**を引くことがポイントです。

∴　**0.19mol/(L·min)** …… 問**(2)** の【答え】$(0 ～ 1.0min)$
(有効数字2桁)

濃度が小さくなると反応速度も小さくなる

前に**濃度が大きくなると反応速度が大きくなる**といいました（→294ページ）。この問題の場合，**最初のときが一番濃度が大きい状態**で，反応が進んでいくほど小さくなります。ということは，**反応速度は小さくなると**予想できます。

では，本当にそうなるか，1.0 〜 2.0min，2.0 〜 3.0minの間の反応速度を計算してみましょう。

1.0 〜 2.0min

$$v = \frac{|\,0.590 - 0.740\,|\,\text{mol/L}}{2.0 - 1.0\text{min}} = 0.150 \fallingdotseq 0.15\text{mol/}(\text{L·min})$$

∴　**0.15mol/(L·min)** …… 問(2) の【答え】(1.0 〜 2.0min)
（有効数字2桁）

2.0 〜 3.0min

$$v = \frac{|\,0.470 - 0.590\,|\,\text{mol/L}}{3.0 - 2.0\text{min}} = 0.120 \fallingdotseq 0.12\text{mol/}(\text{L·min})$$

∴　**0.12mol/(L·min)** …… 問(2) の【答え】(2.0 〜 3.0min)
（有効数字2桁）

確かに反応速度もだんだん小さい値になっていますね。

$v = k\,[\text{X}]^x$ に代入して x を求める

問題文には，反応速度式 v を求める問題はありませんでしたが，どんな式になるか検証してみましょう。「化合物Xの溶液に触媒を用いてXを分解した」とあります。つまり，**物質Xの濃度が x 乗**という形になっているはずです。そこで**パターン③の公式**を利用して

$$v = k\,[\text{X}]^x$$

に「演習問題㉛(1)(2)」で求めた**反応速度 v とモル濃度の平均値**を代入すれば，x 乗を求めることができるはずです。

まず，**反応速度 v** は，**0.19 と 0.15，0.12** です。
モル濃度の平均値 $[\overline{\text{X}}]$ は **0.84，0.67，0.53**。
これらを代入すると，次の3本の式が作れます。

$$0.19 = k \times 0.84^x \quad …… ①$$
$$0.15 = k \times 0.67^x \quad …… ②$$
$$0.12 = k \times 0.53^x \quad …… ③$$

方程式を計算して，xを求めます。まずは$\dfrac{①}{②}$とします。

$\dfrac{①}{②}$より　$\dfrac{0.19}{0.15} = \dfrac{k \times 0.84^x}{k \times 0.67^x}$

約分して計算すると，次のようになります。

$$1.26 = \left(\dfrac{0.84}{0.67}\right)^x = 1.25^x \qquad \therefore \quad \boldsymbol{x \fallingdotseq 1}$$

1.26と1.25と少し差はありますが，xは約1と考えてかまいません。

ただ，たまたま①と②の関係で1になったのかもしれない。だから，今度は$\dfrac{①}{③}$でやってみようと思います。

$\dfrac{①}{③}$より　$\dfrac{0.19}{0.12} = \dfrac{\cancel{k} \times 0.84^x}{\cancel{k} \times 0.53^x}$

$$1.58 = \left(\dfrac{0.84}{0.53}\right)^x = 1.58^x \qquad \therefore \quad \boldsymbol{x = 1}$$

すると，やはり結果はxが1になったんです。

よって，「**演習問題㉛**」の反応速度式は$\boldsymbol{v = k\,[\mathbf{X}]}$となります。

kの値は，どの実験データでもかまわないので，反応速度vと$[\mathbf{X}]$の値を代入してやれば求まります。

「**演習問題㉚**」の表ではモル濃度と反応速度を教えてくれていて，そこから反応速度式やkを求めました。

一方，「**演習問題㉛**」の表は時間ごとのモル濃度のみです。反応速度は教えてくれていません。そこで，「モル濃度の平均値」を使って，反応速度を計算すれば，**反応速度式$\boldsymbol{v = k\,[\mathbf{X}]}$が求められます。**さらに$k$も代入して求められる。

このようにパターン①からパターン③の公式の使い方をしっかり押さえていただければ，おそらくはどんな問題でも対応していけると思います。

2-1 化学平衡の法則（質量作用の法則ともいう）

「ルシャトリエの原理」では，温度や濃度や圧力が変わると，逆の方向に平衡は移動していく，ということを学習しました（→272ページ）。これはいわば性質的なもの，現象についてでした。しかし，もっと**数量的に何mol増えた，何mol減ったという，具体的な計算をする方法**があります。それが「化学平衡の法則」です。

■ 数量的に導く「化学平衡の法則」とは

まず，次の反応式を見てみましょう。

$$aA + bB \rightleftharpoons cC + dD$$

「単元1 反応速度」でもやりましたが，**A，B，C，Dは物質**（の化学式），a，b，c，dは係数を表しています（→298ページ）。

そして，$aA + bB \rightleftharpoons cC + dD$の可逆反応が平衡状態のとき，次の公式が成り立ちます。**K**を「平衡定数」といい，[**公式20**]で表される関係を「**化学平衡の法則**」といいます。

！重要★★★
$$K = \frac{[\text{C}]^c [\text{D}]^d}{[\text{A}]^a [\text{B}]^b} \quad\text{——— [公式20]}$$

公式が成立するには，**必ず平衡状態でなくてはいけません。**また，分子と分母にはお約束の法則があります。**反応式の左辺は分母，右辺は分子**です。これは，人が決めた定義なので覚えてください。

！重要★★★
$$\underset{\text{左辺}}{aA + bB} \rightleftharpoons \underset{\text{右辺}}{cC + dD}$$
$$K = \frac{[\text{C}]^c [\text{D}]^d}{[\text{A}]^a [\text{B}]^b} \quad\begin{matrix}\leftarrow \text{右辺は分子}\\ \leftarrow \text{左辺は分母}\end{matrix}$$

岡野流 ㉔ 必須ポイント

平衡定数 K の公式

平衡定数 K の公式は，可逆反応の左辺が分母，右辺が分子にくる。

[**公式20**]の[ ]はモル濃度を表す記号です。化学ではよく使いますよ。例えば[H$^+$]といったとき，88ページでは水素イオン濃度と呼んでいましたが，要するに**水素イオンのモル濃度**です。

Kは**平衡定数**といいます。この言葉は覚えてください。「**温度一定のとき，この値は一定値を示す**」ということも知っておきましょう。

なおKは，詳しくはK_cと書いて**濃度平衡定数**ということもあります。K_cとするタイプの問題もありますが，Kと同じだと思ってください。

それでは演習問題をやってみましょう。

単元**2** 要点のまとめ①

● **化学平衡の法則（質量作用の法則ともいう）**

$$aA + bB \underset{逆反応}{\overset{正反応}{\rightleftharpoons}} cC + dD$$

（A，B，C，Dは物質の化学式，a，b，c，dは係数）

上の可逆反応が平衡状態のとき，次の式が成り立つ。

! **重要★★★**　$K = \dfrac{[\mathrm{C}]^c\,[\mathrm{D}]^d}{[\mathrm{A}]^a\,[\mathrm{B}]^b}$ ⇐ 右辺は分子 ⇐ 左辺は分母 —— [**公式20**]

（[ ]はモル濃度を表す記号）

・Kは平衡定数といい，温度一定のとき，この値は一定値を示す。
・KはK_cとも書き，詳しくは濃度平衡定数という。

演習問題で力をつける㉜
「化学平衡の法則」と平衡定数を理解しよう！

問　(1) $H_2 + I_2 \rightleftharpoons 2HI$の反応が，450℃において平衡状態にある。このとき，[H_2] = [I_2] = 0.11〔mol/L〕，[HI]が0.77〔mol/L〕であった。この温度における平衡定数Kの値を有効数字2桁で求めよ。ただし反応式中の物質は全て気体である。

(2) 1.0Lの容器にH_2を2.0mol，I_2を2.0mol入れて，ある温度に保って平衡に達した。生成したHIは何molか。ただし，この温度における$H_2 + I_2 \rightleftharpoons 2HI$の平衡定数を，$K = 64$とし，反応式中の物質は全て気体であるものとする。数値は有効数字2桁で求めよ。

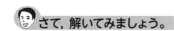 **さて，解いてみましょう。**

問 (1) の解説

気体のモル濃度と単位

平衡状態にある**物質とモル濃度の関係**は次のようになります。

$$H_2 + I_2 \rightleftharpoons 2HI$$

◎　**平衡時**　0.11mol/L　0.11mol/L　　　0.77mol/L

mol/LのLは1が省略されています。0.11mol/Lとある場合，1Lあたり0.11mol
含んでいるということです。**溶液のモル濃度**については

$$\boxed{\dfrac{\text{溶質の mol 数}}{\text{溶液の L 数}}}$$ と，67ページで学習しました。

でも今回は，**気体のモル濃度**です。これは，$$\boxed{\dfrac{\text{気体の mol 数}}{\text{気体の L 数}}}$$ で表されます。

平衡定数 K を求める

岡野のこう解く　それでは [**公式20**] に代入して**平衡定数 K** を求めます。単
位も一緒に代入して計算していきましょう。なお，平衡定数の単位は，物
質とその反応の反応式の係数に関係してきますから，その都度，変わって
いきます。また，係数1は1乗だから省略します。

$$H_2 + I_2 \rightleftharpoons 2HI$$

◎　**平衡時**　0.11mol/L　0.11mol/L　　　0.77mol/L

$$K = \frac{[HI]^2}{[H_2][I_2]} \quad \Longleftarrow \text{右辺は分子} \\ \Longleftarrow \text{左辺は分母}$$

（[ ] はモル濃度を表す記号）

左辺は分母，右辺は分子というのを忘れないでください。次に具体的な
数値を入れていきます。平衡じゃないときの数値を入れても平衡定数には
なりません。必ず平衡状態のときの数値を代入してくださいね。

単位は約分します。そして，304ページでも登場した，$\dfrac{b^n}{a^n} = \left(\dfrac{b}{a}\right)^n$ を当
てはめて計算します。

$$K = \frac{(0.77 \text{mol/L})^2}{0.11 \text{mol/L} \times 0.11 \text{mol/L}} = \frac{0.77^2}{0.11^2} = \left(\frac{0.77}{0.11}\right)^2 = 7^2 = 49$$

単位は全部消えましたから，49のみが解答になります。

∴　**49** …… **問 (1)** の【**答え**】

（有効数字2桁）

　　1.0Lの容器に水素H_2とヨウ素I_2を
2.0molずつ入れました，とあります。**今度はモル濃度 (mol/L) じゃあり
ません。mol数です。**また，2.0molずつを入れた時点では，平衡状態では
ない点にご注意ください。

　　それから，平衡定数は$K = 64$とあります。問 (1) のKは49でした。つ
まり**問 (2) は全く違う問題**として考えてください。

平衡時のmol数を計算する

　　まず，可逆反応の「$H_2 + I_2 \rightleftarrows 2HI$」の反応式について数量的に考えてみ
ましょう。

　　「初めにH_2とI_2を2.0molずつ加えました」とあるので，それを「初」に書き
込みましょう。加えたばかりなので，まだ反応は起きていません。だから右辺
は0です。

平衡時のmol数の求め方　　　　　　　　　　　　　　　　　　連続 **図11-1**

①
$$H_2 \quad + \quad I_2 \quad \rightleftarrows \quad 2HI$$

初	2.0mol	2.0mol	0
変化量			
平衡時			

　　なお，「初」の下には**変化量**って書きましょう。教科書や参考書には「初」と「平
衡時」のみ書いてあるものがありますが，「初」と「平衡時」だけだと，どういう
ふうになっているかわからない。**「変化量」は絶対に入れたほうがいい**です。

可逆反応の関係式を書くときのポイント

㉕　「初」「平衡時」の間に，「変化量」を絶対入れる
べし。

　　反応が起こって変化します。次第に**左辺は消費 (－) されていき**，0だった**右
辺は増えていきます (＋)**。－**は消費，** ＋**は生成**です。

連続 図11-1 の続き

┌───┐
② 　　　　　H_2 ＋ I_2 ⇄ $2HI$
　　初　　2.0mol　　2.0mol　　　　0
　　変化量　 −　　　　 −　　　　　 ＋　（−は消費，＋は生成）
　　平衡時
└───┘

ただ，H_2がいくら消費したかわからないんです。だから，H_2の**変化量を** ***x* mol** とします。

┌───┐
岡野の着目ポイント　ここで**反応物質の係数に着目**してください。H_2とI_2は1，HIは2です。

　　　$1H_2 ＋ 1I_2$ ⇄ $2HI$
└───┘

だから，H_2が$1x$ mol消費したときは，I_2も$1x$ mol消費されます。逆にHIは，2倍の量，$2x$ molが生成することになります。それらを変化量の所に書くと次のようになります。

連続 図11-1 の続き

┌───┐
③ 　　　　$1H_2$ ＋ $1I_2$ ⇄ $2HI$
　　初　　　2.0mol　　2.0mol　　　　0
　　変化量　$-x$ mol　　$-x$ mol　　$+2x$ mol　（−は消費，＋は生成）
　　平衡時
└───┘

では，x mol変化したあと，平衡時の所はどう表すか？　最初2.0molだったものがx mol引かれたんです。だから**平衡時のH_2は$2.0-x$ mol**。I_2も$2.0-x$ mol です。**2HIは0と$2x$ molを足してやります**。以上で，**平衡時のそれぞれの物質のmol数**が求められました。

連続 図11-1 の続き

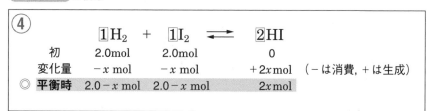

平衡時の値を使って公式に入れてxを計算する

[公式20]（→310ページ）は，平衡時に成り立ちますので，これで公式に入れることができます。可逆反応の**左辺が分母，右辺が分子**ですから，**左辺は[H$_2$]と[I$_2$]，右辺は[HI]**ですね。

$$K = \frac{[HI]^2}{[H_2][I_2]} \quad （[\ ]はモル濃度を表す記号）$$

そして，**平衡時のmol数**がわかっています。ただし，**モル濃度に直さなくてはいけません。**

岡野のこう解く　どうすればいいかっていうと，問題文の一番最初のところに「1.0Lの容器」と書いてあります。

つまり，気体のモル濃度は　$\boxed{\dfrac{気体の\mathbf{mol}数}{気体の\mathbf{L}数}}$　で表されます。

ですから，[H$_2$]を例にとれば，$[H_2] = \dfrac{2.0 - x\ \mathrm{mol}}{1.0\mathrm{L}}$ です。

以下，同じように代入すると，次のようになります。

$$K = \frac{\left(\dfrac{2x\ \mathrm{mol}}{1.0\mathrm{L}}\right)^2}{\left(\dfrac{2.0 - x\ \mathrm{mol}}{1.0\mathrm{L}}\right)\left(\dfrac{2.0 - x\ \mathrm{mol}}{1.0\mathrm{L}}\right)}$$

アドバイス 1.0Lの容器に2.0$-x$ molのH$_2$とI$_2$，2x molのHIが入っています。「なんかおかしいぞ」って思われるかもしれませんが，混合気体の場合，容器が1.0Lであれば，H$_2$の体積もI$_2$の体積もHIの体積も，さらに混合気体の体積も共に1.0Lでしたね（→206ページ）。

そして，これが64だということが問題文に書いてあります。**$K=64$**です。あとはxを2次方程式で求めればいい。まず約分します。

$$\frac{(2x)^2}{(2.0 - x)^2} = 64$$

いちいち2乗の形でやっていくのは大変なんで，ちょっと裏ワザを使って，両辺にルートをとります。

$$\therefore \quad \sqrt{\frac{(2x)^2}{(2.0 - x)^2}} = \sqrt{64}$$

$$\therefore \quad \frac{2x}{2.0 - x} = \pm 8$$

> **岡野の着目ポイント**　＋8の場合と－8の場合でxの値が2つ出ます。そこで
> どちらを使うか吟味しましょう。**$2x$と$2.0-x$は正の値**。なぜ正の値か？
> **最初2.0molがあったんです。**で，**$x$molが消費したんですから**，最高
> でも2.0molまでしか減りません。だから，例えば3.0mol消費することは
> ない。どんなことがあっても0までで，**－になることは絶対ない**んです。
> 　　ということは**$2.0-x$は正の値**です。**xも正の値**です。
>
> $$\therefore \quad \frac{2x}{2.0-x} > 0$$

> **岡野のこう解く**　では，マイナスのときは切っちゃってもいいでしょう。
> ± 8を$+8$にします。
>
> $$\therefore \quad \frac{2x}{2.0-x} = +8$$
>
> 　で，これを計算しますと，
>
> $$2x = 8(2.0-x)$$
> $$2x = 16 - 8x$$
> $$10x = 16 \qquad \therefore \quad x = 1.6$$

(HIのmol数を求める)

　xの値が1.6だとわかりました。**でも，今日求めたいのはxの値じゃなくて，
HIのmol数**なんです。

　平衡状態のとき，いったい何molのHIが出来上がりましたかっていう問題
です。HIは平衡時，**$2x$の値**なんです。よって，計算すると，

　HIは$2x \Rightarrow 2 \times 1.6 = 3.2\text{mol}$

$$\therefore \quad \textbf{3.2mol} \cdots\cdots \boxed{問(2)} \quad の【答え】$$
（有効数字2桁）

　ポイントは，**初**，**変化量**，**平衡時**の関係式が書けて，あとは**化学平衡の法則
の公式に忠実に代入できるか**，そういう練習だったんです。

2-2 平衡定数 K の導き方

化学平衡の法則，平衡定数 K の導き方を下記に示します。

K の導き方

$$aA + bB \underset{v'}{\overset{v}{\rightleftharpoons}} cC + dD$$

正反応の速さ　$v = k[A]^a[B]^b$

逆反応の速さ　$v' = k'[C]^c[D]^d$

平衡に達しているとき，$v = v'$ なので

$$k[A]^a[B]^b = k'[C]^c[D]^d \qquad \therefore \quad K = \frac{k}{k'} = \frac{[C]^c[D]^d}{[A]^a[B]^b}$$

$\dfrac{k}{k'}$ を K と決めて，これを平衡定数と呼ぶ。

では，詳しくご説明していきましょう。

$$\text{正反応の速さ} \quad v = k[A]^a[B]^b$$

v は**反応速度**です。反応速度を表す式には3つのパターンがあると298〜301ページで学習しました。この式は「単元1　反応速度」の**パターン②**を使っていることに気づかれたでしょうか？

反応速度とモル濃度〔mol/L〕は次の式で表すことができる。

正反応の反応速度

☆ $\boxed{v = k[A]^a[B]^b}$ ── パターン②の公式

・[　]はモル濃度を表す記号。

・k は反応速度定数（速度定数も可）といい，温度一定では濃度に無関係に一定である。

反応速度が，反応の式（$aA + bB \rightleftharpoons cC + dD$）の係数乗（$a$ 乗 b 乗）になるタイプです。

ここでは化学平衡の法則を，係数乗になるタイプの式を使って導きます。なお，**パターン③**（→301ページ）のような x 乗 y 乗のタイプであっても平衡状態になっていれば化学平衡の法則は常に成り立つことを知っておいてください。

■ **化学平衡の法則は「平衡状態」で成り立つ**

では，平衡定数 K の導き方に戻ります。

$$正反応の速さ \quad v = k[A]^a[B]^b$$
$$逆反応の速さ \quad v' = k'[C]^c[D]^d$$

vは正反応，v'は逆反応の反応速度です。そして，化学平衡の法則とは，

$$aA + bB \rightleftarrows cC + dD$$

の可逆反応が**平衡状態に達してるときに**

❗重要★★★ $$K = \frac{[C]^c[D]^d}{[A]^a[B]^b}$$ ────── [公式20]

が成り立つ，ということでした（→310ページ）。反応式の**右辺は分子，左辺は分母**です。

　さらに，**平衡状態とは，正逆のそれぞれの反応速度が等しくなることです**（→271ページ）。つまりvとv'が等しくなることをいってるわけです。ということは$v = v'$が平衡の状態です。そうしますと，次の計算が成立します。

$$v = v' のとき左辺どうしが等しい$$
$$ので，右辺どうしも等しい$$
$$\therefore \quad k[A]^a[B]^b = k'[C]^c[D]^d$$

■ $\dfrac{k}{k'}$ を K と決めて，これを平衡定数と呼ぶ

これは人が決めた定義です。

❗重要★★★ $$K = \frac{k}{k'}$$

　逆反応の反応速度定数k'分の正反応の反応速度定数kをKと決めて平衡定数と呼ぼうということになったんです。温度一定ではkもk'も一定値になるので，$\dfrac{k}{k'}$も一定値になります。したがって，平衡定数Kも温度一定のとき一定値なんですね。

■ **K は常に一定値**

$$k[A]^a[B]^b = k'[C]^c[D]^d より$$

$$\frac{k}{k'} \diagtimes \frac{[C]^c[D]^d}{[A]^a[B]^b}$$

例えば $\dfrac{1}{2} \diagdown\!\!\!\diagup \dfrac{2}{4}$ では，

　　∴　$2 \times 2 = 1 \times 4$

イコールになるでしょう。分数の性質から対角線の部分で掛け算されたところがイコールになるんです。

そして，繰り返しますが，$\dfrac{k}{k'} = K$ と決めたので

$$K = \dfrac{[\mathrm{C}]^c [\mathrm{D}]^d}{[\mathrm{A}]^a [\mathrm{B}]^b}$$ となります。

以上で，平衡定数 K を導くことができました。

2-3 圧平衡定数

平衡定数と似ている**圧平衡定数**について少し説明しておきます。

　　$a\mathrm{A} + b\mathrm{B} \rightleftharpoons c\mathrm{C} + d\mathrm{D}$

　　（A，B，C，Dは気体物質の化学式，a，b，c，d は係数）

上の可逆反応が**平衡状態のとき**次の式が成り立つ。

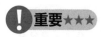 重要★★★ 　$$K_\mathrm{p} = \dfrac{(P_\mathrm{C})^c (P_\mathrm{D})^d}{(P_\mathrm{A})^a (P_\mathrm{B})^b}$$

　　　　　　　────── [公式21]

・P_A，P_B，P_C，P_D は，A，B，C，Dのそれぞれの分圧を表す。
・K_p は圧平衡定数といい，**温度一定のときこの値も一定**となる。

　これまでの平衡定数（濃度平衡定数）と似ていますが，各物質のモル濃度のところに各気体の分圧を代入するところが違っています。この公式も定義ですので，ぜひ覚えておいてください。

アドバイス

$$PV = nRT \Longrightarrow \boxed{P} = \boxed{RT} \times \boxed{\dfrac{n}{V}} \quad\longleftarrow \text{モル濃度}$$

　　　　　　　　変　　定　　変

T が一定のとき P と $\dfrac{n}{V}$ は比例します。

$K_\mathrm{C} = \dfrac{[\mathrm{C}]^c [\mathrm{D}]^d}{[\mathrm{A}]^a [\mathrm{B}]^b}$ のモル濃度 [A]，[B]，[C]，[D]

に分圧 P_A，P_B，P_C，P_D を代入してつくったのが K_P の式です。[A] と P_A は比例するので入れ替えても同じような式ができるのではないかという発想からこの式ができたのです。

単元 2 要点のまとめ②

● 圧平衡定数

$$aA + bB \rightleftharpoons cC + dD$$

（A，B，C，Dは気体物質の化学式，a，b，c，dは係数）

上の可逆反応が平衡状態のとき次の式が成り立つ。

！重要★★★

☆ $$K_p = \frac{(P_C)^c (P_D)^d}{(P_A)^a (P_B)^b}$$

———— [公式21]

・P_A，P_B，P_C，P_Dは，A，B，C，Dの
それぞれの分圧を表す。
・K_pは圧平衡定数といい，温度一定の
ときこの値も一定となる。

演習問題で力をつける㉝

圧平衡定数を理解しよう！

問 一定体積の容器に水素とヨウ素を1.00molずつ入れて密閉し，一定温度に保つと，ヨウ化水素1.20molが生成して平衡に達した。このときの反応式は$H_2 + I_2 \rightleftharpoons 2HI$であり，反応式中の物質は全て気体であるものとする。平衡時の全圧は1.5×10^5Paであった。数値は有効数字2桁で求めよ。

(1) 水素，ヨウ素，ヨウ化水素の分圧を求めよ。

(2) 圧平衡定数を求めよ。

さて，解いてみましょう。

まず平衡時のHI（気）が**1.20mol**生成したことに注目します。では**初，変化量，平衡時**の関係を書いてみましょう。313 ～ 314ページを思い出して下さい。

平衡時のモル数の求め方

連続 図11-2

①	$\boxed{1}H_2$	$+$	$\boxed{1}I_2$	$\rightleftharpoons$	$\boxed{2}HI$	
初	1.00mol		1.00mol		0	
変化量	$-$		$-$		$+$	（－は消費，＋は生成）
平衡時					1.20mol	

　平衡時のHIが**1.20mol**生成したのでHIの変化量は＋1.20mol，H_2とI_2はその$\frac{1}{2}$の－0.60molずつになります。－は消費＋は生成でしたね。

連続 **図11-2** の続き

② $\boxed{1}H_2$ ＋ $\boxed{1}I_2$ ⇌ $\boxed{2}HI$

初	1.00mol	1.00mol	0
変化量	－0.60mol	－0.60mol	＋1.20mol
◎ 平衡時	0.40 mol	0.40 mol	1.20mol

問(1)の解説　H_2，I_2，HIの分圧を**[公式16][公式17]**から求めます。

☆ $\boxed{\textbf{分圧＝全圧×モル分率}}$ ────────── **[公式16]**

☆ $\boxed{\textbf{モル分率＝}\dfrac{\textbf{成分気体の物質量}}{\textbf{混合気体の全物質量}}}$ ──── **[公式17]**

平衡時の混合気体の全物質量は0.40＋0.40＋1.20＝2.00molです。

$$\therefore\ P_{H_2}=P_{I_2}=1.5\times10^5\times\frac{0.40}{2.00}=3.0\times10^4Pa$$

$$P_{HI}=1.5\times10^5\times\frac{1.20}{2.00}=9.0\times10^4Pa$$

$$\left.\begin{array}{l}\therefore\ P_{H_2}=3.0\times10^4Pa\\P_{I_2}=3.0\times10^4Pa\\P_{HI}=9.0\times10^4Pa\end{array}\right\}$$ …… **問(1)** の**【答え】**

(有効数字2桁)

問(2)の解説　圧平衡定数を求めます。

$$K_P=\frac{(P_{HI})^2\ \Leftarrow\text{右辺は分子}}{P_{H_2}\times P_{I_2}\ \Leftarrow\text{左辺は分母}}\text{に平衡時の分圧を代入。}$$

$$\therefore\ K_P=\frac{(9.0\times10^4)^2\ Pa^2}{3.0\times10^4\times3.0\times10^4\ Pa^2}$$

$$=\frac{(9.0\times10^4)^2}{(3.0\times10^4)^2}=\left(\frac{9.0\times10^4}{3.0\times10^4}\right)^2$$

$$=3.0^2=9.0$$

$\therefore$　**9.0** …… **問(2)** の**【答え】**

(有効数字2桁)

　それでは第11講はここまでです。K，K_Pの式は左辺は分母，右辺は分子という事をしっかり覚えておいて下さいね。では次回またお会いしましょう。

Column

有効数字について理解する①

有効数字の表し方

有効数字は数字が何個存在するかで決まります。

例えば

- $2 \left(\substack{\text{有効数字}\\ \text{1桁}}\right)$, $3.0 \left(\substack{\text{有効数字}\\ \text{2桁}}\right)$, $2.05 \times 10^{-8} \left(\substack{\text{有効数字}\\ \text{3桁}}\right)$

  1個　　　2個　　　　　3個

10^{-8} は位取りを示すので有効数字とは無関係です。

- $0.4 \left(\substack{\text{有効数字}\\ \text{1桁}}\right)$, $0.020 \left(\substack{\text{有効数字}\\ \text{2桁}}\right)$, $0.135 \times 10^5 \left(\substack{\text{有効数字}\\ \text{3桁}}\right)$

  1個　　　　2個　　　　　　3個

初めに0（ゼロ）があるときは0以外の数字が出てきたところから何個存在するかで決まります。この0は位取りを示します。

- $3.0 \times 10^3 = 30 \times 10^2 = 0.30 \times 10^4 \left(\substack{\text{全て有効}\\ \text{数字2桁}}\right)$

  2個　　　　2個　　　　2個

この場合どの表記も全て有効数字2桁ですが，
一番良いとされているのは $\textcircled{3.0} \times 10^3$ です。

$1 \leqq \bigcirc < 10$

$\bigcirc$ が1以上10未満の書き方が良いとされています。他が間違いというわけではありませんが，答案にはこの書き方をお勧めします。

電離定数，緩衝液

| 単元 **1** | 電離定数 化学 |
| 単元 **2** | 緩衝液 化学 |

第 12 講 のポイント

　第 12 講は「電離定数，緩衝液」というところをやっていきます。電離定数を理解するポイントは「一定値」です。計算問題を解くコツを岡野流でしっかりつかみましょう。緩衝液では 2 つのパターンと近似値を理解して，計算問題を攻略しましょう。

※スポーツドリンクには緩衝作用があります。

今日は**電離定数**について見ていきます。酢酸やアンモニアを水に溶かすと，**電離して平衡状態になります**。ポイントはズバリ，化学反応式に**水 (H₂O) を加える**ってことなんです。特に**アンモニアでは重要な役割**を示していきます。アンモニアが水に溶けるときには，水分子が無いと反応式が成り立ちません。まずは，酢酸から見ていきましょう。

1-1 酢酸の電離平衡

酢酸を水に溶かすと次のように電離して，平衡状態になります。

$$CH_3COOH + H_2O \rightleftarrows CH_3COO^- + H_3O^+$$

酢酸は正式にはこのように**電離する式を書くのが正しい**とされています。水分子が入ってますね。

でも，酢酸の式は普通，次のように書くんです。

$$CH_3COOH \rightleftarrows CH_3COO^- + H^+$$

だから水 (H₂O) が入ってくるのが，おかしいですよね。ではこれら2つの式はなにが違うのか，以下でご説明します。

■ 水分子とオキソニウムイオン

例えば塩酸を反応させると，完全に100％電離します。

$$HCl \longrightarrow H^+ + Cl^-$$

アドバイス 強酸の場合はほぼ100％電離するので，矢印は一方方向。弱酸の場合は往復矢印。

この反応式は，本当はHClにH₂Oを加えた書き方のほうが正しいのです。なぜかといいますと，水溶液中には水があるから，出てきた水素イオン (H⁺) は全部水分子と結びついて，**オキソニウムイオン**の形 (H₃O⁺) になるからです。

$$HCl + H_2O \longrightarrow H_3O^+ + Cl^-$$

一般的には，酸の場合，いちいち水分子を加える書き方はしません。簡略した書き方になってます。でも，正式にはオキソニウムイオンが正しいんですよ。

水分子中の酸素原子には，最外殻に電子が6個あります。それで，最外殻電子が8個の安定な構造になろうとして，HとOがお互いに同じ数ずつ（ここでは1個ずつ）電子を貸し与えて共有結合します（→23ページ）。つまり 連続 図12-1① の電子式になるわけです。水分子ですね。

この水分子の2つの非共有電子対のうち1つが，一方的に水素イオン (H⁺) に電

子を貸し与える（ 連続 **図12-1②** の赤い部分）。こ
れを**配位結合**って言いますね。一方的に電子を
貸し与える結合です（→23ページ）。

　で，H⁺が入ってくると全体として＋の電荷を
帯びて＋のイオンになるんです（ 連続 **図12-1③** ）。
**できあがってしまうと，共有結合と配位結合の
区別は無くなります。**これを**オキソニウムイオ
ン**っていうんです。

　つまり**全てのH⁺は必ず水分子とくっつく。**例
えば，酸から電離して，1molの水素イオンが出
ました。この1molの水素イオンは全て水分子と
結びつくんです。

　それで実際は 連続 **図12-1③** の形になってる。
だけど，一般的には 連続 **図12-1③** の形では書か
ずに，「H₃O⁺」を「H⁺」で置き換えるんです。普通はね。

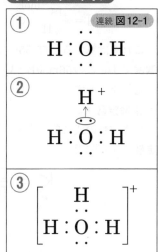

オキソニウムイオン

① 連続 **図12-1**

$$H:O:H$$

②
$$H^+$$
$$H:O:H$$

③
$$\left[\begin{array}{c} H \\ H:O:H \end{array}\right]^+$$

■ 水のモル濃度は一定値

　酢酸を水に溶かした場合の反応式は次のとおりです。

$$CH_3COOH + H_2O \; \rightleftharpoons \; CH_3COO^- + H_3O^+$$

そして次の式を見てください。平衡定数はこうなります。

$$K = \frac{[CH_3COO^-][H_3O^+]}{[CH_3COOH][H_2O]} \quad \substack{\Leftarrow 右辺は分子 \\ \Leftarrow 左辺は分母} \quad (K：平衡定数)$$

お約束の左辺は分母，右辺は分子ですね。

　ここで，**水分子のモル濃度**（[H₂O]のところ）についてご説明します。例えば，
酢酸の薄い水溶液0.1mol/Lがあったとします。つまり1Lの水溶液中に0.1molの
酢酸が溶けている。

　酢酸って分子量が60なんです。1molは60g。じゃあ0.1molは？　という
と，10分の1倍ですから6gが溶けている。1Lの溶液に酢酸6gが溶けていた場合，
0.1mol/Lの酢酸水溶液になります。

　では，その酢酸水溶液1L中に水分子が何mol含まれているのか。

　1Lはほぼ1000gですよね。1000gのうち6gが酢酸分子の溶けているものなら，
1000から6を引いた994gが，水の重さになりますね。でも，こういう薄い溶液
であれば，水は約1000gと考えてもいいです。

　水の分子量は18です。mol数は1000gだと，$\dfrac{1000}{18}$molとなります。

$$[H_2O] = \frac{\dfrac{1000}{18}\,\text{mol}}{1\text{L}}$$

これを計算すると55.55…で，約56。単位はmol/L。この**56mol/Lが水のモル濃度**です。この56mol/Lという水のモル濃度は，薄い溶液ならほとんどいつでも一定値なんです。

■ **電離定数 K_a**

平衡定数の式に戻ります。**平衡定数 K は一定値**です。そして**水のモル濃度も一定値**です（①式）。

$$K = \frac{[CH_3COO^-][H_3O^+]}{[CH_3COOH][H_2O]} \ \text{——} \ ①$$

一定値　　　　　　一定値

だから一定値と一定値をかけても，一定値になる。

そこで，①式の両辺に水のモル濃度（$[H_2O]$）をかけて，新たな一定値と考えるんです（②式）。この新たな一定値を K_a と決めます（③式）。

両辺に $[H_2O]$ をかける

$$K[H_2O] = \frac{[CH_3COO^-][H_3O^+][H_2O]}{[CH_3COOH][H_2O]} \ \text{——} \ ②$$

新たな一定値を K_a とする

$$\therefore \ K[H_2O] = K_a = \frac{[CH_3COO^-][H_3O^+]}{[CH_3COOH]} \ \text{——} \ ③$$

さらにオキソニウムイオンのモル濃度（$[H_3O^+]$）は $[H^+]$ と考えてかまわない。

$$\therefore \ K[H_2O] = K_a = \frac{[CH_3COO^-][H_3O^+]}{[CH_3COOH]} {}^{[H^+]}$$

なぜなら，出てきたその水素イオンは必ず全部，水分子に結び付くからです。水素イオンのmol数と，オキソニウムイオンが出来たときのmol数は同じ値なんですね。ということはモル濃度も同じだから，$[H^+]$ で置き換えられます。

最終的に，K_a は，次のようになります。この **K_a のことを電離定数**って言ってるわけです。

重要★★★ $\therefore$

$$K_a = \frac{[CH_3COO^-][H^+]}{[CH_3COOH]}$$

（K_a：電離定数）

単元 1 要点のまとめ①

● 酢酸の電離平衡

酢酸を水に溶かすと次のように電離して平衡状態になる。

$$CH_3COOH + H_2O \rightleftharpoons CH_3COO^- + \underset{(オキソニウムイオン)}{H_3O^+}$$

$$K = \frac{[CH_3COO^-][H_3O^+]}{[CH_3COOH][H_2O]} \quad (K：平衡定数)$$

両辺に $[H_2O]$ をかける。

$$\therefore \quad K[H_2O] = K_a = \frac{[CH_3COO^-]\overset{=[H^+]}{[H_3O^+]}}{[CH_3COOH]} \quad (K_a：電離定数)$$

!重要★★★
$$K_a = \frac{[CH_3COO^-][H^+]}{[CH_3COOH]}$$

■ 酢酸の電離平衡のまとめ

K は平衡定数，K_a は電離定数で，この2つは違います。違うんだけれども，酢酸の場合，電離定数 K_a が，たまたま結果的に下の反応式（H_2O を記入しない簡略した反応式）の平衡定数 K すなわち**左辺は分母，右辺は分子**のパターンと同じになるんです。

$$CH_3COOH \rightleftharpoons CH_3COO^- + H^+ \qquad 反応式$$

☆ $$K_a = \frac{[CH_3COO^-][H^+]}{[CH_3COOH]} \qquad 電離定数$$

$$K = \frac{[CH_3COO^-][H^+]}{[CH_3COOH]} \qquad 平衡定数$$

だから平衡定数の式と電離定数の式は，結果としては同じだと言ってかまわないけれど，中身は **K_a のほうが K に対して56倍大きい値**というわけです。

なお，入試では弱酸（CH_3COOH など）は電離定数の値で出題されてきます。けっして平衡定数の値（56倍されていない値）を示してくることはありません。

また，K_a の a は acid（アシッド）といって酸を表す言葉です。**酸の電離定数**といっております。

$(K_a：電離定数)$

acid＝酸

1-2 アンモニアの電離平衡

　今度はアンモニアの電離平衡をご説明します。アンモニアを水に溶かすと，次のように電離して，平衡状態になります。

$$NH_3 + H_2O \rightleftharpoons NH_4^+ + OH^-$$

　アンモニアの場合は水がどうしても必要です。で，アンモニアの平衡定数は，反応式の**左辺は分母**，**右辺は分子**です。係数はすべて1なので，指数もすべて1乗ですね。

$$K = \frac{[NH_4^+][OH^-]}{[NH_3][H_2O]} \quad (K：平衡定数)$$

　また，先ほどの酢酸同様，薄いアンモニア水であれば，1L（= 1000g）のほとんどが水分子の重さだと考えて，$[H_2O]$ は約56と考えます。両辺に水 $[H_2O]$ をかけ算して，新たに K_b と置きました。K_b は電離定数です。

$$K[H_2O] = K_b = \frac{[NH_4^+][OH^-]}{[NH_3]} \quad (K_b：電離定数)$$

　そして，$[H_2O]$ が消えて，下記の式がアンモニアの電離定数を表します。

!重要★★★ $$K_b = \frac{[NH_4^+][OH^-]}{[NH_3]}$$

　なお，K_b の b は base，ベースボールのベースといいまして，塩基を表す英語です。K_a は酸の電離定数，K_b は塩基の電離定数を表しているとご理解ください。

$$\left(K_b：電離定数 \right)$$
$$\downarrow$$
base = 塩基

単元 1 要点のまとめ②

● アンモニアの電離平衡

　アンモニアを水に溶かすと次のように電離して平衡状態になる。

$$NH_3 + H_2O \rightleftharpoons NH_4^+ + OH^-$$

$$K = \frac{[NH_4^+][OH^-]}{[NH_3][H_2O]} \quad (K：平衡定数)$$

両辺に $[H_2O]$ をかける。

$$K[H_2O] = K_b = \frac{[NH_4^+][OH^-]}{[NH_3]} \quad (K_b：電離定数)$$

!重要★★★ $$K_b = \frac{[NH_4^+][OH^-]}{[NH_3]}$$

これまでのポイントをまとめますと，$[H_2O]$ を両辺にかけ算をした考え方。そして $[H_2O]$ が約 56 で定数，K も温度が一定ならば定数。定数と定数をかけ算しても定数だから，この新たな定数を K_a や K_b と置き，それを電離定数と決めました。

はい，じゃあそんなところで，問題を解いてまいりましょう。

演習問題で力をつける㉞
電離定数または電離度の関係式を理解しよう！

問 A　酢酸を水に溶かすと，その一部が電離して次のような電離平衡が成立する。

$$CH_3COOH \rightleftarrows \boxed{（ア）}$$

　水に溶かしたときの酢酸の濃度を c〔mol/L〕，電離度を α とすると，電離していない $[CH_3COOH]$ は $\boxed{（イ）}$〔mol/L〕であり，電離した $[H^+]$ は $\boxed{（ウ）}$〔mol/L〕，$[CH_3COO^-]$ は $\boxed{（エ）}$〔mol/L〕である。したがって，この酢酸の電離定数 $K_a = \dfrac{[CH_3COO^-][H^+]}{[CH_3COOH]}$ は $\boxed{（オ）}$〔mol/L〕となる。酢酸は弱酸であり，電離度 α は 1 に比べてきわめて小さいので，$1 - \alpha \fallingdotseq 1$ とみなしてよい。

　したがって，$K_a = \boxed{（カ）}$〔mol/L〕となり，$\alpha = \boxed{（キ）}$〔mol/L〕となり，$[H^+]$ を $\boxed{（ク）}$〔mol/L〕と表すことができる。

(1)　文章中の $\boxed{（ア）}$ に適する式を入れ，イオン反応式を完成して記せ。
(2)　文章中の $\boxed{（イ）}$〜$\boxed{（カ）}$ に適する式を c と α を用いて記せ。
(3)　文章中の $\boxed{（キ）}$，$\boxed{（ク）}$ に適する式を K_a と c を用いて記せ。

B　酢酸の電離定数が 1.8×10^{-5} mol/L であるならば，1.0 mol/L の酢酸水溶液の pH はいくらか。ただし，数値は小数第 2 位まで求めよ。
　$(\log_{10} 1.8 = 0.26)$

👤 **さて，解いてみましょう。**

問A (1) の解説　$\boxed{（ア）}$ は電離の式を書けばいいんです。酢酸が，酢酸イオンと水素イオンに分かれるときのイオン反応式を完成させます。だから以下が解答です。

$$\therefore\ CH_3COOH \rightleftarrows CH_3COO^- + H^+ \cdots\cdots 【問A (1)】 の【答え】$$

電離度・解離度を含む問題のポイント1

次に行きます。

電離度という言葉が問題文に載っていた場合，**解離度**でも同じだと思っていいです。解離度は分子が分子に分解すること，電離度はイオンに分かれていくような場合ですが，何でも解離度っていうふうに，同じように扱ってる入試問題もあります。

岡野の着目ポイント　ここは関係式を作って平衡時を求めます。とても大事なポイントは，**電離度または解離度を含む問題では初めのmol数またはモル濃度を1とおく**ということです（連続 **図12-2①**）。

関係式から平衡時を求める　　　　　　　　　　　　　　　連続 **図12-2**

①
$$CH_3COOH \rightleftharpoons CH_3COO^- + H^+$$

初　　　　　　1　　　　　　　　　（電離度をαとする。）
変化量　　　　　　　　　　　　　　（αは小数で表した値。）
平衡時　　　　　　　　　　　　　　（－は消費）
　　　　　　　　　　　　　　　　　（＋は生成）

　解離度・電離度っていう言葉があった場合，**初めのmol数を1と置くやり方が絶対に楽です**。そうしませんと，非常に分かりにくくなります。公式みたいに，ただ覚えるようになっちゃうんですね。こういう問題を解くとき，私は必ず心がけています。

　313ページの可逆反応の反応式のときは，「初」に2.0molと2.0molが反応したと書いていました。あのときには解離度，電離度という言葉はありませんでした。でも，今回は解離度，電離度っていう言葉が載ってますね。こういうタイプのときには**初めのmol数を1と置く**。これがポイントなんです。

　なぜ1かといいますと，「**電離度（解離度）をαとする**」というところに着目してください。例えば20％電離したというのは，酢酸分子が100個あって，20個分が電離，80個はそのまま残っている状態をいいます。また，「**αは小数で表した値**」なので，20という数字を使うと間違いです。20％電離という場合は，**電離度αは0.2**となります。

そして関係式の反応をみてください 連続 **図12-2②**。

連続 図12-2 の続き

②

$$CH_3COOH \rightleftarrows CH_3COO^- + H^+$$

				（電離度をαとする。
初	1	0	0	αは小数で表した値。）
変化量	−	+	+	（−は消費
平衡時				＋は生成）

　左辺の酢酸分子（CH_3COOH）の初めのmol数を1molと置きました。これが電離するので，酢酸分子は消費されるので変化量はマイナスです。一方，右辺の酢酸イオン（CH_3COO^-）と水素イオン（H^+）は初めは0ですが，生成するので変化量はだんだん増えてきますのでプラスです。

　初めのmol数が1molで，その20％は何molですか？　というと，皆さん0.2molだって言われますよね。だから例えば電離度αが20％（0.2）の場合，1molのうち0.2molを消費するわけです。でも，もし最初のmol数を1じゃなくて，もっと違う値，例えば2molなんてすると，2molの20％は0.4molです。0.4だと，αの0.2という数字から外れてしまいますよね。これではαという文字を生かせていない。このαを生かすためには，初めのmol数を1と置くしかないんです。

**　初めのmol数を1と置けば，電離度は，そのままαmol電離するというふうに言ってしまってかまわない。**

ということです。結局，最初のmol数を1と置いたときには，常にαmol電離します。だから，初めを2とかにしないんです。

　関係式でいいますと，初めのmol数を1と置いてやると，**変化量**では左辺の酢酸分子αmolが電離するので**$-\alpha$**，右辺は共にαmolが生じて**$+\alpha$**，**$+\alpha$**となります。αは電離度と同じ数値です 連続 図12-2③ 。

連続 図12-2 の続き

③

$$CH_3COOH \rightleftarrows CH_3COO^- + H^+$$

				（電離度をαとする。
初	1	0	0	αは小数で表した値。）
変化量	$-\alpha$	$+\alpha$	$+\alpha$	（−は消費
平衡時				＋は生成）

　これで平衡時を求められます。左辺が$1-\alpha$，右辺がそれぞれαです 連続 図12-2④ 。

連続 図12-2 の続き

④

$$CH_3COOH \rightleftarrows CH_3COO^- + H^+$$

				（電離度をαとする。
初	1	0	0	αは小数で表した値。）
変化量	$-\alpha$	$+\alpha$	$+\alpha$	（−は消費
平衡時	$1-\alpha$	α	α	＋は生成）

電離度・解離度を含む問題のポイント2

岡野の着目ポイント　初めのmol数を1と置きましたが，もし，実際の問題での数値が1じゃない場合，例えば初め2molだったとしたら，どうなるか。ここで**第2のポイント**です。

連続 図12-2 の続き

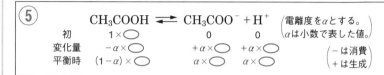

⬤に初めの**mol数またはモル濃度**をかけてもこの関係は成り立つ。

　これが第2のポイントです。電離度（解離度）が出てた問題では，初めのmol数を1と置く。そして，もし実際は2molだったら全部2倍，3molだったら全部3倍してやればいい。7個の⬤の間で全部比例関係が成り立ってるんです。

　今回の問題は，初めのモル濃度が$c$mol/Lです。だから⬤は全部c倍してやればいい。単位は全部mol/Lです。

連続 図12-2 の続き

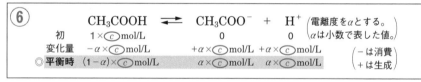

　1をまず基準において，αを使って式を立て，それぞれの問題に対応するために初めのmol数倍（またはモル濃度倍）する。

　これで関係式が成り立ちます。

　そして，この関係式で一番欲しかったのは，平衡時のところです。あとはどんどん問題を解いていくことができます。

$$CH_3COOH \rightleftharpoons CH_3COO^- + H^+$$
◎ **平衡時** $(1-\alpha)\times©$mol/L　　$\alpha\times©$mol/L　$\alpha\times©$mol/L

　この「平衡時」を求めるために必要な，2つの大事なポイントがありました。**これは岡野流の極意ですから，しっかりと押さえてください。**

岡野流
㉖
重要★★★

電離度・解離度を含む問題を解く2つのポイント

● ポイント1
　電離度または解離度を含む問題では初めの mol 数または
モル濃度を1とおく。

● ポイント2
　◯に初めの mol 数またはモル濃度をかけてもこの関係
は成り立つ。

平衡時の関係と電離定数を使って問題を解く

問A (2) の解説 を解答していきます。

岡野のこう解く　平衡時の数量的な関係がわかりましたので，問題を解いて
いきましょう。　**(イ)**　の解答ですが，**電離していない酢酸**というのは，
要するに平衡状態でイオンに分かれていない，**残っている状態の酢酸**です。

$$CH_3COOH \rightleftharpoons CH_3COO^- + H^+$$

◎ **平衡時** $(1-\alpha) \times c$ mol/L 　　　$\alpha \times c$ mol/L 　$\alpha \times c$ mol/L

　　　　　↑
電離していない酢酸
（イオンに分かれていない酢酸）

平衡時を見ますと，$(1-\alpha) \times c$。だから，$c(1-\alpha)$ mol/L が解答になります。

$$\therefore \quad c(1-\alpha) \cdots\cdots \text{問A (2) } \boxed{\text{(イ)}} \text{ の【答え】}$$

　酢酸が電離して水素イオン（H^+）と酢酸イオン（CH_3COO^-）になります
が，これらの平衡時における濃度はどうなりますか？というのが，　**(ウ)**　と
(エ)　です。

　これらも平衡時を見るとわかります。どちらも $c\alpha$ ですね。ということで以下
が解答です。

$$\therefore \quad c\alpha \cdots\cdots \text{問A (2) } \boxed{\text{(ウ)}} \text{ の【答え】}$$
$$\therefore \quad c\alpha \cdots\cdots \text{問A (2) } \boxed{\text{(エ)}} \text{ の【答え】}$$

　次は　**(オ)**　の電離定数です。

岡野のこう解く　はい，じゃあやっていきます。K_a は，左辺は分母，右辺
は分子ですね。そのまま入れます。

そして，酢酸の濃度 $[\mathrm{CH_3COOH}]$ が $c\,(1-\alpha)$，水素イオン濃度 $[\mathrm{H^+}]$ と酢酸イオンの濃度 $[\mathrm{CH_3COO^-}]$ が共に $c\alpha$ ですね。

$$K_a = \frac{[\mathrm{CH_3COO^-}][\mathrm{H^+}]}{[\mathrm{CH_3COOH}]} = \frac{c\alpha \times c\alpha}{c\,(1-\alpha)} \quad (\mathrm{mol/L})$$

これを計算しますと，分子と分母の c が1個ずつ消えます。だから，

$$\frac{\cancel{c}\alpha \times c\alpha}{\cancel{c}\,(1-\alpha)} = \frac{c\alpha^2}{1-\alpha}$$

これが解答になります。単位は mol/L。なぜなら，分子に2つ，分母に1つの mol/L があって，分子と分母から1個ずつ消えると，mol/L が1個残るからです。

$$\therefore \quad \frac{c\alpha^2}{1-\alpha} \quad \cdots\cdots \boxed{\text{問A (2)} \boxed{(オ)}} \text{ の【答え】}$$

$\boxed{(カ)}$ です。「酢酸は弱酸であり，α は1に比べてきわめて小さいので，$1-\alpha$ を約1とみなしてよい」。

$$1-\alpha \fallingdotseq 1\,(1 \gg \alpha)$$

例えば，酢酸の電離度 α はほぼ1％なんです。つまり0.01。$1-0.01 = 0.99$ ですよ。0.99って言ったら，**約1だから，1と同じに扱ってしまってかまわない**。だから，$1-\alpha$ を1として，$\boxed{(カ)}$ の解答は $c\alpha^2$ になります。

$$K_a = \frac{c\alpha^2}{\underset{\fallingdotseq 1}{1-\alpha}} = c\alpha^2 \ \mathrm{mol/L}$$

$$\therefore \quad c\alpha^2 \quad \cdots\cdots \boxed{\text{問A (2)} \boxed{(カ)}} \text{ の【答え】}$$

問A (3) の解説 を解答していきます。

次は $\boxed{(キ)}$ です。「$K_a = c\alpha^2$ となり，α を $\boxed{(キ)}$ と表すことができる」とあります。$K_a = c\alpha^2$ を α^2 で解いた形にしてみましょう。

$$\alpha^2 = \frac{K_a}{c}$$

両辺にルートをつけまして，下記が解答となります。

$$\therefore \quad \alpha = \sqrt{\frac{K_a}{c}} \quad \cdots\cdots \boxed{\text{問A (3)} \boxed{(キ)}} \text{ の【答え】}$$

アドバイス $1-\alpha \fallingdotseq 1$ の近似値が使えない場合について少し説明しておきます。Aの問題の $\boxed{(キ)}$ の式 $\alpha = \sqrt{\dfrac{K_a}{c}}$ より α は c が非常に小さい値になると α が大きい値になるため，近似値は使えません。**分数の性質**から，分母の c が非常に小さい値で，分子の K_a は定数であるため，α は大きな値になります。大ざっぱな目安として c が $a \times 10^{-3}\mathrm{mol/L}$（$1 \leqq a \leqq 7$）だと近似値は使えないと考えた方がいいです。

(ク) では $[H^+]$ を K_a と c を用いて表す問題です。 (ウ) では $[H^+] = c\alpha$ mol/L と求まっていますので (キ) で求まっている $\alpha = \sqrt{\dfrac{K_a}{c}}$ を (ウ) の式に代入すれば (ク) は求まります。

$$\therefore \quad [H^+] = c\alpha = c \times \sqrt{\frac{K_a}{c}} = \sqrt{\frac{c^2 K_a}{c}} = \sqrt{c K_a}$$

$$\therefore \quad \sqrt{c K_a} \cdots\cdots \boxed{問 A (3) \ (ク)} \ \triangleright 【答え】$$

問Bの解説 Aは全部文字式で出す問題でした。Bは具体的な数字で出していく問題ですね。A (3) (ク) より $[H^+]$ を求めます。

$$\therefore \quad [H^+] = \sqrt{c K_a} = \sqrt{1.0 \times 1.8 \times 10^{-5}} = \sqrt{1.8 \times 10^{-5}} \ \text{mol/L}$$

pHを求める

では，pHを求めていきましょう。

はじめにlogの公式を確認しておきます（→91ページ）。

化学で使う log の公式はこの 5 つだけ !!

$$\log_{10} AB = \log_{10} A + \log_{10} B \qquad \log_{10} \frac{A}{B} = \log_{10} A - \log_{10} B$$

$$\log_{10} A^n = n\log_{10} A \qquad \log_{10} 10 = 1$$

$$\log_{10} 1 = 0$$

重要★★★  ピーエイチ $\mathrm{pH} = -\log_{10}[H^+]$ ———— [公式9]

pHの定義ですので，公式として覚えておきましょう（→88ページ）。

ここで $[H^+] = \sqrt{1.8 \times 10^{-5}}$ mol/L です。

数学の公式に $\sqrt{a} = a^{\frac{1}{2}}$ があります。これを使うと，

$$[H^+] = \sqrt{1.8 \times 10^{-5}} = (1.8 \times 10^{-5})^{\frac{1}{2}}$$

$$\therefore \quad \mathrm{pH} = -\log_{10}[H^+] = -\{\log_{10}(1.8 \times 10^{-5})^{\frac{1}{2}}\}$$

ここから，$\log_{10} A^n = n\log_{10} A$ と $\log_{10} AB = \log_{10} A + \log_{10} B$ を利用します。

$$= -\frac{1}{2}\{\log_{10}(1.8 \times 10^{-5})\} = -\frac{1}{2}(\log_{10} 1.8 - 5\log_{10} 10)$$

$\log_{10} 1.8 = 0.26$，$\log_{10} 10 = 1$ です。計算しますと，2.37 という結果が出ます。

$$= -\frac{1}{2}(0.26 - 5 \times 1) = \frac{5}{2} - \frac{0.26}{2} = 2.5 - 0.13 = 2.37$$

$$\therefore \quad 2.37 \cdots\cdots \boxed{問 B} \ \triangleright 【答え】$$

単元 **2** 緩衝液

これから**緩衝液**（**緩衝溶液**ともいいます）を説明します。読み方は「カンショウエキ」です。**衝撃を緩める溶液**ということです。

2-1 緩衝液とは

■ 衝撃を緩める溶液

衝撃ってなんでしょう？　ビーカーの中に水を入れて，ゲンコツを握ってたたくという，力の衝撃じゃありません。ここでいう**衝撃とは酸を加えたり，塩基を加えたりすること**です。

普通の溶液は，酸や塩基を加えると，pHの変化がモロにボーンと出てきます。ところが，**酸や塩基を加えても，pH変化があまり起こらない，衝撃を緩める溶液**があるんです。

つまり，**緩衝液とは，少量の酸や塩基を加えてもpHはあまり変わらない溶液**をいいます。

■ 緩衝液の2つのパターン

この緩衝液には主に次の2つのパターンがあります。

　　　パターン①　**酢酸と酢酸ナトリウムの混合溶液**
　　　パターン②　**アンモニアと塩化アンモニウムの混合溶液**

入試で出るのは，ほとんどがこれら2つです。なかでも**頻出なのは①**です。

!重要★★★

パターン① $\begin{cases} CH_3COOH \ \rightleftarrows \ CH_3COO^- + H^+ \\ CH_3COONa \ \xrightarrow{\alpha=1} \ CH_3COO^- + Na^+ \end{cases}$

パターン② $\begin{cases} NH_3 + H_2O \ \rightleftarrows \ NH_4^+ + OH^- \\ NH_4Cl \ \xrightarrow{\alpha=1} \ NH_4^+ + Cl^- \end{cases}$

ここでは，まずパターン①を詳しく見ていこうと思います。

2-2 緩衝液のパターン①

■ 混合溶液の特徴

パターン①は酢酸と酢酸ナトリウムの混合溶液です。

パターン① $\begin{cases} CH_3COOH \ \rightleftarrows \ CH_3COO^- + H^+ \\ CH_3COONa \ \xrightarrow{\alpha=1} \ CH_3COO^- + Na^+ \end{cases}$

　上側の反応式は，往復矢印ですから**可逆反応**，**平衡状態**です。もし，矢印が一本の場合，酢酸CH_3COOHはずっと反応し続けて，どんどん減っていきます。しかし①は平衡の状態ですから，むしろ**酢酸はたくさん残っています**。

　電離度は，約1％といわれています。1％とは，例えば100個酢酸分子があって，そのうち1個だけが酢酸イオンCH_3COO^-と水素イオンH^+にわかれる割合です。99個は酢酸分子のまま存在しています。

$$\underline{CH_3COOH} \rightleftharpoons \underline{CH_3COO^- + H^+}$$

多い　　　　　　　　　とても少ない

99％　　　　　　　　　1％

　それに対して下側の反応式は$\alpha = 1$とあります。電離度1，つまり100％電離します。そして，CH_3COONaは酸CH_3COOHの水素原子Hが金属Naに置き換わっているから，これ，塩なんです。

$$CH_3COO\text{Ⓗ}$$
$$CH_3COO\text{Ⓝⓐ}$$

　緩衝液で出てくる塩は必ず100％電離します。だから，酢酸ナトリウムCH_3COONaは全部酢酸イオンCH_3COO^-とナトリウムイオンNa^+になります。

　これらパターン①の上下の反応式を合わせた混合溶液が**緩衝液**になっているのです。**入試では結構，「緩衝液」っていう言葉を書かされるので，漢字で書けるようにしておいてください。**

　緩衝液は，塩基または酸を加えても，pH変化がほとんど起きません。なぜ起きないのか，パターン①に塩基と酸それぞれを加えた場合を考えてみたいと思います。まず性質的な話をして，そのあと量的な話をしますよ。

■ 塩基（OH^-）を加えた場合

　塩基からやってみます。塩基を加えるってことは，塩基から生じるOH^-（水酸化物イオン）が，H^+（水素イオン）にくっついてH_2Oができ，中和反応が起きると思ってください。

$$\text{パターン①} \begin{cases} CH_3COOH \rightleftharpoons CH_3COO^- + \overset{\downarrow\ \ -OH^-}{H^+} \\ CH_3COONa \xrightarrow{\alpha=1} CH_3COO^- + Na^+ \end{cases}$$

　OH^-とH^+が結び付くと水ができる反応は，$H^+ + OH^- \longrightarrow H_2O$です。で，パチンと水ができて，それで終わり，ではありません。

　例えば**酢酸分子100個のうちの1個しかイオンに分かれていないとすると**，水素イオンは1個しかないんだから，わずかしか結び付かない。結び付くと水になっ

て無くなっちゃいますね。ということは**ルシャトリエの原理の濃度の関係**（→276ページ）です。僕は前に**あまのじゃくの原理**って言いました。濃度が少なくなると，その濃度を増やそうとして，**平衡が右側に移っていく**わけです。

$$CH_3COOH \rightleftharpoons CH_3COO^- + \boxed{H^+ \xleftarrow{} OH^-} \nearrow H_2O$$

この移っていくときに，また1個H^+が生じてきます。すると生じたH^+とOH^-がまたボンとくっつくんです。H^+が無くなるたびにどんどん出てきます。

そういうことが起こって，**酢酸（CH_3COOH）が存在する限り，H^+を出し続け，OH^-と結び付いていきます。**その結果，OH^-を加えたにもかかわらず，H^+で吸収されていく形になるんですね。この反応をイオン反応式で示します。

重要★★★　$CH_3COOH + OH^- \longrightarrow CH_3COO^- + H_2O$

このイオン反応式は入試で出題されます。

塩基を加えるとOH^-とH^+が結びつき水となり，OH^-の増加を防ぐ。

だからOH^-がそんなに増えず，**pHが大きくなるってことがあまりない**んです。水溶液の中でOH^-が吸収されてしまう。そういうからくりなんですね。

■ 酸（H^+）を加えた場合

じゃあ酸を加えるとどうなるか。酸から生じるH^+が次のように反応します。

$$\begin{cases} CH_3COOH \rightleftharpoons CH_3COO^- + H^+ \\ CH_3COONa \xrightarrow{\alpha=1} \underline{CH_3COO^-} + Na^+ \end{cases}$$

$\xleftarrow{}$ ← H^+（下のCH_3COO^-へ）

下の赤線のついた酢酸イオンCH_3COO^-に，H^+がくっついて酢酸分子になります。この反応をイオン反応式で示します。

重要★★★　$CH_3COO^- + H^+ \longrightarrow CH_3COOH$

このイオン反応式は入試で出題されます。

100個のH^+がCH_3COO^-と結びつき，100個の酢酸分子になったとしても，電離度が約0.01なので，わずか1個分しかイオンに分かれていきません。だからH^+の99個は蓄えられます。つまり，大部分のH^+が吸収されているんです。結局H^+が増えることは少ない。

酸を加えるとH^+とCH_3COO^-が結びつきCH_3COOHとなり，H^+の増加を防ぐ。

だからH^+があまり増えず，pHがそんなに下がらないんです。

以上のようなからくりが，混合溶液の中で起こってるわけですね。で，これを**緩衝液**といっているわけです。よろしいでしょうか。

■ 緩衝液と中和

ちょっと話が飛ぶんですが，100，105ページの「中和滴定」のところで，**酸が出すH^+のmol数と塩基が出すOH^-のmol数がイコールになると，中和が完了します**と，話したことがあるんですね。本格的なテストになったとき，いちいち反応式を書かずにポンと解答を出せる公式があるので，覚えちゃいましょうと言いました。それが下記です。

酸が出すH^+のmol数＝塩基が出すOH^-のmol数

↓　　　　　　　　　　↓

酸のmol数×価数　　　　塩基のmol数×価数

酸または塩基の価数…酸または塩基が1mol電離したときに生じるH^+またはOH^-のmol数

水素イオンH^+のmol数を計算するときの公式は**酸のmol数×価数**，**OH^-のmol数の公式は塩基のmol数×価数**だと言ったんです。

実はそのとき，酢酸という弱酸と，水酸化ナトリウムという強塩基があって，何で電離度が関係無いのか？　と疑問に思われた方もいたかと思います。水素イオンH^+のmol数は電離度かけないでいいんですか？　っていう質問もあったんですよ。

電離度をかける必要は無いんです。たしかに

！重要★★★　**水素イオン濃度…$[H^+]=CZ\alpha$** ———— ［公式7］

という公式がありました。ここには間違いなく電離度αがかけられています（Cは酸のモル濃度，Zは酸の価数）。この公式は，**酸が単独で存在している時**の水素イオン濃度$[H^+]$を求めなさいっていう場合です。その時点でそこに存在しているモル濃度ですね。

緩衝液パターン①では，OH^-を加えると中和反応が起きてルシャトリエの原理が働いて，酢酸分子が最終的には全部酢酸イオンと水素イオンに分かれていく，という話をしました。

中和反応が起こっている場合は，反応が始まって，どんどん水素イオンが出てくる，無くなれば出てくる，つまり**水素イオンは最終的には100%電離します**。

電離度が関係するときと関係しないときの違いは，単独で存在しているか，中

和反応が起きているかの違いです。

したがって，中和滴定の問題を解くときには，**電離度は不要**で，必ず上記の式（酸の mol 数×価数＝塩基の mol 数×価数）で計算を機械的にやってかまわない，ということです。

2-3 緩衝液のパターン②

■ パターン②の混合溶液に酸や塩基を加えた場合

次は緩衝液パターン②についてご説明します。

アンモニア水 $NH_3 + H_2O$ と塩化アンモニウム NH_4Cl の混合溶液ですね。

$$\text{パターン②} \begin{cases} NH_3 + H_2O \rightleftarrows NH_4^+ + OH^- \\ NH_4Cl \xrightarrow{\alpha=1} NH_4^+ + Cl^- \end{cases}$$

上の式は**アンモニア水**です。パターン①の酢酸同様，**1%くらい，わずかに電離**します。下の式も同様に $\alpha=1$ で，**100%電離**します。

水素イオン H^+，つまり酸が加わりますと，さきほどと同じく，OH^- と結び付いて水を作ります。

$$NH_3 + H_2O \rightleftarrows NH_4^+ + \boxed{OH^- \xleftarrow{H^+} \ \ ^{\nearrow H_2O}}$$

OH^- が無くなると，ルシャトリエの原理が働いて，OH^- の濃度を上げようとして平衡は右側に移っていきます。OH^- が出て H^+ とくっついて，また出てって…，そういう感じで H^+ の増加を防ぎます。この反応をイオン反応式で示します。

$$NH_3 + \cancel{H_2O} + H^+ \longrightarrow NH_4^+ + \cancel{H_2O}$$

！ 重要★★ ∴ $NH_3 + H^+ \longrightarrow NH_4^+$

一方，**塩基を加えた場合は OH^- がアンモニウムイオン NH_4^+ と結び付きます。**

$$NH_4Cl \xrightarrow{\alpha=1} NH_4^+ + Cl^- \atop \uparrow_{OH^-}$$

この反応をイオン反応式で示します。

！ 重要★★ ∴ $NH_4^+ + OH^- \longrightarrow NH_3 + H_2O$

するとアンモニア＋水に変わります。そして100個のOH^-がNH_4^+と結びつき，100個のアンモニア＋水（アンモニアNH_3と水H_2Oが100個ずつ）になっても，わずか1個分しかイオンに分かれません。すなわちOH^-は99個が吸収されたことになります。つまり，**OH^-の増加が防げました**。①も②も考え方は同じですね。

それでは，これから演習問題で，パターン①を詳しくやってまいりましょう。

単元**2** 要点のまとめ①

● **緩衝液とは**

少量の酸や塩基を加えても pH はあまり変わらない溶液をいう。

緩衝液には主に次の2つのパターンがある。

！重要★★★ パターン①

塩基を加えるとOH^-とH^+が結びつき水となり，OH^-の増加を防ぐ。

$$\begin{cases} CH_3COOH \rightleftarrows CH_3COO^- + H^+ \\ CH_3COONa \xrightarrow{\alpha=1} CH_3COO^- + Na^+ \end{cases}$$

酸を加えるとH^+とCH_3COO^-が結びつきCH_3COOHとなり，H^+の増加を防ぐ。

！重要★★★ パターン②

酸を加えるとH^+とOH^-が結びつき水となり，H^+の増加を防ぐ。

$$\begin{cases} NH_3 + H_2O \rightleftarrows NH_4^+ + OH^- \\ NH_4Cl \xrightarrow{\alpha=1} NH_4^+ + Cl^- \end{cases}$$

塩基を加えるとOH^-とNH_4^+が結びつき$NH_3 + H_2O$となり，OH^-の増加を防ぐ。

演習問題で力をつける㉟
緩衝液パターン①を解く

問 次の記述の　　　　　の中に適当な語句，数値，または化学式を記入せよ。ただし数値は整数で求めよ。

純粋な水のpHは，25℃で **(ア)** であるが，その1000mLに1mol/Lの塩酸0.10mLを加えるとpHは約 **(イ)** に変わり，1mol/Lの水酸化ナトリウム水溶液0.10mLを加えると約 **(ウ)** に変わる。このように水にはpHの変化に抵抗する能力はない。ところが酢酸と酢酸ナトリウムの混合溶液は少量の酸やアルカリを加えてもそのpHはあまり変わらない。このような溶

液のことを　(エ)　という。酢酸の水溶液中では次の平衡が成立している。

$$CH_3COOH \rightleftharpoons CH_3COO^- + H^+$$

$$\frac{\boxed{(\text{オ})}\ \boxed{(\text{カ})}}{\boxed{(\text{キ})}} = K_a$$

K_aを　(ク)　という。酢酸のK_aは小さく，混合溶液中の酢酸イオンの濃度は大きい。混合溶液中に少量の酸を加えれば，上式の平衡は　(ケ)　方へ移動してH^+は除かれ，少量のアルカリを加えれば　(コ)　方へ移動してOH^-は除かれ，pHはほぼ一定に保たれる。

さて，解いてみましょう。

問 (ア) の解説　解答は7です。計算する問題じゃありません。ここは確実に点をとりましょう。

$$\therefore\ 7 \cdots\cdots\ \boxed{\text{問 (ア)}}\ \text{の【答え】}$$

問 (イ) の解説　岡野の着目ポイント　この問題は何を言いたいかといいますと，水1000mLに1mol/Lの塩酸を0.10mL加える，とあります。**0.10mLは目薬1滴か2滴くらいのわずかな量**です。それを加えると今まで7だったpHが，ガーンと下がります。で，どのぐらい下がるのか計算してください，という問題です。

水素イオンのモル濃度＝塩酸のモル濃度

pHを求めるには水素イオンのモル濃度が必要になりますが，まず，強酸である塩酸のモル濃度[HCl]を求めましょう。反応式は次のようになります。

$$HCl \longrightarrow H^+ + Cl^-$$

HCl 1mol あれば完全に水素イオンと塩化物イオン1molずつに分かれます。電離度1で100％電離しますので**塩酸のモル濃度は，水素イオンのモル濃度と同じである**と言ってかまいません。

$$[HCl] = [H^+]$$

なお，**[公式7]** $[H^+] = CZ\alpha$で水素イオンのモル濃度$[H^+]$を求めることができますが，この問題はHClとH^+が同じmol数で，溶液の体積も同じなので$[HCl]$と$[H^+]$は同じモル濃度であると，簡単に考えていきましょう。

塩酸の濃度を求める

塩酸のモル濃度を出してみます。水1000mLに塩酸0.10mLが加わった。そ

うすると1000.1mLです。ここで　(イ)　には「約」って書いてあります。これは約1Lでいいですよ，という意味合いなので，1Lとします。溶液1L分の溶質のmol数で，これからモル濃度を求めます。

岡野のこう解く

$$☆ \ \text{モル濃度 (mol/L)} = \frac{\text{溶質の mol 数}}{\text{溶液の L 数}} \quad ——— \text{[公式5]}$$

$$[\text{HCl}] = [\text{H}^+] = \frac{\boxed{}\text{mol}}{1\text{L}}$$

溶質のmol数$\boxed{}$は[公式8]を使います。

$$☆ \ \text{溶質の mol 数} = \frac{CV}{1000} \ \binom{C:\text{モル濃度}}{V:\text{溶液の mL 数}} \quad ——— \text{[公式8]}$$

問題文の値を代入すると，次のようになります。[HCl]が1mol/Lで0.10mLを加えたときの値ですね。

$$\frac{1 \times 0.10}{1000}\text{mol}$$

これを当てはめて計算します。

$$[\text{HCl}] = [\text{H}^+] = \frac{\dfrac{1 \times 0.10}{1000}\text{mol}}{1\text{L}} = 1 \times 10^{-4} = 10^{-4}\text{mol/L}$$

10^{-4}mol/Lが塩酸のモル濃度です。これは水素イオンのモル濃度でもあります。

pHを求める

さてこれを，pHを求める式に代入します。[公式9]ですね。

$$☆ \ \text{pH} = -\log_{10}[\text{H}^+] \implies [\text{H}^+] = 10^{-\text{pH}} \quad ——— \text{[公式9]}$$
[H$^+$]は水素イオン濃度を表し，単位はmol/Lである。

$$\therefore \ \text{pH} = -\log_{10}[\text{H}^+] = -\log_{10}10^{-4} = \textbf{4}$$

はい，pHは4になりました。

$$\therefore \ 4 \cdots\cdots \boxed{問\ (イ)} \ \text{の【答え】}$$

すごいと思いません？　元の真水はpH7だったのが，たった1mol/Lの塩酸を1滴か2滴たらしたらpHが一気に4までガーンと下がったわけです。衝撃をもろにくらったんですね。

［OH⁻］を求める

問 (ウ) の解説 じゃあ次，水1Lに1mol/Lの水酸化ナトリウム水溶液を0.10mL加えるとpHはどうなりますか，という問題。これも 【 (イ) 】と同じです。

完全に電離するんで，水酸化物イオンと水酸化ナトリウム水溶液のモル濃度は先ほどと同様で同じになります。モル濃度も先ほどと同じです。

$$[NaOH] = [OH^-] = \frac{\dfrac{1 \times 0.10}{1000}\,mol}{1L} = 1 \times 10^{-4} = 10^{-4}\,mol/L$$

上記のように結局 **［OH⁻］= 10⁻⁴mol/L** になります。

pOH を求める

そうすると今度は，pOHを求める **[公式10]** を使います。

☆ $$pOH = -\log_{10}[OH^-]$$
［OH⁻］は水酸化物イオン濃度を表し，単位はmol/Lである。 ──── **[公式10]**

この公式に代入すると，

$$\therefore \quad pOH = -\log_{10}[OH^-] = -\log_{10}10^{-4} = \mathbf{4}$$

pOHが4 となります。

pH を求める

欲しい答えはpHです。pOHとpHの関係は89，92ページでやりました。証明もしてあります。

☆ $$pH + pOH = 14$$ ──── **[公式11]**

$$\therefore \quad pH = 14 - pOH$$
$$= 14 - 4 = \mathbf{10}$$

【 (ウ) 】の解答は10です。

$$\therefore \quad 10 \cdots\cdots 問 【 (ウ) 】 の【答え】$$

これもすごいと思いませんか？ わずかな水酸化ナトリウム水溶液でpHが7から10にポーンとかけ上がったんです。

「緩衝液」の漢字は覚える

問 (エ) の解説 緩衝液です。漢字で書けるようにしておきましょう。平衡の「衡」と似ていて間違えやすいので，ご注意ください。

$$\therefore \quad 緩衝液 \cdots\cdots 問 【 (エ) 】 の【答え】$$

電離定数は反応式の左辺は分母，右辺は分子

問（オ）（カ）（キ）の解説　問題文に平衡の式が出ています。K_aですから電離定数だと思ってください。326ページで $[H_2O]$ を加えたオキソニウムイオンのところです。ここの反応式は $[H_2O]$ を簡略した形なんです。

そして，お約束，**反応式の左辺は分母，右辺は分子**です。

$$CH_3COOH \rightleftharpoons CH_3COO^- + H^+$$

$$K_a = \frac{{}^{オ}\underline{[CH_3COO^-]}\,{}^{カ}\underline{[H^+]}}{{}^{キ}\underline{[CH_3COOH]}} \quad\begin{array}{l}\Leftarrow 右辺は分子\\[1ex]\Leftarrow 左辺は分母\end{array}$$

なお， (オ) と (カ) はどっちを先に書いてもかまわないです。

$$\therefore \quad [CH_3COO^-] \cdots\cdots 問\boxed{(オ)}\ の【答え】\ ((オ)(カ)$$
$$\therefore \quad [H^+] \cdots\cdots 問\boxed{(カ)}\ の【答え】\ 順不同)$$
$$\therefore \quad [CH_3COOH] \cdots\cdots 問\boxed{(キ)}\ の【答え】$$

問（ク）の解説　K_aは電離定数といいます。解答は電離定数。

$$\therefore \quad 電離定数 \cdots\cdots 問\boxed{(ク)}\ の【答え】$$

K_aを**平衡定数って書くと，間違いなくバツです**から注意してください。それから，327ページでも言いましたが，入試問題で酢酸を例にした場合，たとえKと書いてあっても**電離定数と答えてください**。平衡定数って書くとバツになりますよ。

ルシャトリエの原理で解答しよう

問（ケ）の解説　問題文の上式の平衡とは，$CH_3COOH \rightleftharpoons CH_3COO^- + H^+$のことです。そして少量の酸とは，ここに水素イオン$H^+$を加えるということなんですね。当然，$H^+$が増加するので，平衡は$H^+$が減る方向，すなわち左側に移動していくわけです。したがって，解答は左です。

$$CH_3COOH \rightleftharpoons CH_3COO^- + H^+$$

——H⁺を加えるとHが増加

←———平衡は減る方向に

増えるから減る方向に，これはルシャトリエの原理の考え方ですね。

$$\therefore \quad 左 \cdots\cdots 問\boxed{(ケ)}\ の【答え】$$

問（コ）の解説　少量のアルカリ，OH^-を加えようとしてるんですね。そうしたら，H^+と結びついて水H_2Oになります。するとH^+が無くなりますから，それを補おうとして，今度は増える方向，つまり右に平衡は移動していきます。したがって，解答は右。

$$CH_3COOH \rightleftharpoons CH_3COO^- + H^+$$

OH⁻を加えるとH⁺が減少
（水になるので）

平衡は補う方向に

∴　右 …… 問 （コ） の【答え】

2-4 緩衝液の pH の求め方

■ 緩衝液の計算問題での重要ポイント

❗重要★★★

緩衝液のpHを求める計算問題では，近似値を使ってかまいません。

教科書では緩衝液の公式があるから覚えなさい，とあります。たしかに，ほとんどは公式に代入して解けますが，ちょっと条件を変えられた問題だと，分からなくなってしまうんです。

緩衝液のpHを求める計算問題を解くには，近似値を用いた次の2つのポイントがとても重要です。

　　　④　弱酸（または弱塩基）の濃度は，電離してないものとみなした濃度としてよい。

　　　回　弱酸の陰イオン（または弱塩基の陽イオン）の濃度は，塩から生成したイオンのみとみなした濃度としてよい。ただし，緩衝液の塩は完全に電離する。

　④の弱酸，回の弱酸の陰イオンとは，緩衝液のパターン①のタイプ（→336ページ）で，それぞれ酢酸CH_3COOH，酢酸イオンCH_3COO^-に対応します。一方，カッコ内の弱塩基，弱塩基の陽イオンは緩衝液のパターン②のタイプ（→340ページ）です。

■ ④のポイント

緩衝液パターン①を例にご説明します。まず④からいきましょう。次の
のところに注目してください。

・パターン①
$$\begin{cases} CH_3COOH \rightleftharpoons CH_3COO^- + H^+ \\ CH_3COONa \xrightarrow{\alpha=1} CH_3COO^- + Na^+ \end{cases}$$

・④　弱酸の濃度 は…

- $K_a = \dfrac{[CH_3COO^-][H^+]}{[CH_3COOH]}$

これら 〇〇〇〇 の3箇所は全て同じことを表しています。

④の弱酸の濃度とは，パターン①の酢酸 CH_3COOH のことです。CH_3COOH がイオンにわかれる際，実際は電離していますが，酢酸分子100個のうち，1個がイオンに分かれたとしても，**ほんのわずかなので，近似値を使って，「弱酸の濃度は電離してないもの」，最初と同じ状態とみなします。**

それから電離定数 K_a の式の分母 $[CH_3COOH]$ も「弱酸の濃度」を表しています。

■ ⑤のポイント

今度は⑤です。ここでも 〇〇〇〇 の3箇所は全て同じことを表しています。

- パターン①　$\begin{cases} CH_3COOH \rightleftharpoons CH_3COO^- + H^+ \\ CH_3COONa \xrightarrow{\alpha=1} CH_3COO^- + Na^+ \end{cases}$

- ⑤　弱酸の陰イオンの濃度 は，塩から生成したイオンのみ…

- $K_a = \dfrac{[CH_3COO^-][H^+]}{[CH_3COOH]}$

⑤の弱酸の陰イオンの濃度とは，パターン①の酢酸イオン CH_3COO^- のことです。上の式にも CH_3COO^- がありますが，⑤には**塩 (CH_3COONa) から生成したものだけでよい**，とあります。

もし，正確な値を使うなら，上と下の式の CH_3COO^- を足した合計のモル濃度になるのですが，上の式の CH_3COO^- は**ほんのわずかな値なので，無視して近似値を使う**，ということです。

電離定数 K_a の式は分子の $[CH_3COO^-]$ が弱酸の陰イオンの濃度を表しています。

いいですか，一般にはただ公式を暗記して代入するやり方になっちゃうんですが，ここが理解できれば，公式を使わなくても電離定数 K_a の式だけでいつでも必ず解答が出せます。

緩衝液の pH を求める計算

岡野流 必須ポイント ㉗

緩衝液の pH を求める計算では近似値が大事。

■ 電離定数の式に代入して pH を求める

上記④と回の値（酢酸と酢酸イオンのモル濃度）を電離定数K_aの式に代入して，$[H^+]$を求めることで，最終的にpHを算出できます。

$$K_a = \frac{[CH_3COO^-][H^+]}{[CH_3COOH]}$$

電離定数K_aの公式には4つの要素

K_a，$[CH_3COO^-]$，$[H^+]$，$[CH_3COOH]$ が含まれます。

これらのうち，**電離定数K_aは，温度が一定であれば常に一定値**，つまり決まった値です。また，**$[CH_3COOH]$ と $[CH_3COO^-]$ は④と回から求められます**。したがって，**水素イオン濃度 $[H^+]$ だけが分からない**。だから $[H^+]$ を ？マークとして求める式を作るんです。

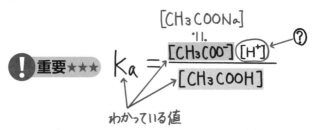

！ 重要★★★

例えばビーカーに緩衝液が入っています（ 連続 図12-3① ）。

酢酸が酢酸イオンと水素イオンに分かれています。酢酸ナトリウムの方からは電離した酢酸イオンとナトリウムイオンが加わる。

ここに例えば，マグネシウムイオンMg^{2+}が入ってきても，反応を起こさず何の影響もなくて，全然意味ないんです（ 連続 図12-3② ）。じゃあ，ガバっとH^+が入ってきたとすると，ちょっと平衡がずれたりするんですよ。

でも結局，**電離定数K_aは，温度が一定であれば一定**です。つまり下の3つの◯のイオンと酢酸の割合が，常に一定になるように，自然界ってのは動いているんです。

緩衝液と平衡　　連続 図12-3

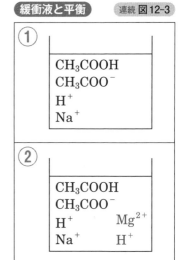

$$K_a = \frac{[CH_3COO^-][H^+]}{[CH_3COOH]}$$

だから，<u>連続 図12-3②</u>で水素イオンが入ってきて，H^+の割合が大きくなりました（<u>連続 図12-4①</u>）。

でも，大きくなると自然界って，それを減らす方向に，ルシャトリエの原理が成り立ちますから，左に平衡は移動して行こうとします。するとCH_3COO^-は小さい値，CH_3COOHは大きい値になる（<u>連続 図12-4②</u>）。

ルシャトリエの原理　　　　<u>連続 図12-4</u>

① $CH_3COOH \rightleftharpoons CH_3COO^- + H^+$
　　　　　　　　　　　　　　　大

② $CH_3COOH \rightleftharpoons CH_3COO^- + H^+$
　　　大　　　　　　　小　　　　大
　　　　　　⟵

この関係を電離定数の式で表しますと，次のようになるんです。

$$K_a = \frac{\overset{小}{[CH_3COO^-]}\,\overset{大}{[H^+]}}{\underset{大}{[CH_3COOH]}}$$

自然界は不思議で，結局K_aの値が常に一定になるように動いています。つまり，今回は水素イオンを増やしたのですが，緩衝液中にいろんな物質やイオンが入ってきても，最終的にはK_aと3つの値の割合がいつでもイコールになります。これは緩衝液中でも成り立っていたのです。このことを利用して$[H^+]$を求められれば，pHも求められるということです。

緩衝液の計算では，結局は電離定数を活用しているわけです。緩衝液では④と⑨（→346ページ）の近似値を使うという原則が分かっていれば，公式もなにも必要ありません。電離定数の式に$[CH_3COOH]$（または$[NH_3]$）や$[CH_3COO^-]$（または$[NH_4^+]$）の近似値を代入し，$[H^+]$または$[OH^-]$を求めれば，緩衝液の計算問題ができるんです。

単元2 要点のまとめ②

● **緩衝液の pH の求め方**

緩衝液では次の2点に注意して解く。

④ **弱酸**（または**弱塩基**）の濃度は電離してないものと**みなした濃度としてよい**。

⑨ **弱酸の陰イオン**（または**弱塩基の陽イオン**）の濃度は，**塩から生成したイオンのみとみなした濃度としてよい**。ただし，緩衝液の塩は完全に電離する。このように近似値を用いて計算を行う。

④, ⓔの値を

$$[\text{CH}_3\text{COONa}]$$
$$\text{⇃⇂}$$

重要★★★ $K_a = \dfrac{[\text{CH}_3\text{COO}^-][\text{H}^+]}{[\text{CH}_3\text{COOH}]}$　または

$$[\text{NH}_4\text{Cl}]$$
$$\text{⇃⇂}$$

重要★★★ $K_b = \dfrac{[\text{NH}_4{}^+][\text{OH}^-]}{[\text{NH}_3]}$　に代入して

$[\text{H}^+]$ または $[\text{OH}^-]$ を求めてから pH を算出する。

演習問題で力をつける㊱
緩衝液の計算問題

> 問　酢酸1molと酢酸ナトリウム1molを水に溶かして1Lとした溶液について，次の問に答えよ。ただし酢酸の $K_a = 1.8 \times 10^{-5}$ mol/L，$\log_{10}1.8 = 0.26$，$\log_{10}1.5 = 0.18$ とする。
> (1)　この溶液のpHはいくらか。小数第2位まで求めよ。
> (2)　この溶液に水酸化ナトリウム4.0gを加えるとpHはどれだけ変化するか。小数第2位まで求めよ。原子量は Na = 23.0，O = 16.0，H = 1.0 とし，水酸化ナトリウムが加わっても体積変化はないものとする。

😃 さて，解いてみましょう。

問 (1) の解説　酢酸と酢酸ナトリウムの混合溶液ですから，緩衝液です。

　pHを求めるためには，先ほどやったように，④とⓔのところの近似値を電離定数の式に代入して，$[\text{H}^+]$を求め，pHを算出します。

酢酸の濃度を調べる

　はい，ではまず電離するまえの**酢酸の濃度**から調べてみましょう。混合溶液の体積は1Lで，酢酸が1mol存在します。合わせると1mol/L。つまり酢酸のモル濃度は1mol/Lです。

$$[\text{CH}_3\text{COOH}] = \frac{1\text{mol}}{1\text{L}} = \mathbf{1\text{mol/L}}$$

酢酸イオンの濃度を調べる

　次は酢酸ナトリウムから生成される**酢酸イオン CH_3COO^- の濃度**を調べます。酢酸ナトリウム $(\text{CH}_3\text{COONa})$ が1mol入ってます。ということは酢酸イオン

（CH_3COO^-）も確実に同じmol数入っています。

$$[CH_3COONa] = [CH_3COO^-]$$

なぜ同じかというと，電離度$\alpha = 1$**だからです**。1molが完全に電離するということです。CH_3COONa**が1molあれば，**CH_3COO^-**も完全に1mol生じる。**

$$CH_3COONa \xrightarrow{\alpha=1} \boxed{CH_3COO^-} + Na^+$$
$$1\,mol \qquad\qquad 1\,mol$$

だから，CH_3COO^-**も1mol**あるということで，やっぱり**モル濃度は1mol/L**です。

$$\therefore \quad [CH_3COONa] = [CH_3COO^-] = \frac{1mol}{1L} = 1mol/L$$

電離定数K_aの式に代入して$[H^+]$を求める

これらの値を$K_a = \dfrac{\overset{[CH_3COONa]}{\underset{\text{\tiny ‖}}{[CH_3COO^-]}}[H^+]}{[CH_3COOH]}$に代入します。ここで④と回のポイントを思い出してください。混合溶液中の**酢酸**CH_3COOH**も酢酸イオン**CH_3COO^-**も近似値でかまいません。酢酸がわずかにイオンに分かれていたとしても，最初にあったモル濃度と同じ値で計算します。酢酸イオンも，塩のみから生じたイオンで考えてかまいません。**

$$K_a = \frac{\overset{[CH_3COONa]}{\underset{\text{\tiny ‖}}{[CH_3COO^-]}}[H^+]}{[CH_3COOH]} \text{ より } 1.8 \times 10^{-5} = \frac{\cancel{1mol/L} \times [H^+]}{\cancel{1mol/L}}$$

K_aは，温度が一定であれば決まった値なので，1.8×10^{-5}です。$[CH_3COOH]$と$[CH_3COO^-]$は同じ値なので消えます。結局，

$$[H^+] = 1.8 \times 10^{-5} mol/L$$

となり，**水素イオン濃度**$[H^+]$**は，電離定数と同じ値**となります。

pHを求める

$[H^+]$を**[公式9]**に代入してpHを求めていきましょう。

$$\therefore \quad pH = -\log_{10}(1.8 \times 10^{-5}) = -(\log_{10}1.8 + \log_{10}10^{-5})$$
$$= -(\log_{10}1.8 - 5\log_{10}10)$$

問題文で$\log_{10}1.8$は0.26と教えてくれています。$\log_{10}10^{-5}$は-5が前に出てきて-5。ということで

$$= -(0.26 - 5) = 5 - 0.26 = 4.74$$

これが(1)の解答です。

$$\therefore \quad \textbf{4.74} \cdots\cdots \boxed{\textbf{問(1)}} \text{ の【答え】}$$
（小数第2位）

問 (2) の解説　水酸化ナトリウム4.0gは固体です。それを緩衝液に加えると pHはどうなりますか？　という問題です。

　これは**反応式**が関係します。水酸化ナトリウムが反応するのは，酢酸の方です。**酢酸ナトリウムは何にも変化しません**。反応式は次のようになります。

$$CH_3COOH + NaOH \longrightarrow CH_3COONa + H_2O$$

そして，「初」，「変化量」，「後」の状態と書いてやってみます。

「初」の状態を書く

　まず「初」の状態です 連続 図12-5①。酢酸が1mol，水酸化ナトリウムが4.0g，ということは式量40ですから $\dfrac{4.0}{40}$ で0.1molです。また，酢酸ナトリウムはこの緩衝液中には最初から1mol存在します。

反応後の状態を求める

連続 図12-5

①
$$1CH_3COOH + 1NaOH \longrightarrow 1CH_3COONa + 1H_2O$$

初	1mol	$\dfrac{4.0}{40}=0.1mol$	1mol	0

「変化量」を書く

　次に変化量です 連続 図12-5②。CH_3COOH 1molと NaOH 0.1molが反応して消費されるのは共に0.1molずつです。係数は全部1なので，少ない方の NaOH 0.1molが全部使われるからです。生成してくるのはCH_3COONaとH_2Oで共に0.1molずつです。ということで，左辺はそれぞれ0.1molずつ減って，右辺は0.1molずつ増えます。

連続 図12-5 の続き

②
$$1CH_3COOH + 1NaOH \longrightarrow 1CH_3COONa + 1H_2O$$

初	1mol	$\dfrac{4.0}{40}=0.1mol$	1mol	0
変化量	−0.1mol	−0.1mol	+0.1mol	+0.1mol

「後」の状態を書く

　水酸化ナトリウムは全部無くなりました 連続 図12-5③。こういった化学変化が起きた，ということです。

連続 図12-5 の続き

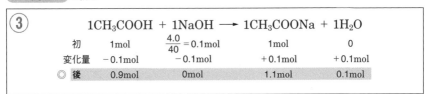

③
$$1CH_3COOH + 1NaOH \longrightarrow 1CH_3COONa + 1H_2O$$

初	1mol	$\dfrac{4.0}{40}=0.1mol$	1mol	0
変化量	−0.1mol	−0.1mol	+0.1mol	+0.1mol
◎ 後	0.9mol	0mol	1.1mol	0.1mol

酢酸と酢酸ナトリウムのモル濃度を求める

ここから酢酸と酢酸ナトリウムのモル濃度を計算します。

酢酸ナトリウムは酢酸イオンと同じモル濃度です。

よって

$$[CH_3COOH] = \frac{0.9mol}{1L} = \textbf{0.9mol/L}$$

$$[CH_3COONa] = [CH_3COO^-] = \frac{1.1mol}{1L} = \textbf{1.1mol/L}$$

K_aの式に代入して$[H^+]$を求める

酢酸と酢酸イオンのモル濃度をK_aの式に当てはめます。

よって

$$K_a = \frac{[CH_3COO^-][H^+]}{[CH_3COOH]} = \frac{1.1mol/L \times [H^+]}{0.9mol/L} = 1.8 \times 10^{-5}$$

（$[CH_3COO^-]$の上に $[CH_3COONa]$）

となりまして，ここから$[H^+]$を求めます。

$$\therefore \quad [H^+] = 1.8 \times 10^{-5} \times \frac{0.9}{1.1} = 1.47 \times 10^{-5} \fallingdotseq 1.5 \times 10^{-5}\,mol/L$$

$[H^+]$の値がでました。

pHを求める

$[H^+]$を**[公式9]**に代入して，pHの値を求めていきます。

$$\therefore \quad pH = -\log_{10}(1.5 \times 10^{-5}) = -(\log_{10}1.5 + \log_{10}10^{-5})$$
$$= -(\log_{10}1.5 - 5\log_{10}10) = -(0.18 - 5 \times 1)$$
$$= 5 - 0.18 = 4.82$$

4.82はまだ解答ではありません。

前に比べて**変化した値が解答**です。だから（1）を引きます。

$$\therefore \quad 4.82 - 4.74 = 0.08$$

$$\therefore \quad \textbf{0.08} \cdots\cdots \boxed{問 (2)} \text{ の【答え】}$$
（小数第2位）

344ページと比較して，水酸化ナトリウム4.0gも加えたのに，今回はこれだけしか増加していないということです。

それでは第12講はここまでです。やや難しいところもありましたがよく復習してみて下さい。次回またお会いしましょう。

Column

有効数字について理解する②

かけ算とわり算の計算

> 例1 　8.15×3.154 の計算を有効数字2桁で求めよ。

　有効数字2桁で求めるときは途中は1桁多い有効数字3桁で計算し，最後に有効数字3桁目を四捨五入して有効数字2桁にします。

$$\therefore\quad \underset{(3桁)}{8.15} \times \underset{(3桁)}{3.15} = 25.6725 \fallingdotseq \underset{(2桁)}{26}$$

（四捨五入）

$$\therefore\quad 26 \cdots \boxed{答}$$

> 例2 　$2.874 \div 1.55$ の計算を有効数字2桁で求めよ。

　同様に考えます。

$$\therefore\quad \underset{(3桁)}{2.87} \div \underset{(3桁)}{1.55} = 1.851\cdots \fallingdotseq \underset{(2桁)}{1.9}$$

（四捨五入）

$$\therefore\quad 1.9 \cdots \boxed{答}$$

> 例3 　$9.451 \times 0.261 \div 8.31$ の計算を有効数字2桁で求めよ。

　同様に考えます。有効数字3桁で計算している途中に有効数字3桁以上の桁数が出てくるときは有効数字4桁目を切り捨てて，さらに計算を続けます。

$$\therefore\quad \underset{(3桁)}{9.45} \times \underset{(3桁)}{0.261} = 2.46645 \fallingdotseq \underset{(3桁)}{2.46}$$

（切り捨て）

$$\underset{(3桁)}{2.46} \div \underset{(3桁)}{8.31} = 0.2960\cdots \fallingdotseq \underset{(2桁)}{0.30}$$

（四捨五入）

$$\therefore\quad 0.30 \cdots \boxed{答}$$

　有効数字の指示が特にないときは有効数字の一番小さい桁にそろえることになっています。

第 **13** 講

塩の加水分解，
溶解度積

単元 **1**　塩の加水分解　化学
単元 **2**　溶解度積　化学

第13講のポイント

　第13講は「塩の加水分解，溶解度積」をやっていきます。塩の加水分解につきましては93ページでも触れましたが，ここでは緩衝液との違いを理解し，計算問題を解いていきます。岡野流公式をぜひ覚えてください。溶解度積は3つのタイプの問題で，ほとんどの問題ができるようになります。

1-1 塩の加水分解とは

塩の加水分解については，93ページでやりました。

単元 **1** 要点のまとめ①

● **塩の加水分解**

　電離した塩が水と反応し，塩の一部が元の酸と塩基にもどって塩基性や酸性を示す現象を**塩の加水分解**という。

塩…酸と塩基は「中和反応」を起こして「塩」と水を生じる。また，**塩は，酸の水素原子が，金属原子やNH_4^+と一部または全部が，置き換わった化合物である。**

● **代表的なイオン反応式**

　塩の加水分解を表す代表的な2つのイオン反応式を次に示す。

例1：酢酸ナトリウム

　CH_3COONa（塩）と$NaOH$（強塩基）は完全に電離。

　H_2OとCH_3COOH（弱酸）は電離しない。

$$CH_3COONa + H_2O \rightleftharpoons CH_3COOH + NaOH$$

$$\therefore \quad CH_3COO^- + \cancel{Na^+} + H_2O \rightleftharpoons CH_3COOH + \cancel{Na^+} + OH^-$$

！重要★★★ $\therefore$ $CH_3COO^- + H_2O \rightleftharpoons CH_3COOH + \underset{\text{塩基性}}{\underline{OH^-}}$

例2：塩化アンモニウム

　NH_4Cl（塩）とHCl（強酸）は完全に電離。

　H_2OとNH_4OH（弱塩基）は電離しない。

$$NH_4Cl + H_2O \rightleftharpoons NH_4OH + HCl$$

$$\therefore \quad NH_4^+ + \cancel{Cl^-} + H_2O \rightleftharpoons NH_3 + H_2O + H^+ + \cancel{Cl^-}$$

！重要★★★ $\therefore$ $NH_4^+ + H_2O \rightleftharpoons NH_3 + \underset{\text{酸性}}{\underline{H_3O^+}}$ $\left(\begin{array}{l} H_3O^+ \\ \text{オキソニウムイオン} \end{array} \right)$

■ 塩の加水分解と緩衝液の違い

塩の加水分解は，緩衝液と似ているのですが，ちょっと違います。緩衝液は，

弱酸が多くて強塩基が少ない，または
弱塩基が多くて強酸が少ない。

といったように**酸と塩基の量が偏った状態で中和が終了した溶液**です。

　例えば，弱酸の酢酸CH_3COOHと強塩基の水酸化ナトリウム$NaOH$が反応を起こして，**強塩基の$NaOH$のほうが量が少ない状態で中和**が終わると，水酸化ナトリウムがすべてなくなり，酢酸が残ります。そして酢酸ナトリウムができます。

　すると，1つの溶液の中に2つの物質が混じった状態，つまり**酢酸と酢酸ナトリウムの混合溶液 (＝緩衝液)** になります。

　酢酸がたくさん入った三角フラスコに水酸化ナトリウムをバ〜ッと入れるんだけども，中和点に達する手前で終わった，ちょうど中和滴定の実験を半分でやめてしまうような，そのときの溶液が緩衝液なんです。

$$\begin{cases} CH_3COOH \rightleftharpoons CH_3COO^- + H^+ \\ CH_3COONa \xrightarrow{\alpha=1} CH_3COO^- + Na^+ \end{cases}$$

　しかし，これからやる塩の加水分解の演習問題は，

弱酸と強塩基または 強酸と弱塩基が，過不足なく
ちょうど中和した場合のpHを求める。

という問題です。

　酢酸CH_3COOHと水酸化ナトリウム$NaOH$がピッタリ全部反応を起こして，酢酸ナトリウムCH_3COONaと水H_2Oだけが残った状態です。**中和が全部完了**したときって，酢酸ナトリウムCH_3COONaという**塩しか残らないんです。**

$$CH_3COOH + NaOH \longrightarrow CH_3COONa + H_2O$$

　そのときのpHを求めよというのが，これからやる**塩の加水分解**の計算問題なんですよ。これははっきり言いまして少し難しいです。これから**演習問題**を解きながら，ご説明します。

塩の加水分解の計算問題に挑戦！

問 次の文章を読んで，(1)～(3)に答えよ。

水溶液中の物質Aのモル濃度は$[A]$ mol/Lと表すことにする。

　酢酸と水酸化ナトリウムが反応して生成する塩である酢酸ナトリウムは，水溶液中で次のように完全に電離している。

$$CH_3COONa \longrightarrow CH_3COO^- + Na^+$$

　しかし，電離によって生じたCH_3COO^-の一部は水と反応して次の平衡が成り立っている。

$$CH_3COO^- + H_2O \rightleftarrows CH_3COOH + OH^- \quad \cdots\cdots ①$$

この結果OH^-が生じて水溶液は塩基性を呈する。この現象は　　ア　　と呼ばれる。

　さて，①式に対する平衡定数Kは，

$$K = \frac{[CH_3COOH][OH^-]}{[CH_3COO^-][H_2O]} \quad \cdots\cdots ②$$

と表すことができる。また，水のイオン積K_wは，$[H^+]$，$[OH^-]$を用いて，

$$K_w = \boxed{\ 1\ } \quad \cdots\cdots ③$$

である。②式の両辺に$[H_2O]$を掛けると

$$K[H_2O] = K_h = \frac{[CH_3COOH][OH^-]}{[CH_3COO^-]} \quad \cdots\cdots ④$$

　Kは温度一定のとき一定値，$[H_2O]$も薄い水溶液では一定値なので掛け算した値$K[H_2O]$も一定値になる。この新たな定数K_hを加水分解定数と呼ぶ。K_hは酢酸の電離定数K_aと水のイオン積K_wを用いると次式で表される。

$$K_h = \boxed{\ 2\ }$$

　ここで，①式の平衡状態では，

$$[CH_3COOH] = [\boxed{\ 3\ }]$$

であり，さらに，①式の平衡は左に大きく偏っているので，

$$[CH_3COO^-] \fallingdotseq [CH_3COONa]$$

と考えることができる。したがって，CH_3COONaの濃度をc〔mol/L〕とすると，K_a，K_wおよびcを用いて

$$[OH^-] = \boxed{\ 4\ }$$

となる。よって水素イオン濃度は⑤式で求めることができる。

$$[H^+] = \boxed{\ 5\ } \quad \cdots\cdots ⑤$$

　酢酸ナトリウムの水溶液のpHはこの$[H^+]$から求められる。

(1) 空欄 $\boxed{\text{ア}}$ に，適切な語句を入れよ。

(2) 空欄 $\boxed{1}$ ～ $\boxed{5}$ に，適切な式，またはイオン式を入れよ。

(3) 25℃における 1.0×10^{-2} mol/L の酢酸ナトリウム水溶液の pH を求め，小数点以下第1位まで答えよ。ただし，25℃における酢酸の電離定数 K_a を 1.8×10^{-5} mol/L，水のイオン積 K_w を 1.0×10^{-14} 〔mol/L〕^{2} とし，必要なら，$\log_{10}2 = 0.30$，$\log_{10}3 = 0.48$ を用いよ。

😊 さて，解いてみましょう。

（酢酸ナトリウムが加水分解した水溶液）

問 (1) $\boxed{\text{ア}}$ **の解説** 塩である酢酸ナトリウム CH_3COONa が，完全に電離して，酢酸イオンとナトリウムイオンに分かれているのが次の式です。

$$CH_3COONa \longrightarrow CH_3COO^- + Na^+$$

しかし，電離で生じた酢酸イオン CH_3COO^- の一部が水と反応して，次の①式が成り立っています。

❗ 重要★★★

$$CH_3COO^- + H_2O \rightleftharpoons CH_3COOH + OH^- \qquad \cdots\cdots ①$$

①式の結果，OH^- が生じて水溶液は塩基性を呈します。

この現象は**塩の加水分解**と呼ばれます。$\boxed{\text{ア}}$ の解答ですね。

塩の加水分解 …… **問 (1)** $\boxed{\text{ア}}$ の【答え】

なお，①式は必ず書けるようにしておいてください。ここを問うような問題が出てきてわからないと，以降全部が解けなくなります。

例えば「酢酸ナトリウムが水に溶けたとき，なぜ塩基性を示すか，加水分解の反応をイオン反応式を使って，その理由を書きなさい」というふうに出題して①式を書かせるんです。「OH^- が残るから塩基性を示す」ことを証明するような問題のときです。**①式の反応式は必ず書けるようにしておきましょう**（→356ページ）。

（平衡定数 K）

問 (2) $\boxed{1}$ **の解説** 次にいきます。塩である酢酸ナトリウムが加水分解した①式に対する**平衡定数 K** が②式です。K は新しい式ですが，よく見ると①式の**左辺は分母，右辺は分子**という関係になっています。

$$K = \frac{[\text{CH}_3\text{COOH}][\text{OH}^-]}{[\text{CH}_3\text{COO}^-][\text{H}_2\text{O}]} \xleftarrow{\text{右辺は分子}}_{\text{左辺は分母}} \quad \cdots\cdots ②$$

加水分解定数

②式の両辺に $[\text{H}_2\text{O}]$ を掛けると

$$K[\text{H}_2\text{O}] = K_h = \frac{[\text{CH}_3\text{COOH}][\text{OH}^-]}{[\text{CH}_3\text{COO}^-]} \quad \cdots\cdots ④$$

K は温度一定のとき一定値，$[\text{H}_2\text{O}]$ も薄い溶液では約56mol/L（→326ページ）で一定値，掛け算した値 $K[\text{H}_2\text{O}]$ も一定値になる。この新たな定数を K_h と決め，**加水分解定数**と呼ぶのです。h は Hydrolysis，加水分解を表します。

水のイオン積

③式の K_w は **[公式6]**，水のイオン積です（→88ページ）。

$$K_w = [\text{H}^+][\text{OH}^-] \quad \cdots\cdots ③$$

解答は $[\text{H}^+][\text{OH}^-]$ です。w は Water，水を表します。

$$\therefore \quad [\text{H}^+][\text{OH}^-] \cdots\cdots \boxed{問 (2) \boxed{1}} \text{ の【答え】}$$

加水分解定数 K_h を K_a，K_w で表す

問 (2) $\boxed{2}$ の解説

> **岡野のこう解く**　加水分解定数 K_h は，④式の分母・分子に同じものをかけても値は変わらないので，**分母・分子両方に $[\text{H}^+]$ を掛けます。**

$$K_h = \frac{[\text{CH}_3\text{COOH}]\overbrace{[\text{OH}^-] \times [\text{H}^+]}^{K_w}}{[\text{CH}_3\text{COO}^-] \underbrace{\times [\text{H}^+]}_{\frac{1}{K_a}}} \quad \cdots\cdots ④'$$

すると，赤い囲みのところは水のイオン積 K_w（③式）の関係が成り立っています。そして黒い囲みのかかったところは K_a（酢酸の電離定数，第12講「単元1 要点のまとめ①」→327ページ）の逆数になっていますね。したがって，

$$K_h = \frac{[\text{CH}_3\text{COOH}][\text{OH}^-] \times [\text{H}^+]}{[\text{CH}_3\text{COO}^-] \times [\text{H}^+]} = \frac{K_w}{K_a}$$

$$\therefore \quad K_h = \frac{K_w}{K_a} \quad \cdots\cdots ⓐ$$

$$\therefore \quad \frac{K_w}{K_a} \cdots\cdots \boxed{問 (2) \boxed{2}} \text{ の【答え】}$$

この $\boxed{2}$ の計算はいくら数学が達者でも，初めての方はやっぱり苦戦すると思います。**分母・分子に $[\text{H}^+]$ を掛けるのがポイントです。**

塩の加水分解が行われたとき，CH_3COOH と OH^- は同じモル濃度

問 (2) 　3 　 の解説

> 岡野の着目ポイント　ここで着目したいのは，塩の加水分解の反応式 (①) の右辺の係数です。
>
> $$CH_3COO^- + H_2O \rightleftarrows \underset{1}{1}CH_3COOH + \underset{1}{1}OH^- \qquad \cdots\cdots ①$$
>
> これは，左辺で塩の加水分解が行われたときに，右辺の酢酸 CH_3COOH と水酸化物イオン OH^- が同じ mol 数なんだ，ということを表します。

したがって，mol 数が同じなのでモル濃度も同じになり，

$$[CH_3COOH] = [OH^-]$$

で OH^- が 　3 　 の解答です。

$$\therefore \quad OH^- \cdots\cdots \boxed{問 (2) \quad 3} \quad の【答え】$$

塩のモル濃度 c の証明

$[CH_3COOH] = [OH^-]$ を利用して，④式の $[CH_3COOH][OH^-]$ を $[OH^-]^2$ に変形します。つまり，$[OH^-]$ の一方にまとめたんですね。

$$K_h = \frac{[CH_3COOH][OH^-]}{[CH_3COO^-]} = \frac{[OH^-]^2}{[CH_3COO^-]} \qquad \cdots\cdots ④''$$

$$\therefore \quad K_h = \frac{[OH^-]^2}{[CH_3COO^-]} \qquad \cdots\cdots ⓑ$$

そして，この問題文で「①式の平衡は左に大きく偏っている」とあります。つまり，ほとんど右に分かれていかないってことね。

$$\underset{多い}{\underline{CH_3COO^- + H_2O}} \rightleftarrows \underset{少ない}{\underline{1CH_3COOH + 1OH^-}} \qquad \cdots\cdots ①$$

反応しても，ほとんど左辺の酢酸イオン CH_3COO^- と水 H_2O の量は変わらないんです。酢酸イオンが例えば100個あって，それで1個しか酢酸に分かれていきませんっていうのと同じです。

さらに酢酸イオン (CH_3COO^-) と酢酸ナトリウム (CH_3COONa) は同じ濃度，と問題文にもあります。

$$CH_3COO^- + H_2O \rightleftarrows 1CH_3COOH + 1OH^- \qquad \cdots\cdots ①$$
$$\nwarrow \fallingdotseq CH_3COONa$$

なぜかというと，酢酸ナトリウムは電離度1 (100%) なので，ほとんどは酢酸イオンとナトリウムイオンになっているんです。酢酸イオンが反応するのは

わずかだから，「**酢酸イオンのモル濃度≒酢酸ナトリウムのモル濃度**」と考えて構いません。そして，**このモル濃度はc mol/L**です。

$$[\mathrm{CH_3COO^-}] \fallingdotseq [\mathrm{CH_3COONa}] = c \ \mathrm{mol/L}$$

cは塩のモル濃度です。単位はmol/L。

> **弱酸（CH₃COOH）と強塩基（NaOH）からできた塩（酢酸ナトリウム）が加水分解したとき生じるOH⁻のモル濃度を求める公式**

問 (2)　4　の解説

ここで注意することは， K_h **の式が2通りで表されたことです。** ⓐとⓑの式です。

$$K_\mathrm{h} = \frac{K_\mathrm{w}}{K_\mathrm{a}} \qquad \cdots\cdots ⓐ$$

$$K_\mathrm{h} = \frac{[\mathrm{OH^-}]^2}{[\mathrm{CH_3COO^-}]} \qquad \cdots\cdots ⓑ$$

左辺どうしが等しいので右辺どうしも等しい。

$$\therefore \ \frac{K_\mathrm{w}}{K_\mathrm{a}} = \frac{[\mathrm{OH^-}]^2}{[\mathrm{CH_3COO^-}]}$$

$[\mathrm{CH_3COO^-}]$をcとすると$[\mathrm{OH^-}]$は次のように導けます。

$$\therefore \ \frac{K_\mathrm{w}}{K_\mathrm{a}} = \frac{[\mathrm{OH^-}]^2}{c}$$

$$\therefore \ [\mathrm{OH^-}]^2 = \frac{c \, K_\mathrm{w}}{K_\mathrm{a}}$$

$$\therefore \ [\mathrm{OH^-}] = \sqrt{\frac{c \, K_\mathrm{w}}{K_\mathrm{a}}}$$

$$\therefore \ \sqrt{\frac{c \, K_\mathrm{w}}{K_\mathrm{a}}} \ \cdots\cdots \ \boxed{問 (2)\ 4}\ \text{の【答え】}$$

問 (2)　5　の解説　5 は$[\mathrm{OH^-}]$ではなくて，水素イオン濃度$[\mathrm{H^+}]$に直そうというだけの話です。

普通K_wは10^{-14}を使いますが，今回は数字ではなくて，K_wの文字を使います。計算しますと，次のようになります。

$$☆ \ \boxed{K_\mathrm{w} = [\mathrm{H^+}][\mathrm{OH^-}]} \ \text{【公式6】より}$$

$$[\mathrm{H^+}] = \frac{K_\mathrm{w}}{[\mathrm{OH^-}]} = \frac{K_\mathrm{w}}{\sqrt{\dfrac{c \, K_\mathrm{w}}{K_\mathrm{a}}}} = \sqrt{\frac{K_\mathrm{a} \, K_\mathrm{w}^{\,2}}{c \, K_\mathrm{w}}} = \sqrt{\frac{K_\mathrm{a} \, K_\mathrm{w}}{c}}$$

$$\therefore \ [\mathrm{H^+}] = \sqrt{\frac{K_\mathrm{a} \, K_\mathrm{w}}{c}} \qquad \cdots\cdots ⑤$$

$$\therefore \ \sqrt{\frac{K_\mathrm{a} \, K_\mathrm{w}}{c}} \ \cdots\cdots \ \boxed{問 (2)\ 5}\ \text{の【答え】}$$

　もう最終的には，この式を覚えちゃうんです。そうするとpHを求める問題は割とすんなりと解答が出てきますよ。

　よろしいでしょうか。

酢酸ナトリウム（塩）のpHを求める

問(3)の解説 ▶ 酢酸ナトリウム（塩）の場合です。⑤式を使って$[H^+]$を求めて，pHを答えます。

!**重要★★★** $$[H^+] = \sqrt{\dfrac{K_a K_w}{c}}$$

　cは**塩のモル濃度**でした。問題文には1.0×10^{-2}mol/Lと書いてあります。K_aは1.8×10^{-5}，K_wは10^{-14}ですから，代入すると，

$$[H^+] = \sqrt{\frac{K_a K_w}{c}} = \sqrt{\frac{1.8 \times 10^{-5} \times 10^{-14}}{1.0 \times 10^{-2}}} = \sqrt{1.8 \times 10^{-17}}$$

　$\sqrt{}$を開くためには10の累乗を偶数にしたいので，1.8を10倍して10^{-17}を10で割ります。水素イオン濃度は次の値になります。

$$\sqrt{18 \times 10^{-18}} = \sqrt{2 \times 3^2 \times 10^{-18}} = 3\sqrt{2} \times 10^{-9} \text{mol/L}$$

　pHは**[公式9]**に当てはめて計算します。$\sqrt{2}$は$2^{\frac{1}{2}}$になることに注意しましょう。

$$
\begin{aligned}
pH &= -\log_{10}[H^+] = -\log_{10}(3\sqrt{2} \times 10^{-9}) = -\log_{10}(3 \times 2^{\frac{1}{2}} \times 10^{-9}) \\
&= -(\log_{10}3 + \log_{10}2^{\frac{1}{2}} + \log_{10}10^{-9}) = -(\log_{10}3 + \frac{1}{2}\log_{10}2 - 9\log_{10}10) \\
&= -(0.48 + \frac{1}{2} \times 0.30 - 9) = 9 - 0.48 - \frac{1}{2} \times 0.30 = 8.37 \fallingdotseq 8.4
\end{aligned}
$$

$$\therefore \quad 8.4 \cdots\cdots \boxed{問(3)} \text{の【答え】}$$

　最高に難しい問題だと思います。でも，公式を知っていれば簡単にできますよね。だから，ここはぜひこの公式を暗記してください。

アドバイス 塩のモル濃度cを代入する場合の注意

　今回の問(3)ではc（塩のモル濃度）が素直に1.0×10^{-2}mol/Lと書いてありました。この場合，ただ代入すればいいので割と簡単なんです。

　しかし，問題が1mol/Lで1Lの酢酸と，1mol/Lで1Lの水酸化ナトリウム水溶液を中和した，となっていた場合，溶液の合計体積は1L＋1L＝2Lですから，1mol/Lの酢酸と水酸化ナトリウム水溶液の濃度は**半分**の0.5mol/Lになります。するとそこからできる酢酸ナトリウムの塩の濃度も**半分**の0.5mol/Lです。この辺は問題の中で計算できるようにしてくださいね。

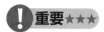

塩の加水分解では公式を覚えることがカギ

・弱酸と強塩基からできる塩（CH_3COONa など）の
　[H^+] を求める公式

重要★★★
$$[H^+] = \sqrt{\dfrac{K_a K_w}{c}}$$
$\left(\begin{array}{l} K_a：弱酸の電離定数 \\ K_w：水のイオン積 \\ c \quad：塩のモル濃度 \end{array}\right)$

・強酸と弱塩基からできる塩（NH_4Cl など）の
　[OH^-] を求める公式

重要★★★
$$[OH^-] = \sqrt{\dfrac{K_b K_w}{c}}$$
$\left(\begin{array}{l} K_b：弱塩基の電離定数 \\ K_w：水のイオン積 \\ c \quad：塩のモル濃度 \end{array}\right)$

（または [H^+] $= \sqrt{\dfrac{c\,K_w}{K_b}}$ ）

公式を使いこなすコツ

　今回の塩の加水分解の問題，酢酸ナトリウム（CH_3COONa）と違う塩化アンモニウム（NH_4Cl）タイプの問題をご説明しておきましょう。例えばアンモニア（弱塩基）と塩酸（強酸）の mol 数が，同じ mol 数でぴったり中和が起こったときの pH を求めなさいという問題が出た場合にも「岡野流㉘の公式」を使えばいい。

　その場合の公式ですが，僕は c の位置が分母にある [OH^-] のほうを使います。式の形が酢酸ナトリウムのほうと同じで，K_a と K_b の違いだけなので，覚えやすいからです。

　[H^+] に直すのは簡単にできますし，[OH^-] から pH を求めたかったら **[公式10]** と **[公式11]** ですぐに解答が出るんですよ。[OH^-] のモル濃度でやっても全然，この辺は難しさはないんですね。

　上手くご自分のできる範囲でやってください。

単元2 溶解度積

2-1 溶解度積

溶解度積という言葉は，初めての人にはちょっと難しく聞こえるかもしれませんが，**平衡定数**や**電離定数**がわかっていれば，さほどでもありません。

■ 溶解度積とは

水に溶けにくい塩の飽和溶液があります。その塩からわずかに溶け出した**陽イオンと陰イオンのモル濃度の積**のことを**溶解度積**といいます。この値は**温度一定では，一定値**を示します。この関係はあくまでも飽和溶液になっていないと成り立ちません。

■ 塩化銀 AgCl の反応式と平衡定数 K の関係

例を言いますと，塩化銀AgClは水に溶けない代表的な塩で，白色沈殿です。そのAgClがわずかながら溶けて銀イオンAg$^+$と塩化物イオンCl$^-$になっています（ 連続 図13-1①② ）。

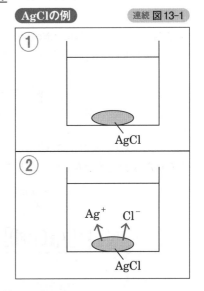

AgClの例　　　連続 図13-1

$$AgCl(固) \rightleftharpoons Ag^+ + Cl^-$$

そのときの平衡定数Kは，平衡の反応式の**左辺は分母，右辺は分子**で表します。

$$K = \frac{[Ag^+][Cl^-]}{[AgCl(固)]} \quad \Leftarrow 右辺は分子 \\ \Leftarrow 左辺は分母$$

[ ]（カッコ）はモル濃度を表す記号です。**Kは温度一定では一定**となります。

> アドバイス 高校課程の化学平衡の法則を適用すると，このように表せます。さらに学業が進んでいきますと，熱力学という分野があり，そこではまた違った方法で説明がされます。

■ [AgCl（固体）] の値は一定値

下に溜まっている塩化銀[AgCl(固)]の値は，[Ag$^+$]と[Cl$^-$]の積に比べて非常に大きく，かつ一定です。ここで[AgCl(固)]はAgClの固体のモル濃度です。これを 図13-2 で示してみましょう。

固体のモル濃度は $\boxed{\dfrac{\text{固体の mol 数}}{\text{固体の L 数}}}$ で表します。

AgClの固体の1L（1000cm³）中に含むAgClのmol数ですね。

AgClの固体の密度を5.56g/cm³としますと，1000cm³は

$$1cm^3 : 5.56g = 1000cm^3 : xg$$

$$x = 5.56 \times 1000 = 5560g$$

これより固体のモル濃度を計算すると，AgClの式量が143.5なので

$$\frac{\dfrac{5560}{143.5}\,mol}{1L} = 38.74$$

$$\fallingdotseq 38.7\,mol/L$$

だから，下に溜まっている固体の濃度は常に一定値なんです。

AgCl（固）

図13-2

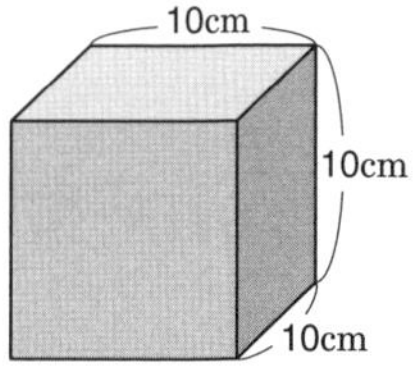

10cm×10cm×10cm=1000cm³
AgCl の式量　143.5
密度　5.56g/cm³

■ 溶解度積 K_{sp} の証明：定数×定数は定数

平衡定数Kは一定値つまり定数ですね，そして[AgCl（固）]も一定値です（①式）。

$$-\text{一定値}\rightarrow K = \frac{[Ag^+][Cl^-]}{[AgCl(固)]} \longleftarrow \text{一定値} ——①$$

すると，式の両辺に[AgCl（固）]をかけて新たな一定値を考えるんです（②式）。この新たな一定値をK_{sp}と決めます（③式）。

両辺に[AgCl（固）]をかける

$$\therefore K[AgCl(固)] = \frac{[Ag^+][Cl^-][AgCl(固)]}{[AgCl(固)]} ——②$$

新たな一定値をK_{sp}とする

$$\therefore K[AgCl(固)] = K_{sp} = [Ag^+][Cl^-] ——③$$

これは電離定数K_aでやったのと同じ考え方です（→326ページ）。

そして，K_{sp}を**溶解度積**と呼ぶんです。飽和溶液中では温度一定で常に一定値というところがポイントです（SPはSolubility Product，溶解度積を表します）。

！重要★★★　$K_{sp} = [Ag^+][Cl^-]$

■ 溶解度積の意味

溶解度積は，飽和溶液中（→73ページ）での**陽イオンと陰イオン濃度の積**です。このとき陽イオンと陰イオンは共存できる**最大の濃度**を表しています。

したがって，陽イオンと陰イオンの濃度の積が溶解度積より大きいときは沈殿を生じており，小さい時は沈殿を生じていない，といえます。

!重要★★★

> 陽イオンの濃度×陰イオンの濃度 > 溶解度積 … 沈殿を生じている
> 陽イオンの濃度×陰イオンの濃度 < 溶解度積 … 沈殿を生じていない
> 　　　　　　　　　　　　　　　　　（まだ溶ける余地がある）

溶解度積の意味は以上です。では，それが分かると，どんな問題をどう解いていくのか。演習問題をやってみましょう。

単元**2** 要点のまとめ①

● 溶解度積

溶解度積とは，沈殿している難溶性の塩が少量溶けるときに生じる陽イオンと陰イオンのモル濃度の積をいい，この値は温度一定では一定値を示す。

例：塩化銀の溶解度積

$$\text{AgCl（固）} \rightleftarrows \text{Ag}^+ + \text{Cl}^-$$

$$K = \frac{[\text{Ag}^+][\text{Cl}^-]}{[\text{AgCl（固）}]} \quad (K：平衡定数)$$

温度一定ではKは一定となる。また，$[\text{AgCl（固）}]$は$[\text{Ag}^+][\text{Cl}^-]$に比べて非常に大きく，かつ一定である。

両辺に$[\text{AgCl（固）}]$をかける。

$$\therefore \quad K[\text{AgCl（固）}] = K_{sp} = [\text{Ag}^+][\text{Cl}^-] \quad (K_{sp}：溶解度積)$$

!重要★★★ $\boxed{K_{sp} = [\text{Ag}^+][\text{Cl}^-]}$

● 溶解度積の意味

溶解度積は飽和溶液中の陽イオンと陰イオンの濃度の積なので，共存できる陽イオンと陰イオンの最大濃度を示している。したがって，共存している陽イオンと陰イオンの濃度の積が，溶解度積より大きいときは沈殿を生じており，小さいときは沈殿を生じない。

アドバイス 係数が1でないときの例を示してみましょう。例えばAg_2CrO_4のような場合，次のように$2Ag^+$の係数は2なので$[Ag^+]$の指数は2になります（「平衡定数」→310ページ）。

$$Ag_2CrO_4(固) \rightleftarrows ②Ag^+ + CrO_4^{2-}$$

$$K = \frac{[Ag^+]^2[CrO_4^{2-}]}{[Ag_2CrO_4(固)]}$$

$$K[Ag_2CrO_4(固)] = K_{sp} = [Ag^+]^{②}[CrO_4^{2-}]$$

このように2乗になることもありますので気をつけてください。

演習問題で力をつける㊳

溶解度積の3タイプの問題を知ろう！

問 (1) 25℃におけるAgClの溶解度積は1.6×10^{-10} (mol/L)^{2}である。HClを0.001mol含む水溶液1LにはAgClが何mol溶けるか。

(A) 4.0×10^{-2}　　(B) 4.0×10^{-5}　　(C) 1.6×10^{-6}

(D) 1.6×10^{-7}　　(E) 4.0×10^{-13}

(2) $CaSO_4$の溶解度積を6.1×10^{-5} (mol/L)^{2}として，次の問に答えよ。ただし，$\sqrt{61} = 7.8$とする。

　① 500mLの水に$CaSO_4$は何g溶けるか。$CaSO_4 = 136$とし，答えは有効数字2桁で求めよ。ただし$CaSO_4$が加わっても体積変化はないものとする。

　② 0.010mol/Lの$CaCl_2$水溶液200mLと，0.010mol/Lの$MgSO_4$水溶液800mLとを混合すると，沈殿を生じるか。

😀 **さて，解いてみましょう。**

　溶解度積の問題は，3つのタイプが分かれば，ほとんどの問題ができるようになります。それが，今回の(1)，(2)①，(2)②の3タイプです。では(1)からやっていきます。

問(1)の解説 **岡野のこう解く**　水溶液1LにはAgClが**何mol**溶けるか？

のところをx**mol**溶けると置いて，方程式で解いていきましょう。

$$K_{SP} = [Ag^+][Cl^-] = 1.6 \times 10^{-10}$$

溶けるAgClをx molとする。

$$AgCl \longrightarrow Ag^+ + Cl^- \quad \begin{pmatrix} -は消費 \\ +は生成 \end{pmatrix}$$

変化量　$-x$ mol　$+x$ mol　$+x$ mol

$[Ag^+][Cl^-]$は溶解度積K_{sp}です。1.6×10^{-10}という値まで溶けることができるわけです。

岡野の着目ポイント　AgClが溶けるときの反応式は

$$AgCl \longrightarrow Ag^+ + Cl^-$$

です。では，AgClが$x$mol溶けた場合の変化量はというと，

$$1AgCl \longrightarrow 1Ag^+ + 1Cl^-$$

のように係数が全部1になるので，消費するAgClが$-x$molだと，生成するAg$^+$とCl$^-$は$+x$molずつ生じます。**「変化量」だけを取り出して考えるのがポイントですよ。**

銀イオンの変化後の値

　そうすると，変化したあとのAg$^+$は，次のようなモル濃度として表せます。問題文には水溶液1Lと書いてあるので，1L中にAg$^+$が$x$mol存在するということです。

$$[Ag^+] = \frac{x\,mol}{1L} = x\,mol/L$$

塩化物イオンの変化後の値

岡野のこう解く　塩化物イオンCl$^-$の場合ですが，Ag$^+$同様で$x$mol生成します。それに加えて問題文にはHClを0.001mol含むとあります。

　塩酸HClは，「1HCl $\longrightarrow$ H$^+$ + 1Cl$^-$」と反応し，必ず同じmol数のイオンに分かれ，完全に電離します。

　だから，最初にHClが0.001molあるなら，絶対Cl$^-$も0.001mol存在するということで，合計のCl$^-$は$(x + 0.001)$mol存在しています。

$$\underset{0.001\,mol}{1HCl} \longrightarrow H^+ + \underset{0.001\,mol}{1Cl^-}$$

$$[Cl^-] = \frac{\overset{HClから生じるCl^-}{\Downarrow}}{(x+0.001)\,mol}{1L} = (x+0.001)\frac{mol}{L}$$

すると，水溶液中に残っているCl$^-$のモル濃度は上記のようになるわけです。

溶解度積の式に当てはめる

　変化後は飽和溶液になっていますから，$[Ag^+][Cl^-]$の積が溶解度積になります。

$$\therefore \quad K_{\mathrm{sp}} = [\mathrm{Ag}^+][\mathrm{Cl}^-] = x(x + 0.001) = 1.6 \times 10^{-10}$$

ここからxの値を方程式で解いていくんですが，2タイプのやり方があります。ひとつは緩衝液でやった近似値をつかう方法です。

$x + 0.001 \fallingdotseq 0.001$mol/Lとみなすことができます。AgClはわずかしか溶けないのでxは非常に小さい値になるからです。すると次のようになります。

$$\therefore \quad x \underset{\fallingdotseq 0.001}{(x + 0.001)} = 1.6 \times 10^{-10}$$

$$\therefore \quad x \times 0.001 = 1.6 \times 10^{-10}$$

$$\therefore \quad x = \frac{1.6 \times 10^{-10}}{0.001} = 1.6 \times 10^{-7} \mathrm{mol/L}$$

よって1L中に1.6×10^{-7}molのAgClが溶ける。

$$\therefore \quad (\mathrm{D})$$

(D) …… 問(1) の【答え】

▌別解：溶解度積の式に当てはめる

もうひとつのやり方は，物理でよく使うやり方です。まず近似値を使わずそのまま計算します。

$$x(x + 0.001) = 1.6 \times 10^{-10}$$

$$x^2 + 0.001x = 1.6 \times 10^{-10}$$

ここで，xは非常に小さい値なので，x^2はもっと小さい値と考えます。だから**x^2を0とみなします。**

$$\therefore \quad 0.001x = 1.6 \times 10^{-10} \qquad \therefore \quad x = 1.6 \times 10^{-7} \mathrm{mol/L}$$

(D) …… 問(1) の【答え】

問(2)①の解説 　岡野の着目ポイント 　$CaSO_4$は「硫ちゃんはバカなやつ」というのがあります（「無機化学＋有機化学」でも出てきます）。$BaSO_4$，$CaSO_4$，$PbSO_4$。「バカな」Ba^{2+}，Ca^{2+}，Pb^{2+}ね。それが硫酸イオンSO_4^{2-}と結びつくと，全部白色沈殿を生じることを覚えるゴロです。

$CaSO_4$の溶けた変化量を$x$molとする

$$K_{\mathrm{sp}} = [\mathrm{Ca}^{2+}][\mathrm{SO_4}^{2-}] = 6.1 \times 10^{-5} \quad \longleftarrow CaSO_4\text{の溶解度積}$$

500mLの水に$CaSO_4$が$x$mol溶けるとする。このときの変化量の関係は次のようになります。

$$CaSO_4 \longrightarrow Ca^{2+} + SO_4^{2-}$$
変化量　$-x\,mol$　　$+x\,mol$　$+x\,mol$

 岡野流 必須ポイント㉙

溶解度積の量的関係を考えるコツ

変化量だけを書いてシンプルに考えること！

溶けた $[Ca^{2+}]$ $[SO_4^{2-}]$ のモル濃度

変化量の関係をみると，$CaSO_4$ が $x\,mol$ 溶け出したことで，生成された Ca^{2+} と SO_4^{2-} は共に $x\,mol$ になります。$[Ca^{2+}]$ と $[SO_4^{2-}]$ のモル濃度は共に次の式で表されます。

$$[Ca^{2+}] = [SO_4^{2-}] = \frac{x\,mol}{0.5L} = 2x\,mol/L$$

岡野の着目ポイント　L数に注意してください。今回は水 $500mL$ に $CaSO_4$ を少し溶かしても体積変化はなかったので水溶液も $500mL$ だったと考えてかまわないのです。

溶解度積の式に当てはめる

溶解度積の式にして計算を進めます。

$$\therefore \ K_{sp} = [Ca^{2+}][SO_4^{2-}] = (2x)^2 = 6.1 \times 10^{-5}$$
$$\therefore \ 4x^2 = \underline{6.1 \times 10^{-5}} = 61 \times 10^{-6}$$
$\sqrt{}$ を開きたいので 61×10^{-6} にする
$$\therefore \ x^2 = \frac{61 \times 10^{-6}}{4}$$
$$\therefore \ x = \sqrt{\frac{61 \times 10^{-6}}{2^2}} = \frac{7.8 \times 10^{-3}}{2} = 3.9 \times 10^{-3}\,mol$$

（x は必ず正の値であるので負の値はカットしました。）

$500mL$ の水に $3.9 \times 10^{-3}mol$ の $CaSO_4$ が溶けることがわかりました。

mol数をg数に直す

今回は何gですか？　という問題なので，**[公式3]** の $\boxed{w = nM}$ を使います。式量は136とあります。有効数字2桁です。

$\boxed{w = nM}$ より　$3.9 \times 10^{-3} \times 136 = 0.5304 \fallingdotseq 0.53 \text{g} \,(CaSO_4 = 136)$

0.53gが解答になります。

∴　**0.53g** ……　**問 (2) ①** の【答え】
(有効数字2桁)

問 (2) ②の解説　塩化カルシウム $CaCl_2$ と硫酸マグネシウム $MgSO_4$ は水に溶ける物質です。

で，**溶けるものと溶けるものを加えたら，今度は溶けない**。「硫ちゃんはバカなやつ」の $CaSO_4$ という沈殿が生じてくるんです。

そのときに，本当に沈殿を生じているのか，生じていないのか，細かく調べなくちゃいけないんですよ。それがこの問題です。本来，溶解度積は，物質と物質を混ぜたときに沈殿が生じるかを調べるために使われたんです。

混合溶液の濃度を求める

岡野のこう解く　まず，混合溶液中の Ca^{2+} と SO_4^{2-} の濃度を求めます。$CaCl_2$ 200mL と $MgSO_4$ 800mL を混合すると1000mL (1L) になります。

溶質の mol 数は **[公式8]** の $\dfrac{CV}{1000}$ を使います。

$[CaCl_2]$ と $[Ca^{2+}]$ のモル濃度は同じ値です。それは次の反応式により $CaCl_2$ と Ca^{2+} の係数が同じだからです。

$$\underline{1}CaCl_2 \longrightarrow \underline{1}Ca^{2+} + 2Cl^-$$

$\dfrac{CV}{1000}$ [公式8]

$$[CaCl_2] = [Ca^{2+}] = \frac{\dfrac{0.010 \times 200}{1000}\,\text{mol}}{1\text{L}} = 2 \times 10^{-3}\,\text{mol/L}$$

$200 + 800 = 1000\text{mL} \Rightarrow 1\text{L}$

C は塩化カルシウム $CaCl_2$ のモル濃度0.010mol/L，V は溶液のmL数200mLです。計算すると，濃度は 2×10^{-3} mol/L となります。硫酸イオンも同じように計算します。

ここでも $[MgSO_4]$ と $[SO_4^{2-}]$ は同じモル濃度になります。

$$[MgSO_4] = [SO_4^{2-}] = \frac{\dfrac{0.010 \times 800}{1000}\,\text{mol}}{1\text{L}} = 8 \times 10^{-3}\,\text{mol/L}$$

よってイオン濃度の積（陽イオンと陰イオンの濃度の積）は

$$[Ca^{2+}][SO_4{}^{2-}] = 2 \times 10^{-3} \times 8 \times 10^{-3} = 16 \times 10^{-6} = \mathbf{1.6 \times 10^{-5}}$$

となります。

溶解度積とイオン濃度の積は違う

でも，これはまだ溶解度積といってはいけません。溶解度積は必ず飽和溶液でなければ成り立ちません。確かめる段階では，あえて言葉を変えて

イオン濃度の積

または

陽イオンと陰イオンの濃度の積

という言い方をします。

そして，溶解度積の値6.1×10^{-5}とイオン濃度の積の値1.6×10^{-5}を比べます。

この値は 溶解度積 6.1×10^{-5} より

小さいため，沈殿は 生じない。

結論は，沈殿は生じないが解答です。

沈殿は生じない …… 問 (2) ②　の【答え】

気をつけてください。溶解度積は6.1×10^{-5}で，この値までは溶けていくことができる。超えることはできませんが。ここではイオン濃度の積は1.6×10^{-5}なので，まだ溶ける余地があるんですよ。もし，超えてしまう計算値が出たら，それは超えた分だけ下に沈殿していたということなのです。

はい。じゃあ，そんなところです。

溶解度積を使うと，物質が沈殿するのか，沈殿しないのか，簡単に調べることができるんですね。今回の演習問題の3タイプを理解しておけば，入試問題でたいへん役立つかと思います。

共通イオン効果

塩化ナトリウム$NaCl$の飽和溶液中では
次の化学平衡の式が成り立っています。

$$NaCl（固）\rightleftarrows Na^+ + Cl^- \qquad \cdots\cdots ①$$

ここに塩化水素HClを吹き込むと$NaCl$（固）が析出し白く濁ります。これは**ルシャトリエの原理**からHClは水に溶けるとH^+とCl^-に電離するので①式のCl^-を増加させるため，これを減らそうと左へ平衡は移動するからです。このように化学平衡の状態にあるとき**共通のイオン**（ここではCl^-）を加えると平衡

が移動し，**電解質（ここでは NaCl（固））の溶解度や電離度が小さくなる現象**を**共通イオン効果**といいます。

　是非この言葉は覚えておいて下さい。入試で出題されます。

　この他に AgCl（固）$\rightleftharpoons$ Ag$^+$ + Cl$^-$ の飽和溶液に塩化水素を加えても同様な現象が起きます。

　これで理論化学の基本から応用レベルの分野はすべて終了です。この分野は内容的に難しいところもありましたが，よくがんばってついてきてくれましたね。理解しにくかったところは，何回も読み返してください。かならずわかってもらえると思います。

　このあと無機化学と有機化学の分野が残っていますが，これらは今までと勉強法が変わります。理解して覚えることが多くなってきます。入試ではどの分野も出題されるので，苦手なところがなくなるように勉強していきましょう。みなさんのご健闘をお祈りします。

Column

有効数字について理解する③

足し算と引き算の計算

> 例　3.5 + 5.73
> 　　3.42 − 2.2

　「小数第何位で求めよ」と指示がないときは，和や差を求めた後，得られた数値を四捨五入して，最も位取りの高いものに合わせます。この例で，位取りが高いものとは小数第1位のことです。

　　∴　3.5 + 5.73 = 9.23 ≒ 9.2
　　　　　　　　　　　↑
　　　　　　　　（四捨五入）　　　　　　　　　　∴　9.2 … 答

　　∴　3.42 − 2.2 = 1.22 ≒ 1.2
　　　　　　　　　　↑
　　　　　　　　（四捨五入）　　　　　　　　　　∴　1.2 … 答

「岡野流 必須ポイント」「要点のまとめ」 INDEX

大事なポイント・要点が理解できたか，チェックしましょう。

「演習問題で力をつける」「例題」　INDEX

学んだことを「演習問題で力をつける」で確認しましょう。また，【例題】では，解きながら単元を学びます。

「例題」INDEX

「理解度チェックテスト」　INDEX

化学を学ぶにあたって必要な「化学基礎」の知識をチェックするテストです。

索 引

岡野雅司先生からの役立つアドバイス

化学は計算と暗記をバランスよく勉強しよう！

化学は計算する分野と，理解して覚える分野とで，バランスよく成り立っています。覚えることが苦手な人は，計算分野でカバーし，逆に「覚えるのは得意だけど計算は苦手だ」という人は暗記で点を稼ぐということができます。

「理論化学」「無機化学」「有機化学」のうち，理論化学が，いわゆる計算分野です。理論化学では，計算の対象となるものの量的な関係をつかむことがポイントになります。

一方，無機化学，有機化学は比較的覚える内容が多い分野ですから，勉強した分だけ得点につながっていきます。

これら3分野をバランスよく学習していくことが，化学で高得点をとるための秘訣といえるでしょう。

私の本書の授業では，化学が苦手な人でも充分理解できるように，基本を大切に，ていねいに説明しています。化学が得意な人は予習中心で（どんどん進んでも）いいのですが，初歩の人や苦手な人は，復習中心で学習していきましょう。

無理のない理解で，最終的には入試化学の合格点以上さらに高得点も目指していきます。

理論化学は復習が大事！

理論化学は計算分野ですので，気を抜くと，すぐに力が落ちてしまいます。継続的に練習しておくことが大切です。どれだけ正確に解けるかは，復習量がモノをいいます。量的な関係を理解し，化学の本質をつかむようにしましょう。

無機化学，有機化学も，覚える内容を絞って，体系立てて，納得しながら覚えるようにします。覚える量をできるだけ少なくしたい人は，ぜひ岡野流を役立ててください。

復習で問題を解くときは，ノートを見ながらではなく，自分の力だけで解くことが大切です。ノートを見て，何となくわかった気になっているだけではダメ。自分の力でスラスラできるくらいまで何回も最低5回はやりこみましょう。

まんべんなく，好き嫌いなく復習をして自信をつけたら，過去問に取り組みます。その際，本番のつもりで時間を計りながら解いてください。間違ったところが自分の弱点ですから，今まで自分がやってきたもの（ノート，テキスト，参考書など）で再復習をするといいでしょう。

入試では，とれて当たり前の問題を，確実にとれることが大切です。難問で合否が決まることはまずないと考えていいです。私といっしょに，最後までがんばっていきましょう！

最重要化学公式一覧

公式1 質量数＝陽子数＋中性子数　　（陽子数＝原子番号）

公式2 原子量＝（各同位体の相対質量×存在比）の総和

公式3 $n = \dfrac{w}{M}$

$\left(\begin{array}{l} n：原子または分子の物質量（mol）\\ w：質量（g）\\ M：原子量または分子量または式量（原子量を用いる\\ \quad\ ときは単原子分子扱いのもの，あるいは原子の\\ \quad\ 物質量（mol）を求めたいとき） \end{array} \right)$

$n = \dfrac{V}{22.4}$
$\left(\begin{array}{l} n：気体の物質量（mol）\\ V：標準状態（0℃，1.013 \times 10^5 Pa）における気体のL数 \end{array} \right)$

$n = \dfrac{a}{6.02 \times 10^{23}}$
$\left(\begin{array}{l} n：原子または分子の物質量（mol）\\ a：原子または分子の個数 \end{array} \right)$

公式4 質量パーセント濃度（％）＝ $\dfrac{溶質の g 数}{溶液の g 数} \times 100$

公式5 モル濃度（mol/L）＝ $\dfrac{溶質の物質量（mol）}{溶液のL数}$

質量モル濃度（mol/kg）＝ $\dfrac{溶質の物質量（mol）}{溶媒の kg 数}$

公式6 $K_w = [H^+] \times [OH^-] = 1.0 \times 10^{-14}$ (mol/L)² （水のイオン積）
[H$^+$]は，水素イオン濃度を表し，単位はmol/Lである。
[OH$^-$]は，水酸化物イオン濃度を表し，単位はmol/Lである。

公式7 $[H^+]$または$[OH^-] = CZ\alpha$
$\left(\begin{array}{l} C：酸または塩基のモル濃度\\ Z：酸または塩基の価数\\ \alpha：電離度 \end{array} \right)$

公式8 溶質の物質量（mol）＝ $\dfrac{CV}{1000}$ （mol）
$\left(\begin{array}{l} C：モル濃度\\ V：溶液のmL数 \end{array} \right)$

公式9 $pH = -\log_{10}[H^+] \Longrightarrow [H^+] = 10^{-pH}$
[H$^+$]は，水素イオン濃度を表し，単位はmol/Lである。

公式10 $pOH = -\log_{10}[OH^-]$
[OH$^-$]は，水酸化物イオン濃度を表し，単位はmol/Lである。

公式11 $pH + pOH = 14$

公式12 電気量＝it　クーロン（C）　（i：電流　アンペア　　t：秒）

1mol（6.02×10^{23}個）の電子（e$^-$）がもつ電気量は9.65×10^4（C）である。

流れる電子（e$^-$）の物質量＝ $\dfrac{it}{9.65 \times 10^4}$ （mol）

公式 13　$\dfrac{PV}{T} = \dfrac{P'V'}{T'}$ …… （ボイル・シャルルの法則）

P と V についてはそれぞれ両辺で同じ単位を用いなければいけない。

$$\left(\begin{array}{l} P,\ P' : 気体の圧力\ \mathrm{Pa}\ ,\ \mathrm{hPa}\ ,\ \mathrm{kPa}\ ,\ \mathrm{mmHg} \\ V,\ V' : 気体の体積\ \mathrm{L}\ ,\ \mathrm{mL}\ ,\ \mathrm{cm^3} \\ T,\ T' : 絶対温度 (273 + t\,℃)\ \mathrm{K} \end{array} \right)$$

公式 14　$PV = nRT$ あるいは $PV = \dfrac{w}{M}RT$（気体の状態方程式）

$$\left(\begin{array}{ll} P : 気体の圧力\ (\mathrm{Pa})（単位は指定されている） \\ V : 気体の体積\ (\mathrm{L})　（単位は指定されている） \\ n : 気体の物質量\ (\mathrm{mol}) & R : 気体定数\ 8.31 \times 10^3\,\mathrm{Pa \cdot L/(K \cdot mol)} \\ T : 絶対温度 (273 + t\,℃)\ \mathrm{K} & w : 気体の質量\ (\mathrm{g}) \\ M : 気体の原子量または分子量 \end{array} \right)$$

公式 15　$P_{(全圧)} = P_A + P_B + P_C$ …… （ドルトンの分圧の法則）

混合気体の全圧は，各成分気体の分圧の和に等しい。

全圧を $P_{(全圧)}$，成分気体A，B，C……の分圧を P_A ，P_B，P_C ……とする。

公式 16　分圧 ＝ 全圧 × モル分率

公式 17　モル分率 ＝ $\dfrac{成分気体の物質量 (\mathrm{mol})}{混合気体の全物質量 (\mathrm{mol})}$ ＝ $\dfrac{成分気体の体積}{混合気体の体積}$ （ただし同温同圧のとき）

$$= \dfrac{成分気体の分圧}{混合気体の全圧}\ （ただし同温同体積のとき）$$

公式 18　$\Delta t = k \cdot m$

$$\left(\begin{array}{l} \Delta t : 沸点上昇度または凝固点降下度 \\ k : モル沸点上昇またはモル凝固点降下 \\ m : 溶質粒子合計の質量モル濃度 \end{array} \right)$$

公式 19　$\pi V = nRT$ あるいは $\pi V = \dfrac{w}{M}RT$（浸透圧を表す式）

$$\left(\begin{array}{ll} \pi : 浸透圧 (\mathrm{Pa})　（単位は指定されている） \\ V : 溶液の体積 (\mathrm{L})（単位は指定されている） \\ n : 溶質の物質量 (\mathrm{mol}) & T : 絶対温度 (273 + t\,℃)\ \mathrm{K} \\ R : 気体定数\ 8.31 \times 10^3\,\mathrm{Pa \cdot L/(K \cdot mol)} \\ M : 溶質の分子量 & w : 溶質の質量 (\mathrm{g}) \end{array} \right)$$

公式 20　化学平衡の法則　$K = \dfrac{[C]^c[D]^d}{[A]^a[B]^b}$　[ ] はモル濃度〔$\mathrm{mol/L}$〕を表す。

可逆反応　$aA + bB \rightleftharpoons cC + dD$（$a$, b, c, d は係数）が平衡状態にあるとき，上式が成り立つ。

K：平衡定数。温度が一定ならば，平衡定数も一定値を示す。

公式 21　$K_P = \dfrac{(P_C)^c(P_D)^d}{(P_A)^a(P_B)^b}$

K_P：圧平衡定数。P_A ，P_B，P_C ，P_D は各成分気体の分圧を表す。温度が一定ならば，圧平衡定数も一定である。

イオンの価数の一覧表

イオン式と名称

イオン式	名称	価数
H⁺	水素イオン	1
Na⁺	ナトリウムイオン	1
Ag⁺	銀イオン	1
K⁺	カリウムイオン	1
Pb²⁺	鉛イオン	2
Ba²⁺	バリウムイオン	2
Ca²⁺	カルシウムイオン	2
Zn²⁺	亜鉛イオン	2
Mg²⁺	マグネシウムイオン	2
Al³⁺	アルミニウムイオン	3
Cu⁺	銅(Ⅰ)イオン	1
Cu²⁺	銅(Ⅱ)イオン	2
Fe²⁺	鉄(Ⅱ)イオン	2
Fe³⁺	鉄(Ⅲ)イオン	3

イオン式	名称	価数
NH₄⁺	アンモニウムイオン	1
F⁻	フッ化物イオン	1
Cl⁻	塩化物イオン	1
Br⁻	臭化物イオン	1
I⁻	ヨウ化物イオン	1
O²⁻	酸化物イオン	2
S²⁻	硫化物イオン	2
CN⁻	シアン化物イオン	1
NO₃⁻	硝酸イオン	1
OH⁻	水酸化物イオン	1
CH₃COO⁻	酢酸イオン	1
HSO₄⁻	硫酸水素イオン	1
SO₄²⁻	硫酸イオン	2
HCO₃⁻	炭酸水素イオン	1

イオン式	名称	価数
CO₃²⁻	炭酸イオン	2
H₂PO₄⁻	リン酸二水素イオン	1
HPO₄²⁻	リン酸一水素イオン	2
PO₄³⁻	リン酸イオン	3
MnO₄⁻	過マンガン酸イオン	1
CrO₄²⁻	クロム酸イオン	2
Cr₂O₇²⁻	ニクロム酸イオン	2
ClO₄⁻	過塩素酸イオン	1
ClO₃⁻	塩素酸イオン	1
ClO₂⁻	亜塩素酸イオン	1
ClO⁻	次亜塩素酸イオン	1
SCN⁻	チオシアン酸イオン	1
S₂O₃²⁻	チオ硫酸イオン	2
C₂O₄²⁻	シュウ酸イオン	2

金属のイオン化傾向について

金属のイオン化列をゴロで覚えよう

㊞Li　K　Ca Na Mg Al Zn Fe Ni Sn Pb (H₂) Cu Hg Ag Pt　Au㊞
リッチニ カソウ　カ　ナ　マ　ア　ア　テ　ニ スン ナ ヒ　ド　ス ギル ハク(借) キン

金属のイオン化列と化学的性質

　イオン化傾向が大きい金属は酸化されやすく，反応性に富んでいる。逆に，イオン化傾向の小さい金属は不活発で安定である。その関係を酸素・水・酸についてまとめると，次表のようになる。

金属の酸素・水・酸に対する反応性の一覧表

金属のイオン化列		Li K Ca Na	Mg Al Zn Fe Ni Sn Pb	(H₂) Cu Hg Ag Pt Au
空気中での酸化	常温	内部まで酸化	表面が酸化	酸化されない
	高温	燃焼し酸化物になる	強熱により酸化物になる	酸化されない
水との反応		常温ではげしく反応 ／ 熱水と反応	高温で水蒸気と反応	反応しない
酸との反応		希塩酸，希硫酸など，うすい酸と反応し水素を発生する		酸化作用の強い酸と反応 ／ ※王水と反応

※濃硝酸と濃塩酸を体積比 1:3 で混合した溶液

Pbは塩酸とはPbCl₂となり，硫酸とはPbSO₄となって沈殿するので，それ以上は反応しなくなる。

熱濃硫酸
濃硝酸
希硝酸

不動態

　濃硝酸によって金属の表面にち密な酸化被膜ができる。この酸化被膜ができることで反応が進まなくなる。このような状態を不動態という（希硝酸では起こらない）。不動態をつくる金属には Al, Fe, Ni などがある。それらの金属の覚え方を下に示す。

覚え方　**Al, Fe, Ni**
　　　　あ　て　に　できない　不動(不動態)産

カバー	● 一瀬錠二（アートオブノイズ）
カバー写真	● 有限会社写真館ウサミ
本文制作	● BUCH⁺
本文イラスト	● ふじたきりん、村上雪、吉田博通（ワイワイデザインスタジオ）
編集協力	● 岡野絵里

岡野の化学が
初歩からしっかり身につく
「理論化学」

2023 年 5 月 17 日　　初版　第 1 刷発行

著　者	岡野雅司
発行者	片岡 巌
発行所	株式会社技術評論社
	東京都新宿区市谷左内町 21-13
	電話　03-3513-6150 販売促進部
	03-3267-2270 書籍編集部
印刷・製本	株式会社加藤文明社

定価はカバーに表示してあります。

ISBN978-4-297-13499-0 C7043
Printed in Japan

- ●本書に関する最新情報は、技術評論社ホームページ（http://gihyo.jp/）をご覧ください。
- ●本書へのご意見、ご感想は、技術評論社ホームページ（http://gihyo.jp/）または以下の宛先へ書面にてお受けしております。電話でのお問い合わせにはお答えいたしかねますので、あらかじめご了承ください。

〒162-0846
東京都新宿区市谷左内町21-13
株式会社技術評論社書籍編集部
『岡野の化学が
初歩からしっかり身につく
「理論化学」』係
FAX：03-3267-2271